全国高等医药院校精品实验教材

基础化学实验技术

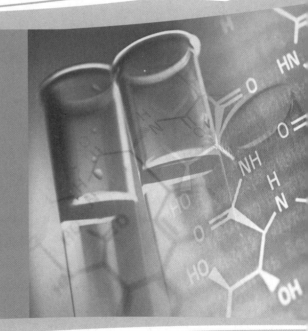

主　审　刘　燕
主　编　黄丹云
参　编　（以姓氏笔画排列）
尹　文　肇庆医学高等专科学校
石义林　肇庆医学高等专科学校
许慧鹊　广州分析测试中心
吴文奇　肇庆市肺科医院
张　飞　广州分析测试中心
张土秀　广州分析测试中心
李俊涛　肇庆医学高等专科学校
陈志超　肇庆医学高等专科学校
梁曼妮　肇庆医学高等专科学校
黄丹云　肇庆医学高等专科学校
蒙绍金　肇庆医学高等专科学校
潘沛玲　肇庆医学高等专科学校

华中科技大学出版社
http://www.hustp.com
中国·武汉

内容简介

本教材由实验基本知识、化学实验基本操作、基础化学常用经典实验、应用与综合设计型实验四大部分组成,还附有一些物理常数、化学常数、试剂的配制方法等以供教学需要。每个项目由若干个任务组成,每个任务主要包括任务目的、实施步骤、思考题、注意事项与知识链接等内容。

图书在版编目(CIP)数据

基础化学实验技术/黄丹云主编. —武汉:华中科技大学出版社,2014(2025.7 重印)
ISBN 978-7-5609-9985-2

Ⅰ.①基… Ⅱ.①黄… Ⅲ.①化学实验-教材 Ⅳ.①O6-3

中国版本图书馆 CIP 数据核字(2014)第 087059 号

基础化学实验技术 黄丹云 主编

策划编辑:史燕丽	
责任编辑:熊 彦	
封面设计:范翠璇	
责任校对:祝 菲	
责任监印:周治超	
出版发行:华中科技大学出版社(中国·武汉)	电话:(027)81321913
武汉市东湖新技术开发区华工科技园	邮编:430223
录　　排:华中科技大学惠友文印中心	
印　　刷:武汉市籍缘印刷厂	
开　　本:787mm×1092mm　1/16	
印　　张:15	
字　　数:344 千字	
版　　次:2025 年 7 月第 1 版第 8 次印刷	
定　　价:38.00 元	

本书若有印装质量问题,请向出版社营销中心调换
全国免费服务热线:400-6679-118　竭诚为您服务
版权所有　侵权必究

前　言

　　本教材根据教育部对高职高专职业教育人才培养的需要,以高职高专药学专业培养目标为根据,在征集专业课程教师、医药行业专家意见的基础上编写而成,为药学专业的化学实验教学教材。该教材不仅有助于学生掌握化学基础实验的操作,也可服务于专业课程的学习,为学生最终具备职业素质起到早期铺垫的作用。

　　本教材由实验基本知识、化学实验基本操作、基础化学常用经典实验、应用与综合设计型实验四大部分组成,还附有一些物理常数、化学常数、试剂的配制方法等以供教学需要。每个项目由若干个任务组成,每个任务主要包括任务目的、实施步骤、思考题、注意事项与知识链接等内容。

　　本教材有一定的新颖性,具体表现在以下方面。

　　1. 独立而完整　本教材将原来各自依附于理论教学的无机化学实验、有机化学实验、分析化学实验、生物化学实验的内容整合成一部完整而独立的实验教材。

　　2. 强基础重应用　教材第一部分的基本知识介绍,第二部分的基本操作技术任务都为学生掌握好基础操作与技术提供必需的支持。而常用经典实验技术任务、应用与综合设计型实验任务为学生进一步掌握应用技术提供了重要的保障。同时对各项目中的任务选择,以联系专业为原则,使所学操作与技术更有针对性、应用性。

　　3. 表现形式生动活泼　教材引入一定数量的图表,用不同特色的图文框展现内容,以改变传统实验教材单一刻板的呈现形式。

　　由于编者水平有限,时间仓促,难免有不足之处,恳请同行专家、广大师生以及各位读者给予批评指正。

编　者

目　录

第一篇　实验基本知识

第一章　实验基本常识 (3)
第一节　学习要求 (3)
第二节　实验室规则 (4)
第三节　实验安全 (5)
第四节　常用的仪器、用品 (6)
第五节　常用的试剂与实验用水 (12)

第二章　玻璃仪器的洗涤、干燥与实验装置 (14)
第一节　玻璃仪器的洗涤、干燥 (14)
第二节　实验装置 (15)

第三章　药品与试剂的取用 (17)
第一节　晶体、粉末状固体、块状固体的粗略取用 (17)
第二节　滴管取液与直接倾倒取液 (17)
第三节　量筒或量杯量取试液 (18)
第四节　移液管、刻度吸量管量取试液 (18)
第五节　移液器(取液器)精确量取试液 (20)
第六节　托盘天平称取物质 (21)
第七节　电子分析天平称取物质 (22)

第四章　加热、冷却与回流 (24)
第一节　加热 (24)
第二节　冷却 (26)
第三节　回流 (27)

第五章　溶解与振荡、搅拌 (28)
第一节　物质的溶解 (28)
第二节　振荡 (28)
第三节　搅拌 (29)

第六章　结晶 (30)
第一节　结晶的步骤与溶剂的选择 (30)
第二节　结晶的方法 (30)

第七章　沉淀与沉淀分离 (32)
第一节　沉淀的生成 (32)

第二节　沉淀和溶液的分离 …………………………………………………… (32)
第八章　干燥与灼烧 …………………………………………………………………… (36)
第九章　蒸馏 …………………………………………………………………………… (38)
第十章　萃取与电泳 …………………………………………………………………… (41)
　　第一节　萃取或洗涤 ………………………………………………………………… (41)
　　第二节　电泳 ………………………………………………………………………… (43)
第十一章　色谱技术 …………………………………………………………………… (44)
　　第一节　经典色谱法 ………………………………………………………………… (44)
　　第二节　气相色谱法 ………………………………………………………………… (50)
　　第三节　高效液相色谱法 …………………………………………………………… (51)
第十二章　其他分离方法 ……………………………………………………………… (53)
第十三章　溶液的配制 ………………………………………………………………… (55)
第十四章　物质物理常数的测定 ……………………………………………………… (58)
第十五章　试纸的使用与酸度计测定溶液的 pH 值 ………………………………… (61)
　　第一节　试纸的使用 ………………………………………………………………… (61)
　　第二节　酸度计测定溶液的 pH 值 ………………………………………………… (61)
第十六章　定量检定物质含量的技术 ………………………………………………… (66)
　　第一节　沉淀定量分析技术 ………………………………………………………… (66)
　　第二节　滴定分析技术 ……………………………………………………………… (71)
　　第三节　紫外-可见分光光度技术 …………………………………………………… (75)

第二篇　化学实验基本操作

任务一　基础化学实验常用仪器的认识、洗涤、干燥与校准 ………………………… (81)
任务二　药用氯化钠的精制 …………………………………………………………… (83)
任务三　硫酸铜的制备和结晶水的测定 ……………………………………………… (85)
任务四　溶液的配制 …………………………………………………………………… (87)
任务五　重结晶 ………………………………………………………………………… (89)
任务六　测定熔点 ……………………………………………………………………… (91)
任务七　测定沸点与常压蒸馏 ………………………………………………………… (95)
任务八　测定葡萄糖溶液的旋光度 …………………………………………………… (98)
任务九　水蒸气蒸馏 …………………………………………………………………… (99)
任务十　萃取 …………………………………………………………………………… (101)
任务十一　升华 ………………………………………………………………………… (103)
任务十二　离心分离法分离血浆球蛋白和清蛋白 …………………………………… (105)
任务十三　电子分析天平的称量练习 ………………………………………………… (106)
任务十四　滴定练习 …………………………………………………………………… (109)

第三篇　基础化学常用经典实验

任务一　溶胶的制备及其性质 …………………………………………………… (115)
任务二　化学反应速率和化学平衡 ……………………………………………… (117)
任务三　解离平衡和沉淀反应 …………………………………………………… (121)
任务四　氧化还原反应 …………………………………………………………… (123)
任务五　配合物的生成和性质 …………………………………………………… (126)
任务六　卤素和氧族元素相关性质 ……………………………………………… (128)
任务七　氮族元素和硼元素的相关性质 ………………………………………… (130)
任务八　醇和酚的性质 …………………………………………………………… (133)
任务九　醛和酮的化学性质 ……………………………………………………… (135)
任务十　羧酸与取代羧酸的性质 ………………………………………………… (137)
任务十一　胺的化学性质 ………………………………………………………… (139)
任务十二　糖类化合物的性质 …………………………………………………… (141)
任务十三　氨基酸和蛋白质的性质 ……………………………………………… (143)
任务十四　血清蛋白质醋酸纤维素薄膜电泳 …………………………………… (146)
任务十五　酶的特异性与影响酶活性的因素 …………………………………… (149)

第四篇　应用与综合设计型实验

任务一　硫酸亚铁铵的制备 ……………………………………………………… (155)
任务二　葡萄糖酸锌的制备 ……………………………………………………… (156)
任务三　乙酸乙酯的制备 ………………………………………………………… (158)
任务四　乙酰水杨酸的制备 ……………………………………………………… (160)
任务五　茶叶中咖啡碱的提取与分离 …………………………………………… (162)
任务六　盐酸滴定液的配制和标定 ……………………………………………… (164)
任务七　硼砂含量的测定 ………………………………………………………… (166)
任务八　氢氧化钠滴定液的配制和标定 ………………………………………… (167)
任务九　苯甲酸的含量测定 ……………………………………………………… (169)
任务十　硝酸银滴定液的配制和标定 …………………………………………… (170)
任务十一　溴化钠的含量测定（铁铵矾指示剂法） …………………………… (171)
任务十二　碘化钾的含量测定（吸附指示剂法） ……………………………… (173)
任务十三　EDTA 滴定液的配制和标定 ………………………………………… (175)
任务十四　水的硬度测定 ………………………………………………………… (176)
任务十五　硫代硫酸钠标准溶液的配制和标定 ………………………………… (178)
任务十六　碘滴定液的配制和标定 ……………………………………………… (180)
任务十七　维生素 C 的含量测定 ………………………………………………… (182)

任务十八　高锰酸钾滴定液的配制和标定………………………………………(184)
任务十九　双氧水的含量测定……………………………………………………(185)
任务二十　吸收光谱曲线的绘制…………………………………………………(187)
任务二十一　高锰酸钾的比色测定（可见分光光度法）…………………………(188)
任务二十二　血清总蛋白的定量测定——双缩脲法……………………………(190)
任务二十三　血糖浓度测定（GOD-POD 法）……………………………………(193)
任务二十四　血清甘油三酯测定（GK-GPO-POD 法）…………………………(195)
任务二十五　血清丙氨酸氨基转移酶（ALT）的活性测定（改良赖氏法）……(197)
任务二十六　原子吸收分光光度法测定锌………………………………………(200)
任务二十七　火焰原子吸收分光光度法测定矿泉水中的钙……………………(202)
任务二十八　测定生理盐水的 pH 值……………………………………………(204)
任务二十九　几种金属离子的柱色谱……………………………………………(207)
任务三十　两种混合染料的薄层色谱……………………………………………(208)
任务三十一　磺胺类药物分离及鉴定的薄层色谱………………………………(209)
任务三十二　两种混合指示剂的纸色谱…………………………………………(211)
任务三十三　气相色谱定性分析苯、甲苯、乙苯…………………………………(212)
任务三十四　苯系混合物的气相色谱分析（归一化法定量）……………………(214)
任务三十五　高效液相色谱柱效能的测定………………………………………(216)
任务三十六　高效液相色谱法测定氯霉素含量…………………………………(218)
任务三十七　综合设计型实验（选题参考）………………………………………(219)

附录 A　常见弱酸标准解离常数（298 K）…………………………………………(220)
附录 B　常见弱碱标准解离常数（298 K）…………………………………………(221)
附录 C　难溶电解质的标准溶度积（298 K）………………………………………(222)
附录 D　酸性溶液中的标准电极电势（298 K）……………………………………(223)
附录 E　碱性溶液中的标准电极电势（298 K）……………………………………(225)
附录 F　常见配离子的标准稳定常数（298 K）……………………………………(227)
附录 G　常用缓冲溶液的配制………………………………………………………(228)
附录 H　一些试剂的配制……………………………………………………………(229)

参考文献……………………………………………………………………………(231)

第一篇
实验基本知识

第一章　实验基本常识

第一节　学习要求

一、实验进行前的要求

（一）预习教材

执行实验任务前，必须认真而仔细地阅读实验教材，复习与实验任务相关的理论知识，以明确实验任务目的，清楚实验任务的原理和方法，了解任务内容、任务步骤及注意事项，熟悉实验任务涉及的基本操作技术和相应仪器的使用，了解实验试剂和实验装置。预习是为了合理而紧凑地安排实验，提高实验效率，为达到预期效果打好基础。

（二）书写预习报告

阅读实验教材后，书写预习报告。预习报告包括实验任务、日期、同组者、实验任务目的、原理或方法、操作程序、实验现象记录表、实验结果与数据表、实验装置图、注意事项等。还需列出不清楚的问题，以确保实验任务的顺利进行。

二、实验过程中的要求

按实验教材的内容和教师的要求执行实验任务。做到眼、手、脑并用。仔细观察，正确规范操作，及时客观地记录现象、结果及数据，全面深入地思考、分析现象与结果。

（一）检查所用的药品、器材

开始实施实验任务前，检查所需药品是否达到要求，实验器材与药品是否完备。如仪器的种类、型号、数量、完好性；药品的名称、性状、浓度、酸碱性等。如果发现有不相符、破损或缺少等情况，应报告教师。

（二）按实验规程进行实验

按实验教材的要求选取、清洗、干燥仪器或用品；取用药品、试剂；安装好实验装置；以正确的程序及准确而规范的操作进行实验。

（三）控制好实验条件

根据具体的实验内容，控制好实验的温度、压力、时间、各种药品、试剂的用量、浓度、酸碱性，以及试剂加入的先后顺序。

（四）仔细观察、如实记录、全面深入思考

（1）仔细观察，如颜色的变化、有无沉淀、气体生成，固体的溶解，溶液有无分层，温度的变化,某一过程所用的时间,等等。

(2) 详细客观地记录现象、结果和数据。

实验过程中,要边实验边记录现象与结果,记录必须如实、详细,不得虚假。

① 实验体系的变化情况与实验结果。实验过程中的热量、颜色、温度以及物态的变化,有无气体、是否出现分层现象,时间的多少等。若是与所预期的或与教材、文献资料所述不一致的更应如实记录,查找原因,可能的情况下重做或补做实验。

② 物质的有关数据,如称量的质量、取用液体的体积、固态物质的熔程、液态物质的沸程、色谱分离中的迁移值、电泳分离的结果、待测溶液的吸光度等。

(3) 全面而深入地分析实验现象和实验结果。

三、实验结束后的要求

(一) 做好实验后的处理工作

实验完毕,及时清洗玻璃仪器,整理好器材和用品,归放好药品,清洁并整理好桌面,打扫干净水槽和地面,关好水电。

(二) 独立书写实验报告

完成实验操作只是完成实验任务的一半,更为重要的是分析、解释实验现象,整理实验数据,讨论实验结果,将实验所获得的直接认识与理论结合起来。实验报告的内容应包括:实验任务、实验任务目的、原理(方法)、实验任务步骤、实验现象与数据记录或实验结果、数据处理或结论、总结与讨论。若有数据计算,务必将所依据的公式和主要数据表达清楚。报告中可以针对本实验中遇到的疑难问题,对实验过程中发现的异常现象,或数据处理时出现的异常结果展开讨论,分析原因,提出自己的见解。

第二节 实验室规则

一、清楚实验室的布局

熟悉常用或公用的物品、试剂的放置位置。实验过程中需用到它们时自行取用,用完后及时放回原处,不要随意放置到其他位置,以影响其他同学的使用。了解电、气、水等开关所在的位置,以便需要时及时控制。

二、正确、规范操作

遵从教师的指导,按照实验教材中对试剂规格和用量的要求,取用试剂。正确使用仪器,严格按规程操作,在教师的指引下回收或处理多取用或实验后所剩余的试液。

三、遵守纪律

实验中注意保持安静、整洁。火柴梗、废纸不扔到地板或水池中。不随意走动、离开，不使用手机。穿戴工作服进行实验，不穿拖鞋，背包或手提包等不能带入实验室。

四、做好实验后继工作

实验结束后，及时清洗干净需清洗的玻璃仪器，整理好用过的用品，搞好实验台的清洁卫生。离开实验室之前，切断电源、水源。值日生负责整理公用物品、打扫实验室，检查水、电是否关闭，最后关好门窗。

第三节 实验安全

一、使用药品安全

（1）一切药品均应有标签，不使用没标签的药品。严格按要求的量取用药品。

（2）防止有腐蚀的药品沾到衣物和皮肤。没必要不直接接触药品，有必要时以扇闻方式闻药品。

（3）使用易燃易爆药品时，应远离火源，保持室内良好的通风。使用完后，应倒入指定的回收瓶。蒸馏这类物质时，装置必须严密，冷凝管内充满冷却水并保持顺畅，被蒸馏液不能蒸干。

（4）在通风橱中开启易挥发试剂，瓶口不对准人，取用后及时盖上塞子。会产生有毒有害气体的实验必须在通风橱中进行，必要时采取特别防护措施。

二、加热安全

手湿时不能使用电器。实验完毕应先切断电源，再拆除装置。用电炉加热一般需用石棉网，容器底部干燥，保护好电炉导线的保护层。使用酒精灯加热玻璃仪器，在集中加热之前，先使被加热部位均匀受热。加热试管中的溶液时，试管口不能对着人。易燃易爆试剂不能用明火直接加热。实验结束后，加热的仪器待冷却至室温后才能处理，以免烫伤。

三、使用或组装玻璃仪器时的安全

1. 温度计 受热后的温度计让其自然冷却至室温。注意保护水银球或酒精球部位。不能测量超出其最大测量值的温度，也不能将其当搅拌棒使用。首先，将温度计插入塞子时，右手指捏住玻璃管的位置与塞子的距离应保持 4 cm 左右，不能太远；其次，用力不能太大，以免折断玻璃管刺破手掌，最好用揩布包住玻璃管，则较为安全。若不慎弄断温度计，应马上报告教师。

2. 带有细小支管的玻璃仪器 使用带有细小支管的玻璃仪器(蒸馏烧瓶、熔点测定管等)时,应手持粗大的主要部位,不要握持细小的支管。在支管与其他部件连接时,与温度计插入塞子的手法一样,装配好的实验装置的重心不能落在支管处,以避免支管折断。

3. 冷凝管 安装冷凝管时,要用铁架台固定冷凝管,夹子夹在冷凝管重心的地方,以免翻倒。用特制长毛刷洗刷冷凝管,如用洗涤液或有机溶液洗涤时,则用软木塞塞住一端,不用时应直立放置,使之易干。

4. 分液漏斗 分液漏斗的活塞和盖子都是磨砂的,使用时要保护好塞子。避免打烂,否则整个分液漏斗没法使用。所以上口塞要用绳系于上口,下口旋塞用橡皮圈固定于旋塞套。

不要相互调换不同分液漏斗的活塞,否则会不严密。萃取过程中,注意及时排出气体,不能对着人排气。

四、进行化学反应操作时的安全

实验过程中,注意保持室内通风。产生有毒气体的反应,应在通风橱中进行,有时必须戴防护眼镜。进行加热操作时应控制好温度与压力,严格按操作规程操作,不能随意改变操作程序。

五、使用其他器材的安全

1. 铁夹 常用铁夹(图1-1)夹持玻璃仪器,将其固定在铁架台上。为了保护玻璃仪器,铁夹双钳的制作材料有橡皮、绒布、石棉绳等软性物。

用铁夹夹玻璃仪器时,先用左手使双钳夹紧所要夹持的物品,再拧铁夹螺丝,做到夹物不松不紧,使仪器不至于脱落,但仍可旋转为宜。

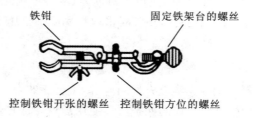

图 1-1 铁夹

2. 铁架台 铁架台常用于支持、固定物品与装置,使用前检查支柱是否松动,固定物品或器械时注意平衡重心。

第四节 常用的仪器、用品

常用的仪器、用品见图1-2。

1. 烧杯 主要用于配制溶液,溶解、煮沸、蒸发、浓缩溶液,进行化学反应及少量物质的制备。直接加热时一般要垫石棉网,也可热浴加热。盛装液体一般不超过烧杯容积的 2/3。

2. 量杯、量筒 量杯与量筒用于量取体积精确度不高的试液,首先倒入接近所需体积的试液,然后用滴管滴加到最终体积。

读数时,视线与凹液面最低点相平。量杯与量筒不能加热。

3. 玻璃棒、试管、试管夹 玻璃棒用于搅拌或引流液体物质。试管用于少量液体的加热或反应。试管盛放的液体量,不加热时,应不超过整个试管容积的 1/2,加热时,则应不超过整个试管容积的 1/3。试管可直接加热。试管夹用于加热试管时夹持试管。

4. 滴瓶、滴管 滴瓶用于盛放少量液体试剂,滴管用于移取和滴加少量液体。滴瓶上的滴管必须与滴瓶配套使用。使用时胶头在上,管口在下,液体不要进入胶头。

滴管管口不能伸入受滴容器。

5. 蒸发皿、表面皿 蒸发皿用于浓缩或蒸发液体。表面皿用于遮盖烧杯或盛放少量试剂。蒸发皿可直接加热,但不能骤冷。

盛液量不应超过蒸发皿容积的 2/3。

6. 铁架台、铁夹、铁圈 铁架台、铁夹、铁圈用于支持、固定、放置其他仪器或用具。被支持、固定的仪器或用具的方位需与铁架台底座的方位一致,以保证平稳。铁夹夹持玻璃容器不能太紧。

用铁圈加热的玻璃容器常常与石棉网配合使用。

7. 点滴板 点滴板在定性分析中做显色或沉淀点滴实验时用。

不可直接加热,也不能骤冷。

8. 三脚架 三脚架用于支承仪器或物件。使用时,注意物件的大小与高度,不能直接受热的仪器,需用石棉网将热源隔开。

9. 平底烧瓶、圆底烧瓶 烧瓶包括平底烧瓶和圆底烧瓶,它是用于较大量的液体的加热及反应、气体发生器或洗涤气体的装置。试液的体积一般占整个烧瓶容积的 1/2~2/3。

通常隔石棉网或加热套、浴热液加热,防止骤冷、骤热。烧瓶应固定在铁架台上加热。

10. 蒸馏烧瓶、克氏蒸馏烧瓶 蒸馏烧瓶、克氏蒸馏烧瓶常用于盛装蒸馏操作时的被蒸馏液体,也可作为少量气体发生器。试液的体积一般占总容积的 1/2~2/3。

非浴热的加热需垫石棉网,并将烧瓶固定在铁架台上。注意保护细的支管。

11. 冷凝管 冷凝管多用于蒸馏操作,冷却蒸馏出的蒸气。沸点高于 140 ℃ 的液体用空气冷凝管,沸点低于 140 ℃ 高于 70 ℃ 的液体用直形冷凝管,沸点低于 70 ℃ 的液体用蛇形冷凝管,球形冷凝管可用于任何沸点的液体。

冷凝管下端的支管为出水管,上端的支管为入水管。出水管口垂直朝上,入水管口朝下。用铁夹将冷凝管固定在铁架台上,铁夹夹持冷凝管的重心(约中上方)。蒸馏时,先通水,后加热。蒸馏结束后,先停止加热,后停水。

12. 接引管、锥形瓶 接引管(接液管)将冷凝管冷却后的液体引流入接收器(接液器)。拆卸蒸馏装置时,应先拆接引管。

锥形瓶用于:①接收经冷凝管冷却后的、挥发性大或吸湿性强的液体,必要时加塞;②加热液体,需置于石棉网上加热;③用作滴定反应器,滴定时,需边滴加液体边摇晃锥形瓶。以右手拇指、食指、中指握住瓶颈,无名指轻扶瓶颈下部,手腕放松,手掌带动手指用力,作圆周摇动。瓶内溶液体积不超过其容积的 2/3。

13. 熔点测定管　熔点测定管又称 b 形管,是用于测定物质熔点的器皿。需借铁夹将熔点测定管固定在铁架台上,加热熔点测定管的侧部。

14. 分液漏斗　分液漏斗用于:①分离互不相溶的液体;②萃取分离、富集或洗涤;③向反应器内加试液。其磨口旋塞必须原配,分液漏斗不可加热。

15. 布氏漏斗、抽滤瓶　布氏漏斗用于晶体或沉淀的减压过滤(抽滤),抽滤前需将滤纸放入布氏漏斗内,并润湿滤纸使其紧贴漏斗底部。抽滤瓶用于抽滤时承接布氏漏斗流出的滤液。

布氏漏斗借橡皮塞固定在抽滤瓶上,其下端的斜口正对抽滤瓶的侧管。抽滤瓶的侧管口通过橡皮管与负压装置相连。抽滤瓶不能加热。

16. 三角漏斗、保温漏斗　三角漏斗用于过滤或向容器转入液体试剂。

保温漏斗也称热滤漏斗,多用于热过滤。过滤时应固定在铁架台的铁圈上或固定在漏斗架上。热滤漏斗中的三角漏斗常放入菊花滤纸。如果热滤漏斗过滤的溶液的溶剂是易燃的,则过滤过程中不能用明火加热。

17. 离心机、离心管　离心机与离心管配套用于沉淀与溶液的分离。将装有待分离溶液的离心管放入离心机中,离心机在高速旋转时借离心力分离溶液与沉淀。

离心管的放置必须符合力平衡。离心管不能直接加热,只能水浴加热。

18. 温度计、移液器　温度计用于测定温度,注意保护下端的水银球。不能用其搅拌,不能测量超过其最大量程的温度。

移液器用于精确转移一定体积的液体。用其吸液时,不能吸入空气,放出液体必须完全,一只吸嘴只能吸一种溶液。

19. 水浴锅　用于加热水浴液或油浴液。当被加热的物质要求受热均匀时,可用浴热法。常用电炉加热,所以必须保持锅底干燥。避免电路短路。

锅中的浴液量不能超过水浴锅容积的 2/3。

20. 比色管、比色皿　比色管主要用于分光光度法中的比色,使用时要保持管壁特别是管底的透明度。比色管上有容积标线。

测吸光度时,用比色皿盛装被测溶液,将其放置在分光光度计中进行测定。溶液的体积不超过比色皿容积的 2/3。光滑面向着光路。

21. 碘量瓶、试剂瓶　碘量瓶是主要用于碘量分析法的反应容器。它有磨口玻璃塞和水槽,向槽中加水便形成水封,以防止液体蒸发和固体升华。使用时应注意:①碘量瓶内溶液体积不超过碘量瓶容积的 1/2;②碘量瓶的盖子是磨口配套的,不得丢失和互换。

小口试剂瓶主要用于储存液体试剂或溶液。普通试剂瓶有无色与棕色之分,棕色试剂瓶用于盛放见光易分解的试剂或溶液。

22. 称量瓶、干燥器　称量瓶在称量操作时,用于盛放物质,也可在干燥时装被干燥的物质,称量时用。干燥器用于保存干燥的物质或物品,也可用作高温烘干物质的冷却容器。

称量瓶、干燥器的盖子是磨口配套的,应注意保护。称量瓶使用前必须洗涤干净,在 105 ℃烘干并且冷却后方能用于称量。称量时要注意保洁。

23. 移液管、吸量管、容量瓶　移液管用于准确移取其最大量程的溶液或试剂。吸量管可移取其最大体积至最小分度值之间的任意体积的溶液或试剂。

移液前必须经过润洗。在调液面或放液时，单手持管，管保持垂直。

容量瓶用于准确配制一定浓度的溶液。容量瓶的塞子与瓶是配套的，不能互换。容量瓶不能用作反应器，也不能直接加热。

24. 洗瓶、洗耳球　洗瓶利用其内所装的蒸馏水清洗仪器。洗瓶只能用于清洗，不能储存溶液。使用时必须拧紧瓶塞，以防漏气。

利用移液管或吸量管吸取溶液时，借洗耳球将溶液吸入移液管或吸量管中。

25. 坩埚、泥三角　坩埚用于固体物质的高温灼烧，可直接加热，不能骤冷，加热时将其放在泥三角上。

泥三角是用于灼烧时放置坩埚的。

26. 石棉网　石棉网在加热时，用于将受热容器与热源隔开，使容器均匀受热。石棉网不能与水接触，以免石棉脱落或铁生锈。

27. 研钵、杵　研钵与杵两者配合使用，可来研磨固体物质，但不能研磨可与研钵或杵作用的物质。使用玻璃研钵时，不可用杵大力撞击研钵，以防研钵破裂。

28. 药匙、毛刷、坩埚钳　药匙用于取用粉末状或小块状物质。取物质时需用干净药匙，最好专匙专用。

毛刷用于清洗仪器，使用时注意其尖端不要撞破仪器。

坩埚钳用于夹持坩埚或蒸发皿，注意避免沾上酸性溶液。不使用时，其尖端朝上放置于台面上。

29. 砂芯漏斗、砂芯坩埚　砂芯漏斗与砂芯坩埚用于过滤需要低温干燥的沉淀，操作时必须用抽滤的方法，不能骤冷、骤热，不能过滤氢氟酸、热的磷酸、碱性溶液，用完立即洗净。

30. 滴定管、滴定管夹与滴定管架　滴定管用于滴定操作时准确测量滴定液的体积。除此之外还可用于准确量取一定体积的液体，在色谱分离中可用作色谱柱。

滴定管可分为酸式滴定管与碱式滴定管。酸式滴定管用于量取酸性、中性和氧化性溶液，碱式滴定管用于量取碱性和还原性溶液，两种滴定管不能混用。

酸式滴定管的玻璃活塞与管是配对的，使用时应注意保护，以防脱落。装液前必须先用待装溶液润洗滴定管。读数时，视线、液面最低处或上边沿、刻度必须在同一水平面上。

滴定管架主要用于固定滴定管，滴定管夹用于滴定操作时夹持滴定管。

31. 电泳仪、电泳槽　两者在电泳操作中配合使用，电泳仪的主要作用是形成电场，电泳槽是电泳的场所，电泳之前电泳槽中的缓冲溶液必须是饱和溶液，电泳过程中应盖紧电泳槽盖以密封操作。

32. 恒温水浴箱　恒温水浴箱可提供一定温度下的水浴，进行加热。

工作时箱体内应保持适量的水，但水也不能太多，以避免液体溢出。水面不能低于被加热的试剂面。被加热的玻璃容器底部不能触碰箱体内壁。调节好所需的温度后，不要再随意重调设置温度的按键。

33. 紫外-可见分光光度计　该仪器主要用于紫外-可见分光光度法中测定物质的吸光度。使用时轻放比色室盖，应保持比色室干燥，推拉杆动作轻缓、柔和。

34. 循环水多用真空泵　循环水多用真空泵是以循环水形成真空的一种抽气泵，可用于真空过滤、真空蒸发、真空浓缩和真空脱气等操作。

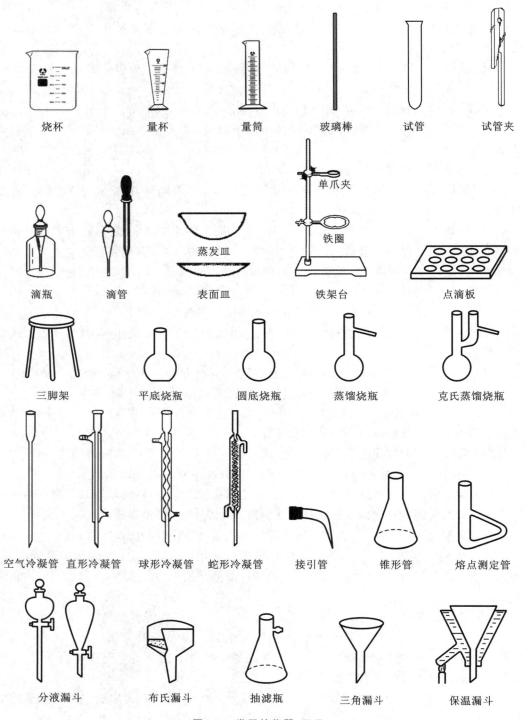

图 1-2　常用的仪器、用品

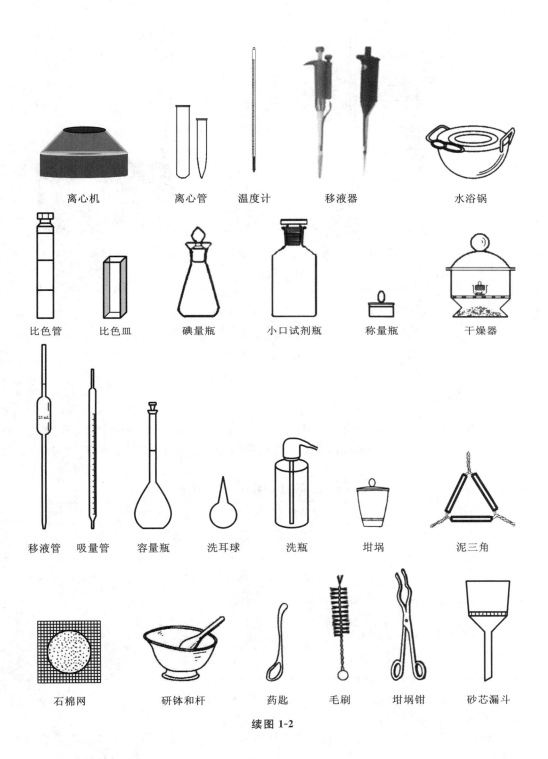

续图 1-2

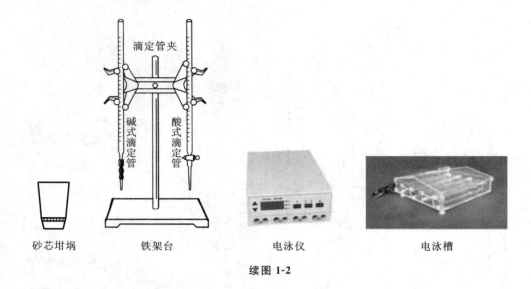

续图 1-2

第五节 常用的试剂与实验用水

一、常用化学试剂

1. 试剂的分类 化学试剂按其含杂质的多少可划分为优级纯、分析纯、化学纯、实验试剂、生物试剂和生物染色剂等,其规格和适用范围等列于表 1-1。根据不同的要求选择不同级别的试剂。

表 1-1 化学试剂的等级及主要用途

等级	中文名称	符号	标签颜色	主要用途
一级	优级纯(保证试剂)	GR	绿色	纯度高,用于精密分析实验和研究
二级	分析纯(分析试剂)	AR	红色	纯度较高,用于一般分析实验
三级	化学纯	CP	蓝色	纯度较低,用于一般化学实验和合成制备
四级	实验试剂	LR	棕色	纯度低,作为实验辅助试剂
	生物试剂	BR	咖啡色	用于生物化学研究和检验
	生物染色剂	BS	玫红色	用于生物组织学、细胞学和微生物染色,供显微镜检查

有的试剂规格不在以上范围内,例如:纯度更高的专用试剂,色谱纯、光谱纯、电泳纯等;纯度更低的工业用试剂。

2. 试剂的使用和保存 要根据实验的具体情况选择化学试剂。在满足实验要求的前提下应就低不就高地选择试剂。无机化学与有机化学实验常用化学纯试剂,少数实验会用到分析纯试剂。化学分析实验常用优级纯试剂或分析纯试剂配制标准溶液。我国规定容量分析的第一基准物质其主体含量分别为 100%±0.02% 和 100%±0.05%。仪器分析实验一般使用优级纯、分析纯或专用试剂。

取用试剂应认真核对标签上的名称、规格，以避免取错。严格按剂量取用，没注明剂量的尽可能少取，液体试剂应取 1~2 mL，固体试剂应刚没过试管底部。多取的试剂不能再倒回原瓶中。取用的工具必须洁净而干燥，取用强碱性试剂后小勺应立即洗净，以免腐蚀。取用后应立即将原试剂瓶盖好，防止污染、变质、吸水或挥发。

氧化剂、还原剂必须密闭避光保存。易挥发的试剂应低温保存，易燃、易爆试剂要储存于避光、阴凉通风的地方。剧毒试剂必须有专人保管。试剂瓶的标签应保存完好。

二、实验用水

根据实验的任务和要求不同，对水的纯度要求也不同。一般的无机化学、有机化学实验用自来水、蒸馏水或去离子水即可，一般的分析实验采用蒸馏水或去离子水，而对于超纯物质的分析，则要用高纯水。

纯水的质量指标是电导率。我国将分析实验用水分为三级。一、二、三级水的电导率分别小于或等于 0.01 mS/m、0.10 mS/m、0.50 mS/m。化学分析实验常用三级水（一般蒸馏水或去离子水），仪器分析实验多用二级水（多次蒸馏水或离子交换水）。纯水在储存和与空气接触中都会引起电导率的改变。水越纯，其影响越显著。一级水必须临用前制备。

（黄丹云）

第二章 玻璃仪器的洗涤、干燥与实验装置

第一节 玻璃仪器的洗涤、干燥

实验前应洗涤所用的玻璃仪器。若要求洁净而干燥的玻璃仪器应事先准备好。洗净的玻璃仪器应洁净、透明,其内、外壁能被水均匀地润湿且不挂水珠。

一、一般玻璃仪器的洗涤

烧杯、试管、锥形瓶、烧瓶一般用清水荡洗 2~3 次(图 1-3)。若有洗不去的物质,则先用大小、形状合适的刷子蘸取洗衣粉、合成洗涤剂或肥皂水刷洗(图 1-4),再用自来水冲洗。有机污垢,可用少量乙醇或乙醚等有机溶剂溶解后再洗。需要的话可先用铬酸钾洗涤液浸泡数小时后,再用自来水冲洗。洁净度要求更高的,最后需用蒸馏水再洗 3 次。倒置晾干。

图 1-3 玻璃仪器的荡洗　　　　　　　图 1-4 试管的刷洗

二、容量分析仪器的洗涤

容量分析所用的各种玻璃仪器洁净度要求较高,根据器皿的特性以及污物的性质、沾污的程度不同,有以下几种洗涤方法。

1. 一般器皿的洗涤　如烧杯、锥形瓶、量筒、试剂瓶等先用少许水润湿,再用毛刷蘸取去污粉或洗涤液刷洗,然后用自来水冲洗干净,最后用少量蒸馏水淋洗内壁 3 次。洗涤应遵循"少量多次"的原则。

2. 具有精密刻度量器的洗涤　如滴定管、移液管、容量瓶等,不宜用毛刷刷洗,可先用洗涤液浸泡,再用自来水冲洗,最后用少量蒸馏水淋洗。如果仍未洗净,应沥去水分后用铬酸洗涤液润湿器皿内壁,再用自来水冲去残留的洗涤液,最后用少量蒸馏水润洗 3 次。

三、比色皿的洗涤

比色皿在比色分析时容易被有色溶液和有机试剂染色,洗涤时可将其浸泡在盐酸-乙醇洗涤液中,然后用自来水、蒸馏水洗净。

盐酸-乙醇洗涤液的配制:将化学纯的盐酸和乙醇按1∶2的体积比混合。

四、铬酸洗涤液的配制及使用注意事项

铬酸洗涤液的配制:将 5 g 固体重铬酸钾置于烧杯中,加 10 mL 水微热溶解后,冷却,在不断搅拌下慢慢加入 100 mL 工业浓硫酸混合而成。

使用铬酸洗涤液注意事项:①仪器内的水尽量沥干,以免把洗涤液冲稀或遇浓硫酸放热,洗涤液用完后应倒回原瓶内,可反复使用;②洗涤液具有强的腐蚀性,会灼伤皮肤、破坏衣物,如不慎把洗涤液洒在皮肤、衣物和桌面上,应立即用水冲洗;③当重铬酸钾还原为硫酸铬后溶液的颜色变为绿色,无氧化性,不能继续使用;④铬(Ⅵ)有毒,清洗残留在仪器上的洗涤液时,第一、二遍的洗涤水不要倒入下水道,应回收处理。

五、玻璃仪器的干燥

1. 晾干 不急用的仪器,洗净后倒置在实验柜内或仪器架上,任其自然干燥。

2. 吹干 可用电吹风或其他气体形成的风吹仪器,直至干燥。

3. 加热干燥

(1) 烤干 烧杯、蒸发皿等可放在石棉网上加热,用小火慢慢烤干。试管可用试管夹夹住后,在火焰上来回移动,直至烤干,但试管口必须低于试管底部,以免水珠倒流到灼热部位而使试管炸裂,待烤到不见水珠后,将试管口朝上赶尽水蒸气。

(2) 烘干 将洗净的仪器,尽量倒掉水后,放进烘箱内,烘箱温度控制在 105 ℃ 左右将其烘干。仪器放进烘箱时口应朝下,并在烘箱的最下层放一瓷盘,用以承接从仪器上滴下的水,以免水滴在电热丝上,损坏电热丝。

4. 用有机溶剂干燥 加一些易挥发的有机溶剂(常用乙醇和丙酮)到洗净的仪器中,将仪器倾倒并转动,使仪器壁上的水和有机溶剂互相溶解,混合,然后倒出有机溶剂,少量残留在仪器中的混合物会很快挥发而使仪器干燥。如用电吹风则能提高干燥速度。

第二节 实 验 装 置

实验装置由各种配件组装而成,选用的玻璃仪器和配件都要是干净的。否则,往往会影响反应、产物的产量和质量。所选的器材要恰当、相互匹配。

一、实验装置组成部件的选择

1. 烧杯与烧瓶的选择 盛装液体的体积应占容器容积的 $1/2 \sim 2/3$,也就是说烧杯或

烧瓶的容积至少应是液体体积的1.5倍。用烧瓶进行水蒸气蒸馏和减压蒸馏时，液体体积不应超过烧瓶容积的1/3。

2. 冷凝管的选择 一般情况下回流用球形冷凝管，蒸馏用直形冷凝管。但是当蒸馏温度超过140 ℃时应改用空气冷凝管，以防温差较大时，由于仪器受热不均匀而使冷凝管断裂。

3. 温度计的选择 实验室一般备有150 ℃、200 ℃、300 ℃三种温度计，根据所测温度可选用不同的温度计。一般选用的温度计要高于被测温度10～20 ℃。

4. 分液漏斗的选择 萃取操作选用的分液漏斗的容积一般为所萃取溶液体积的2～3倍。

5. 塞子、温度计（玻璃管）、橡皮管等连接配件的选择

（1）木塞与橡皮塞。木塞不易与有机物作用，但气密性不好，也易被酸、碱腐蚀。橡皮塞既不易漏气也不易被酸、碱腐蚀，但易被有机物溶胀。所选塞子的大小应与仪器的口径相适应，塞子塞入管颈或瓶颈的深度是塞子高度的1/2～2/3，如图1-5所示。

（2）温度计或玻璃管与塞子孔径大小相符。将温度计或玻璃管插入塞子，应先向待插入端的表面涂少量的甘油或水，握住温度计或玻璃管的手的位置应尽可能离塞子近些，另一手拿着塞子，将温度计或玻璃管缓慢旋入塞子中（图1-6），不能直接用力推入。

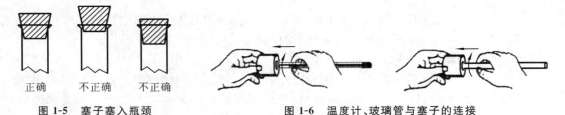

图1-5 塞子塞入瓶颈　　　　　图1-6 温度计、玻璃管与塞子的连接

二、实验装置的装配与拆卸

安装仪器时，应选好主要仪器的位置，要先下后上，先左后右，逐个将仪器边固定边组装。拆卸的顺序则与组装相反。拆卸前，应先停止加热，移走加热源，待稍微冷却后，先取下产物，然后逐个拆掉实验装置。拆冷凝管时注意不要将水洒到排水池以外的地方。

仪器装配要求做到严密、正确、整齐和稳妥。在常压下进行反应的装置，应与大气相通。铁夹的双钳内侧应贴有橡皮或绒布，或缠上石棉绳、布条等。否则仪器容易被损坏。

使用玻璃仪器时，切忌对玻璃仪器施加过度的压力或扭歪。因为扭歪的玻璃仪器在加热时会破裂，甚至在放置时也会崩裂。

（黄丹云）

第三章 药品与试剂的取用

第一节 晶体、粉末状固体、块状固体的粗略取用

取用试剂时,取药品的用具必须干燥与洁净。瓶盖要倒置放在实验台上,取多的试剂不能倒回原试剂瓶中,可将多余的试剂放入指定容器内。

一、少量药品的取用

取用药品时,少量晶体或粉末用药匙取,块状的用镊子取。为了防止药品沾在容器的口部与内部,应将盛有药品的药匙(或 V 形纸条)如图 1-7 所示放入试管底部。

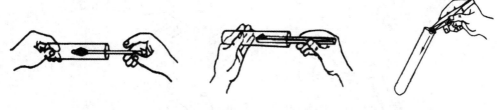

图 1-7 固体加入试管的操作

二、大量药品的取用

取用大量的固体药品在不损坏承接药品容器的前提下,应用倾倒法。否则应将容器倾斜,使药品沿壁滑落到容器底部。

第二节 滴管取液与直接倾倒取液

粗略取一定体积的试液,量少时可借滴管取用。使用胶头滴管时,管中若有试剂,滴管必须保持垂直。滴出溶液时,管尖不能伸入接收器中。不能用同一支滴管不经清洗去取不同的试液,与滴瓶配套的滴管不可"张冠李戴"的错配。取用量相对较大时,可用直接倾倒法。倾倒试液时,为避免试液外流,试剂瓶的标签应向手心处,瓶盖倒放在台面上,见图 1-8。

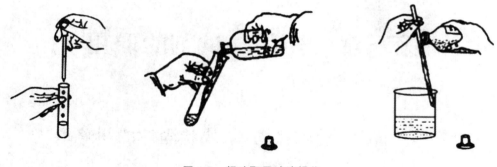

图 1-8 粗略取用试液操作

第三节 量筒或量杯量取试液

使用量筒或量杯量取液体的精度可达到 0.1 mL。常常采用先倒后滴的方式取液。读数时,量筒垂直,视线与液面最低处相平(图 1-9)。量取液体后,不用洗涤,也不需要将洗涤后的溶液转到接收器中。

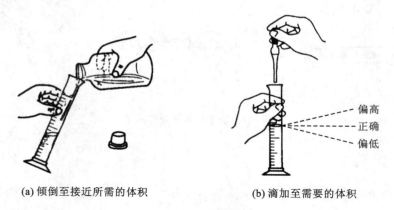

(a) 倾倒至接近所需的体积　　　(b) 滴加至需要的体积

图 1-9 量筒量取试液

第四节 移液管、刻度吸量管量取试液

实验中,取用的试液要求准确度较高时,常用移液管、吸量管或移液管等量具。实践中根据量取体积的多少,选择不同类型、量程的量具。一般情况是:体积多的,用移液管;体积少些的,用吸量管;体积更少的,则用移液管。

一、移液管、刻度吸量管的分类

(1) 移液管(图 1-10(a)),常用的有 50.0 mL、25.0 mL、10.0 mL、5.0 mL、2.0 mL、

1.0 mL等规格。这种量管只有一个刻度,用于一次性取用与量管相同体积的溶液。放液时,待管内液体自然流出后,管尖需停靠在接收器内壁 15 s。注意不要将管尖残留的液体吹出。

(2) 刻度吸量管的外壁有细分刻度(图 1-10(b)),常用的有 10.0 mL、5.0 mL、2.0 mL、1.0 mL 等规格,能够量取最大量程至最小刻度间的任意体积的溶液。用标有"吹"字的刻度吸量管移取最大量程溶液时,在放液环节,待管内液体自然流出后,需将尖嘴处的溶液"吹"出。未标"吹"字的刻度吸量管,则不必吹出管尖残留的液体。

实验中,取用同一种试剂时应用同一支量管。若需多次取体积大小不同的同一试液,应选择一支与最大取液量接近的刻度吸量管。

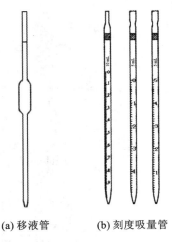

(a) 移液管　　(b) 刻度吸量管

图 1-10　移液管和刻度吸量管

二、移液管或吸量管的使用方法

1. 洗涤　一般情况下,洗涤至少依次经过自来水冲洗、蒸馏水淋洗、移取液润洗 2~3 次(图 1-11),才能正式用于移取试液。有较难去除污渍的,则可用专用洗涤液(如铬酸洗涤液)清洗。若实验要求量管是干燥的,则需晾干量管。

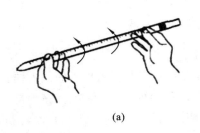

(a)　　(b)

图 1-11　润洗手法

2. 取液　右手中指与拇指捏住近上口处,左手握洗耳球。将管插至待移取液液面 2~3 cm 处,用已排出气体的洗耳球嘴紧密地对接在管的上口,缓慢放开握捏洗耳球的左手,当溶液进入到量管标线或最上端刻度以上 2~3 cm 处,立即用食指按紧上口,见图 1-12。

3. 调刻度　将吸量管提离溶液液面,下尖口靠着容器内壁,吸量管保持垂直。左手提握起取液容器。用食指调节管中溶液的体积,当凹液面最低点与标线或最上端刻度在同一水平时,按紧食指,不让溶液流出,将管提离取液容器,见图 1-12。

4. 放液　将量管放入接收器中,下尖口靠着接收器内壁,量管保持垂直。若是单一刻度的量管,则食指移离上口,待溶液流出管后,停靠接收器内壁 15 s,使溶液完全流出。若是有刻度的吸量管则应注意以下几点。①量取的体积与吸量管的量程相等时操作同上(图 1-12)。标有"吹"字的量管,用洗耳球将留在尖嘴处的最后一滴溶液排到接收器中,

• 20 • 基础化学实验技术

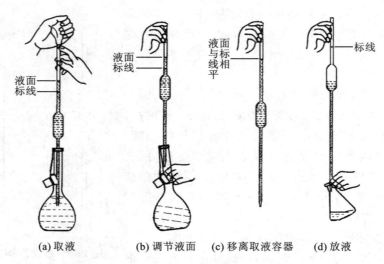

(a) 取液　　　　(b) 调节液面　　(c) 移离取液容器　　(d) 放液

图 1-12　移液管或吸量管量取溶液的操作

以保证体积的准确。②若量取的体积少于吸量管的最大容积时,则食指不移开吸量管上口,而应适当放松食指,并轻捻吸量管,以放出所需体积的溶液。

第五节　移液器(取液器)精确量取试液

一、使用方法

1. 选择移液器　选用正确量程的移液器。量程是移液器所能量取的最大体积。

2. 设置量取试液体积的刻度　调节旋钮至所需量取的体积,轻缓有序地旋转旋钮,切勿超过最大或最小量程。从大体积调节到小体积时,逆时针旋转即可;从小体积调节至大体积时,可先顺时针调至超过所需的体积,再回调至目标体积,这样可以保证最佳的精确度。

3. 装配吸头　单道移液器,将移液端垂直插入吸头,左右微微转动,上紧即可;多道移液器,将移液器的第一道对准第一个吸头,倾斜插入,前后稍微摇动后上紧,吸头插入后略超过O形环即可。

4. 检漏　吸头吸入液体后,观察吸头液面1~3 s。若液面下降,表明漏液。若是吸头破损,则应更换吸头。若更换吸头后仍漏液,需找专业维修人员修理。

5. 吸量　在不触碰卸载吸头按钮的前提下,用拇指控制吸量按钮。按下吸量按钮至第一挡后,拇指按住按钮不放松,将移液器垂直插入待移取液体中,深度以刚浸没吸头尖端为宜,然后慢慢释放吸量按钮以吸取液体。将移液器垂直抽离取液容器,把吸头垂直触碰在接收器的内壁,慢慢按压吸量按钮至第一挡,停留1~2 s后,继续按至第二挡以完全排出所有的液体(图1-13)。

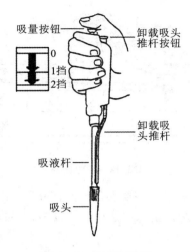

图 1-13　枪式移液器

6. 卸载吸头　性能优良的移液器具有卸载吸头的机械装置,轻轻按下卸载按钮,吸头就会自动脱落。

二、注意事项

(1) 调节连续可调移液器的取用体积时动作要轻缓,严禁超过最大或最小量程。

(2) 当移液器吸头中含有液体时禁止将移液器水平放置,以防液体流入活塞内而腐蚀移液器活塞,不用时置移液器于支架上。

(3) 吸取液体时,动作应轻缓,防止液体随气流进入移液器的上部。

(4) 在吸取不同的液体时,要更换吸头。

(5) 移液器要定期校准,一般由专业人员来进行。

第六节　托盘天平称取物质

一、托盘天平的组成构件

托盘天平又称为台式天平(图 1-14),一般用于精确度要求不太高的称量。如:一般溶液的配制,要求的称量值从几克到几十克,且准确到 0.1 g 时,可选择托盘天平。实验室中,常用的托盘天平最大称量值为 100 g,分度值为 0.1 g。

二、托盘天平的使用

(1) 把托盘天平放在桌面上,将托盘擦拭干净,两盘分别放在左、右两个托盘架上,称量前把游码拨到标尺的最左端的零位,调节平衡螺丝,使指针在停止摆动时正好对准刻度

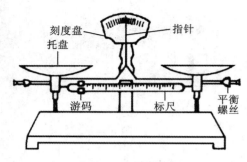

图 1-14 托盘天平

盘的中央线；托盘天平在摆动时,左、右摆动的格数应相等。

(2) 托盘天平调平后,将待称量的物体放在左盘中,在右盘中用不锈钢镊子由大到小加放砝码,当减少到最小质量的砝码仍不平衡时,可移动游码使之平衡,此时所称的物体的质量等于砝码的质量与游码刻度所指的质量之和。

(3) 称重物体不能超过托盘天平的最大量程。称量时取砝码要用镊子,不能直接用手拿。天平长期不用时要在盘架下面加上物体固定。不宜用托盘天平称量热的物体,根据具体情况,选择称量纸、表面皿、称量瓶或烧杯等进行称量。

第七节 电子分析天平称取物质

一、电子分析天平的特点

电子分析天平（图 1-15）是采用电磁力平衡原理进行称量的,称量时不需使用砝码。电子分析天平具有自动调零（去皮）、自动校准、超载显示、故障报警等功能。被称物质放在称量秤上,几秒钟内便以数字显示出所称物质的质量。所以具有使用方便、快速、准确、性能稳定、使用寿命长等特点。实验室中常用的电子分析天平的称量值可精确至 0.01 g、0.001 g、0.0001 g 等。

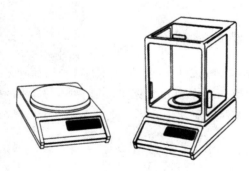

图 1-15 电子分析天平

二、电子分析天平的使用

（一）称量前的准备

（1）连接好电源线，取下天平罩并将其折叠好，放置于电子天平箱后方。

（2）检查天平盘内是否干净，必要的话用软刷清扫。

（3）检查电子天平是否水平。观察水平仪中的水泡是否在圈中。若水泡偏移，则表示电子分析天平不水平，应立即报告老师。

（4）有箱体的电子分析天平，要检查硅胶是否变色失效，蓝色为有效，粉红色则表示失效。

（5）预热半小时。

（二）开机使用

关好天平门，轻按 ON 键，指示灯全亮后松开手，电子分析天平先显示型号，稍后显示稳定在 0.0000 g 时，即可开始使用。必须在显示稳定、关上门的前提下读数。称量结束后要进行后处理，即清洁→重调水平→罩上天平罩→在使用记录本上登记。

（黄丹云）

第四章 加热、冷却与回流

第一节 加　　热

加热的方法有直接加热法与间接加热法。应根据被加热物质的特点、需要达到的温度、温度上升的快慢来选择相应的加热方法。实验中一般用间接加热法。因为直接加热温度上升过快，并且是局部受热，以致玻璃仪器易破裂或易分解物质发生分解，甚至易引起火灾或爆炸。

一、直接加热

直接加热是指利用热源器直接加热仪器或物质。常用的热源器有酒精灯、电器类热源等。

（一）酒精灯的使用

加热玻璃仪器时，应先让其均匀受热，然后用外焰集中加热需加热的部位。点燃酒精灯需用火柴，切勿用已点燃的酒精灯直接去点燃别的酒精灯。熄灭灯焰时，切勿用嘴去吹；可先用灯罩盖灭火焰的方法熄灭灯焰；然后提起灯罩，待灯口稍冷，再盖上灯罩（图1-16）；这样可以防止灯口破裂。长时间加热时最好预先用湿布将灯身包围，以免灯内酒精（乙醇）受热大量挥发而发生危险。不用时，必须将灯罩盖好，以免酒精挥发。长时间不用的酒精灯，点燃之前，需放出聚集在灯内的气体。灯中的酒精体积不超过酒精灯容积的2/3。

图 1-16　酒精灯的点燃与熄灭

酒精灯的火焰分为焰心、内焰、外焰，外焰温度最高，所以应用外焰加热物体，见图1-17。

用试管加热物质时，应先使试管均匀受热，再集中加热药品部位。加热固体物质时，试管口稍向下倾斜（图1-18）。加热液体物质时，液体物质不应超过试管容积的1/3，试管与桌面保持45°，试管口不能对着人。用烧杯、烧瓶加热药品时，应将烧杯、烧瓶放在铁架台的铁圈上，铁圈上放有石棉网，见图1-19。

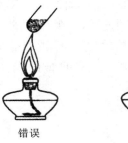  

错误　　　　　正确　　　　　错误

图 1-17　酒精灯灯焰的使用

  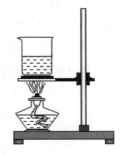

图 1-18　固态物质的加热　　　　　图 1-19　溶液或液态物质的加热

（二）电器加热

实验中还常用电炉、马弗炉等电器加热。加热温度的高低可通过调节外电阻来控制。用电器直接加热放置于其上的受热容器时,要求容器底部是干燥的。玻璃器皿不能与电炉直接接触,电炉上需放石棉网。金属容器不能与电炉丝直接接触,以避免漏电。加热时不得将液体溅到红热的电炉丝上。

二、浴热

（一）空气浴

空气浴是利用热空气间接加热,沸点在 80 ℃ 以上的液体均可采用。

（1）最简单的空气浴是把容器放在石棉网上加热,这种方法不能用于回流低沸点易燃的液体或者减压蒸馏。

（2）半球形的电热套一般可加热至 400 ℃。电热套主要用于回流加热。蒸馏或减压蒸馏不用为宜。使用的电热套要与容器的大小相适应。

（二）水浴

水浴加热温度一般不超过 100 ℃。使用水浴时,受热容器不要触及水浴器壁与底部,水浴器的液面应略高于容器中的液面。如果加热温度稍高于 100 ℃,则可选用某些无机盐类的饱和水溶液作为热溶液。

（三）油浴

油浴加热温度的适用范围为 100～250 ℃,反应物的温度一般低于油浴液温度 20 ℃

左右。常用的油浴液有甘油、植物油、液体石蜡等。油浴加热时要注意防火,当油受热冒烟时,应立即停止加热。在油浴中加热应挂一支温度计,以观察油浴的温度和有无过热现象。油量不能过多。以免受热后溢出而引起火灾。加热完毕取出反应容器时,仍用铁夹夹住反应容器使其离开液面并悬置片刻,待容器壁上附着的油液滴完后,用纸和干布将其擦干。

(四)酸浴

浓硫酸为常用酸液,可加热至250~270 ℃,到300 ℃左右时则分解。若适量加入硫酸钾,加热温度可升到350 ℃左右。

(五)砂浴

加热沸点在80 ℃以上的液体可以采用砂浴,砂浴特别适用于加热温度在220 ℃以上的,但砂浴传热慢,温度上升慢,且不易控制,因此,使用时砂层宜稍薄。砂浴中应插入温度计,且水银球靠近反应器较好。

第二节 冷 却

在实验中,常遇上冷却操作。例如:为加速结晶的析出,需对溶液进行冷却;需在低温条件下进行的反应;为了防止沸点低的有机物的损失;受热后的仪器、药品的冷却等。冷却的方法有自然冷却、冷却剂冷却。自然冷却温度下降慢而均匀。冷却剂冷却中冷却剂为液体试液时,温度下降较快,可迅速降温。实验中应根据实验的不同条件、目的、要求,选择不同的冷却方法。

一、自然冷却

受热后的烧杯、试管、烧瓶、锥形瓶、熔点测定管、温度计等仪器一般都采用自然冷却。自然冷却不用水或其他溶液快速冷却。用于浴热的物质也通常采用自然冷却。

二、冷却剂冷却

根据不同的要求,选用适当的冷却剂冷却,最简单的是用水冷却或用水-碎冰混合物冷却。用自来水冲淋或浸泡被冷却物容器的外壁(图 1-20),以及蒸馏操作中借助冷凝管以循环水的冷却,都可使温度较快地下降至室温。能与被冷却容器充分接触的冰水混合物冷却剂可使温度降至0~5 ℃,这种冷却方式比单纯冰块的冷却效果要好。

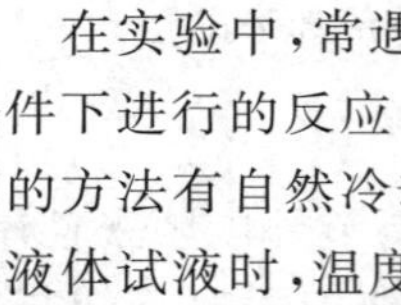

若在碎冰中加入适量的盐类,这种冰盐混合物冷却剂的温度可在0 ℃以下,例如:常用的食盐与碎冰的混合物(33∶100),其温度可由始温-1 ℃降至-21.3 ℃。但在实际操作中温度为-18~-5 ℃。冰盐浴时不宜用大块的冰,而且要按上述比例让食盐均匀

图 1-20 水浸泡冷却

分布在碎冰上,这样冷却效果才好。

第三节 回 流

一、回流装置

在实验中某些重结晶样品的溶解和一些反应,需要加热至沸一段时间。为了防止溶剂或生成物蒸发逸出,常常在受热容器(如烧瓶)出口接冷凝管,管中自下而上通入冷却水,使蒸气在冷凝管中被冷却为液体,又流入容器中。实验常用的回流装置,见图1-21。图中的(a)装置可以防潮,(b)装置可吸收反应生成的气体,(c)装置在回流时可同时滴加液体。

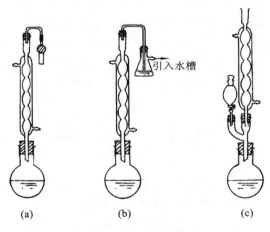

图 1-21 回流装置

二、回流操作的注意事项

(1) 受热容器中必须加沸石。实验装置若使用磨口玻璃仪器,则应在磨口处涂一层凡士林润滑剂,以防止仪器相互粘连,但也不可多涂,否则凡士林会掉入容器中,影响实验效果。

(2) 根据受热物质的物理化学性质,选择合适的加热方式。回流装置的顶端必须与大气相通,否则会引起爆炸。回流速度控制在液体蒸气浸润不超过两个球为宜。

(黄丹云)

第五章 溶解与振荡、搅拌

第一节 物质的溶解

溶解通常是指固体(液体)与液体相混合的过程。物质之间相溶程度的大小,由物质的性质决定,一般遵循相似相溶原则,即极性物易溶于极性溶剂,非极性物易溶于非极性溶剂。例如盐类一般易溶于水,而大多数的非极性或弱极性有机化合物难溶于水。物质在溶解过程中常伴有放热或吸热等物理、化学现象,所以溶解应根据溶质性质、溶剂性质、实验要求选择溶剂的种类、溶解程序与操作方法。常见的溶解程序是将溶质加入溶剂中,因溶解时会产生大量的热量,故应分次加入溶质,并且边冷却边搅拌溶解。如稀释浓硫酸时,应将浓硫酸慢慢倒入水中,并不断搅拌,以便将溶解时产生的热及时散发出去,避免溶液外溅。为加速溶解可采用振荡、搅拌、研磨、加热、超声等方式。

第二节 振 荡

1. 试管的振荡 在性质验证实验中,常常要振荡试管。操作时应手持试管,利用腕力来回甩动(图 1-22(a))。振荡试管时,试管中液体的量不要超过试管容积的 1/2,以防止液体溅出,既不能用手指堵住管口,也不能上下振荡。

2. 分液漏斗的振摇 萃取实验中,先将萃取剂加入被萃取溶液中,然后以振摇的方法将溶在原溶剂的物质转移到萃取剂中(图 1-22(b)),从而将物质提取或分离。振摇时要塞紧塞子,及时放气以平衡内、外压力,并避免漏液。振摇时要有一定的力度。振摇时间要充足,以保证萃取完全。

(a)　　　　　　　　(b)

图 1-22　试管的振荡与分液漏斗的振摇

3. 烧杯的悬摇 手握烧杯上部,通过转动手腕以悬摇烧杯,从而使烧杯内溶液旋转。烧杯内的溶液不要超过烧杯容积的 1/2。

第三节 搅　　拌

　　搅拌在实验中具有加速物质的溶解、混匀物质、散开热量等作用。

　　用搅拌来加速物质的溶解时,可通过搅拌工具,使溶液进行圆周运动。注意搅拌的力度不可过大,以免溶液溅出。用玻璃棒在烧杯中搅拌时应避免玻璃棒触碰烧杯内壁。

　　搅拌还可使反应物混合得更均匀,反应体系中的热量容易散发或传导,从而使体系温度更均匀。搅拌的方法有人工搅拌、机械搅拌和磁力搅拌三种。

（黄丹云）

第六章 结 晶

结晶是溶质从溶液中析出晶体的过程。当溶质的 Q 值大于溶度积 K_{sp} 时,溶质便可从溶液中析出。

第一节 结晶的步骤与溶剂的选择

一、结晶的步骤

(1) 溶液形成过饱和溶液。
(2) 晶核生成和晶粒生长。
(3) 晶体的生成和陈化。

二、溶剂的选择

(1) 选择的溶剂不与欲纯化的试剂发生化学反应。例如:脂肪卤代烃不宜用作碱性化合物结晶和重结晶的溶剂;醇不宜用作酯结晶和重结晶的溶剂。

(2) 选择的溶剂对欲纯化的试剂在温度较高时有较强的溶解能力,在温度较低的环境下溶解能力大大减弱。

(3) 选择的溶剂对欲纯化试剂中的其他杂质:或是溶解度大,在试剂结晶时,杂质留在母液中,不随晶体一同析出;或是溶解度小,当试剂加热溶解时,杂质不溶或极难溶,可用热过滤除去。

(4) 选择的溶剂沸点不宜太高,以免溶剂在结晶和重结晶时附着在晶体表面不易除尽。

(5) 根据"相似相溶"原理选择溶剂。

(6) 常用溶剂有:水、甲醇、乙醇、异丙醇、丙酮、乙酸乙酯、氯仿、冰乙酸、四氯化碳、苯、石油醚等。若有其他溶剂时,最好不用乙醚,因为一方面乙醚易燃、易爆,另一方面乙醚易挥发而使化学试剂析出结晶。

(7) 用冷水或冰水快速冷却晶体,并剧烈搅动,可得到小颗粒晶体,在室温下静置冷却,可得到均匀而较大的晶体。如果溶液冷却后晶体仍不析出,可用玻璃棒摩擦液面下的容器壁,也可加入晶种,或进一步降低溶液温度(用冰水或其他冷冻溶液冷却)。

第二节 结晶的方法

结晶的方法有以下几种。①将溶液蒸发浓缩使溶液达到饱和而结晶。这一方法常用于溶解度受温度影响不大的物质。例如盐田晒盐（氯化钠）：将海水或盐卤引入盐田，经风吹、日晒使水分蒸发、浓缩而结晶出食盐。②冷却结晶。使溶液冷却（冷冻）而达到饱和后产生结晶。此法用于溶解度随温度下降而减少的物质或随着温度的升高溶解度升高的物质。例如：硝酸铵、硝酸钾、氯化铵、磷酸钠、芒硝等。

一、常压蒸发溶剂结晶

用加热的方法使溶剂蒸发，直到溶质以晶体的形式从溶液中析出。该方法多用于以水为溶剂的溶液。方法如图 1-23 所示，将溶液倒入蒸发皿或烧杯中，加热蒸发皿或烧杯以蒸出溶剂至析出晶体，蒸发皿所盛溶液的体积不能超过其容积的 2/3。蒸发过程中要用玻璃棒不断搅拌溶液，以防溶液局部过热而发生溅液。当蒸发到出现固体或接近干涸时，可停止加热，利用余热将剩余的溶剂蒸出。蒸发浓缩也可在水浴中进行。根据需要，对晶体进行洗涤，洗涤时采用少量多次的方法将晶体完全洗净。

图 1-23　蒸发装置

二、重结晶

重结晶是利用溶剂对被提纯物质及杂质的溶解度不同而将物质提纯。重结晶的操作过程如下。

（1）首先将需纯化的固体物质溶解于沸腾或近于沸腾的溶剂中，制成饱和溶液（图 1-24(a)），若有有色物质则应加活性炭吸附，继而加热溶液 5～10 min。

（2）将热溶液趁热（保温）过滤（图 1-24(b)），除去不溶性物质，滤液冷却变成过饱和溶液后便析出晶体。

（3）最后用减压过滤（抽滤）的方法获得晶体（图 1-24(c)）。

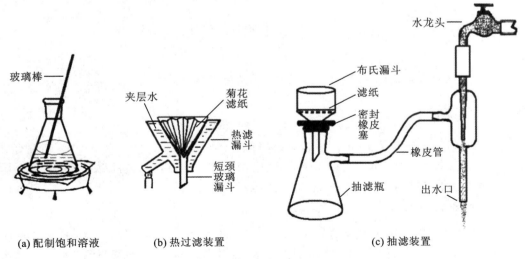

(a) 配制饱和溶液　　(b) 热过滤装置　　(c) 抽滤装置

图 1-24　重结晶操作

（黄丹云）

第七章 沉淀与沉淀分离

第一节 沉淀的生成

一、基本原理

沉淀是向溶液中加入沉淀剂,沉淀剂选择性地与某些离子发生沉淀反应,当沉淀的 Q 值大于其 K_{sp} 时,沉淀便从溶液中析出,而不反应的可溶性离子则留在溶液中,从而将物质分离。为了使沉淀完全,沉淀剂的用量通常比理论值高。生成的沉淀要求溶解度小、纯净、易过滤、易洗涤和颗粒大。

二、沉淀操作

边搅拌边滴加沉淀剂至反应完全,静置分层,再向溶液中滴一滴沉淀剂,若上清液没有沉淀生成,则表示沉淀反应完全,否则仍需进一步加入沉淀剂,直到沉淀反应完全。加入沉淀剂时要沿烧杯壁加入或将管尖伸入液面附近滴入。晶体的沉淀,滴加沉淀剂的速度要稍慢,沉淀生成后应放置一段时间,以获得理想的沉淀。非晶体沉淀,则应快速加入沉淀剂,生成沉淀后立即过滤。

第二节 沉淀和溶液的分离

生成的沉淀常常采用过滤、离心等方法,将其从溶液中分离出来。

一、过滤

过滤是将不溶于液体的固体物质与液体(或晶体与母液)分离的一种方法。当混有沉淀的溶液经过过滤器时,沉淀被截留下来,而溶液通过过滤器,从而将沉淀与溶液分离开。常用的过滤方法有常压过滤、热过滤、减压过滤三种。

(一)常压过滤

1. 准备过滤器 选择大小合适的圆形滤纸,将其对折后,再对折一次,打开成圆锥形,把尖端向下放入漏斗中,用少量水润湿滤纸,使其紧贴漏斗壁,滤纸与漏斗间不能留有空气,见图 1-25。

2. 过滤 将准备好的过滤器放在漏斗架上,调整好漏斗的高度,借用玻璃棒将溶液

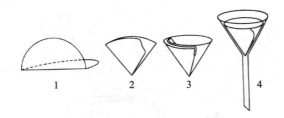

图 1-25　准备过滤器

引流入放有滤纸的漏斗中。

装有液体的烧杯尖嘴要紧贴玻璃棒,玻璃棒下端轻靠三层滤纸的一侧,漏斗下端紧贴烧杯壁。倾入漏斗的液面应稍低于滤纸边沿,见图 1-26。

3. 洗涤　溶液转入漏斗后,用少量蒸馏水或该溶液的溶剂淋洗装溶液的容器和玻璃棒,并将洗涤液转入漏斗中,如此淋洗几次,直至沉淀完全转入漏斗。洗涤应采用少量多次的原则。

（二）热过滤

某些物质在溶液温度降低时,易形成结晶析出,为了滤除这类溶液中所含的其他难溶性杂质,通常使用有保温作用的热滤漏斗进行过滤,以防止溶质结晶析出。过滤时,把短颈玻璃漏斗放在铜质的热滤漏斗内,热滤漏斗内装有热水以维持溶液的温度（图 1-24（b））。

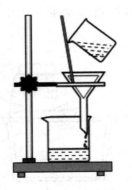

图 1-26　常压过滤装置

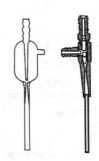

图 1-27　水泵

（三）减压过滤

减压过滤即抽滤,其原理是利用泵将抽滤瓶中的空气抽出,以降低瓶中压力,使过滤器(常见的有布氏漏斗、砂芯漏斗)与抽滤瓶的压力差增大,从而加快过滤速度。泵可用水泵（图 1-27）、循环水真空泵。将布氏漏斗或砂芯漏斗通过橡皮塞或橡皮垫固定在抽滤瓶上,抽滤瓶支管通过橡皮管与水泵相连（图 1-28）。抽滤时先将溶液倒入漏斗中,然后打开水泵进行抽滤。抽滤结束时,应先拔掉支管上的橡皮管,然后关掉水泵。

· 34 ·　基础化学实验技术

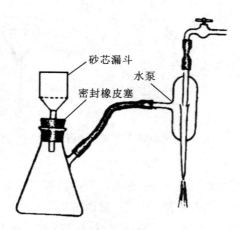

图 1-28　砂芯漏斗抽滤

知识链接

循环水真空泵

循环水真空泵是用来形成真空的有效仪器。循环水真空泵是以循环水为工作流体,利用流体射流技术产生负压而进行工作的一种真空抽气泵,可用于真空过滤、真空蒸发、真空浓缩、真空干燥、真空蒸馏和真空脱气等操作,可与旋转蒸发器、旋转薄膜蒸发器、真空薄膜浓缩器等配套使用。SHB-Ⅲ型循环水多用真空泵的结构如图 1-29 所示,其使用规则如下。

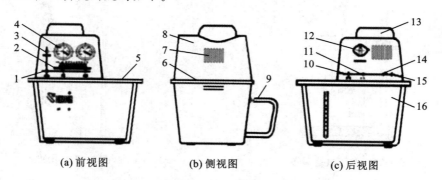

(a) 前视图　　　　(b) 侧视图　　　　(c) 后视图

图 1-29　SHB-Ⅲ型循环水多用真空泵示意

1—电源开关;2—抽气嘴;3—电源指示灯;4—真空表;5—水箱小盖;6—扣手;
7—散热窗;8—上帽;9—放水软管;10—循环水进水口;11—循环水出水口;
12—循环水转动开关;13—电机风罩;14—电源进线;15—保险座;16—水箱

(1) 打开泵的台面,将进水口与水管连接。

(2) 加水至水位浮标指示以上,接上电源。

(3) 将实验装置套管接在真空吸头上,启动工作按钮,指示灯亮即表示开始工作。一般循环水真空泵配有两个并联吸头(各装有真空表),可同时进行抽气,也可只使用其中一个。

（4）在断开被抽真空的仪器后，切断电源，停止使用循环水真空泵，使泵的进气口与大气相通。

二、离心

（一）离心原理

悬浮液在高速旋转下由于巨大的离心力作用，使悬浮的微小颗粒以一定的速度沉降，从而与溶液得以分离，而沉降速度取决于颗粒的质量、大小和密度。离心机有普通离心机、高速离心机、超速离心机。实验室常用的离心机如图 1-30 所示。

（二）离心和沉淀的洗涤

经离心后的上层清液，先用滴管吸出一部分（图 1-31），注意别触碰到沉淀，然后用适量的清洗剂将少量的溶液和吸附的杂质清洗干净。水是常用的清洗剂。

图 1-30　离心机

图 1-31　滴管吸清液

（三）离心机的使用

（1）检查离心机的套管与离心管大小是否相匹配；套管底部有无碎片或漏孔（有碎片时必须取出碎片，漏孔可用蜡封住）；套管底是否铺好软垫。

（2）将一对检查合格的离心管（已放进待离心的物质）放入一对套管中，然后在天平上进行平衡。较轻的一侧可在离心管与套管之间加水，直至两侧重量相等为止。

（3）将已平衡的各对套管按对角线位置插入离心机管孔内。

（4）插上电源，开动离心机，逐步扭动转速旋钮，缓慢增加离心机转速，直至所需的转速。离心完毕，将转速旋钮逐步转至零位。待离心机自动停稳后（不可用手去按停）取出离心管。拔下插座。

（黄丹云）

第八章　干燥与灼烧

　　干燥和灼烧是为了除去水分或挥发性物质。干燥的温度通常在 200 ℃ 以下,具体温度应由被干燥物质的性质决定。灼烧的温度一般超过 800 ℃。灼烧时常用坩埚放置欲灼烧物质。

　　干燥的方法有物理方法和化学方法两种。自然晾干、风干、加热干燥属于物理方法。化学方法是利用加入的干燥剂与水起反应(例如 $2Na + 2H_2O \longrightarrow 2NaOH + H_2 \uparrow$)或同水结合生成水合物,以除去水分。用这种方法来干燥物质,待干燥物质中的含水量不能太多(一般在百分之几以下),否则,必须使用大量的干燥剂。

一、液体的干燥

(一) 干燥操作方法

　　一般在干燥的三角烧瓶内进行干燥操作。把干燥剂投入液体里,塞紧(金属钠干燥时例外,塞中插入一根无水氯化钙管,放空氢气而水汽不进入),振荡片刻,静置,使水分全被吸去。若水分太多,则先用吸管吸出水层,再加干燥剂,放置一定时间后,将液体与干燥剂分离。若干燥物质是有机试液,最后需进行蒸馏。

(二) 常用干燥剂

　　常用的干燥剂有无水氯化钙、无水硫酸钠、无水硫酸镁、无水硫酸钙、无水碳酸钾、金属钠等。

(三) 注意事项

　　(1) 干燥剂与被干燥物质不发生化学反应,也无催化作用。
　　(2) 干燥剂应不溶于被干燥的液体中。
　　(3) 干燥剂的干燥速度快,吸水量大,价格便宜。

二、固体的干燥

　　结晶后的固体常带有水分或有机溶剂,应根据化合物的性质选择适当的干燥方法。
　　1. 自然晾干　　这是最简便、最经济的干燥方法。把要干燥的化合物先在滤纸上面压平,然后在一张滤纸上面薄薄地摊开,用另一张滤纸覆盖起来,在空气中慢慢地晾干。
　　2. 加热干燥　　对于热稳定的固体可以放在烘箱内烘干,加热的温度切忌超过该固体的熔点,以免固体变色和分解,如属需要可在真空恒温干燥箱中干燥。
　　3. 红外线干燥　　特点是穿透性强,干燥快。
　　4. 干燥器干燥　　易吸湿、高温易分解或变色的可用干燥器干燥。

三、干燥器的使用

干燥器(图 1-32)是具有磨口盖子的密闭厚壁玻璃器皿,常用以保存坩埚、称量瓶、试样等物。它的磨口边沿应涂一薄层凡士林,使之能与盖子密合。

干燥器底部盛放干燥剂,最常用的干燥剂是变色硅胶和无水氯化钙,其上搁置洁净的带孔瓷板。坩埚等即可放在瓷板上。

干燥剂吸收水分的能力是有一定限度的。因此,干燥器中的空气并不是绝对干燥的,只是湿度较低而已。

使用干燥器时应注意下列事项。

(1) 干燥剂不可放得太多,以免沾污坩埚底部。

(2) 搬移干燥器时,要用双手拿着,用大拇指紧紧按住盖子,见图 1-33。

图 1-32　干燥器

图 1-33　搬动干燥器手法

(3) 打开干燥器时,不能往上掀盖,应用左手按住干燥器,右手小心地把盖子稍微推开,等冷空气徐徐进入后,才能完全推开,盖子必须仰放在桌子上。

(4) 不可将太热的物体放入干燥器中。有时较热的物体放入干燥器后,空气受热膨胀会把盖子顶起来,为了防止盖子被打翻,应当不时把盖子稍微推开(不到 1 s),以放出热空气。

(5) 灼烧或烘干后的坩埚和沉淀,在干燥器内不宜放置过久,否则会因吸收一些水分而使质量略有增加。

(6) 变色硅胶干燥时为蓝色(无水 Co^{2+} 色),受潮后变为粉红色(水合 Co^{2+} 色)。可以在 120 ℃烘干受潮的硅胶待其变蓝后反复使用,直至破碎不能用为止。

四、灼烧

用加热方法对物质进行烘干,焦化完全后,继续升温加热直至碳元素完全转换为二氧化碳的过程称为灼烧。灼烧常用高温电炉,加热的温度一般都比较高。

(黄丹云)

第九章 蒸　馏

　　将液体加热至沸腾，使液体变为蒸气，然后将蒸气冷却凝结为液体，这个过程称为蒸馏。在相同的外界压力下，不同液体物质的沸腾温度（沸点）不同，沸点低的物质先被汽化，沸点高的物质后被汽化，它们相应被冷却的顺序也有先后之分，从而可以将易挥发和不易挥发的物质分离开来，也可将沸点不同的液体混合物分离开来。常见的蒸馏方法有常压蒸馏、分馏、水蒸气蒸馏、减压蒸馏等。实验中可根据物质的特性、分离的要求选择不同的蒸馏方法。通过蒸馏操作还可以测定液态化合物的沸点，鉴定纯液态化合物。

一、常压蒸馏

　　常压蒸馏（普通蒸馏）是在常压条件下，对液体混合物进行加热，使沸点不同的物质依次汽化并相应冷却，从而达到分离提纯化合物的目的。常用的实验装置如图 1-34 所示。
　　常压蒸馏一般应用于下列几种情况。
（1）分离沸点相差 30 ℃的不同液体混合物。
（2）测定纯化合物的沸点。
（3）提纯，通过蒸馏含有少量杂质的物质，提高其纯度。
（4）回收溶剂，或蒸出部分溶剂以浓缩溶液。

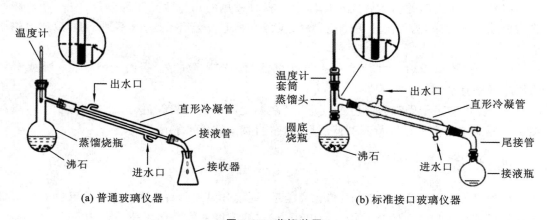

图 1-34　蒸馏装置

二、分馏

　　分馏操作是分离提纯沸点接近的液态有机混合液的一种方法，实验室中简单的分馏装置如图 1-35 所示。它主要由热源、蒸馏器（常用圆底烧瓶）、分馏柱（常见的如图 1-36 所示）、冷凝管、接收器等部分组成。连接在分馏柱顶端的温度计，其水银球上沿必须与分

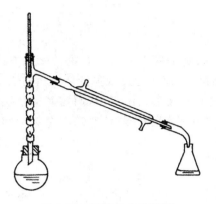

图 1-35 简单的分馏装置

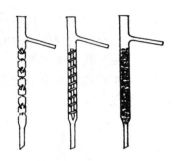

图 1-36 常见的分馏柱

馏柱支管的下沿在同一水平线上。

分馏分离物质的原理是利用分馏柱(图 1-36)将受热沸腾的混合蒸气,在分馏柱内冷却,蒸气中高沸点组分下降回流,低沸点组分继续上升。上升蒸气中的高沸点组分含量减少,而冷凝回流液在回流的途中遇到上升的蒸气,对蒸气进行冷却,蒸气中的高沸点组分又被冷却回流,而低沸点组分继续上升。经过这样反复多次的汽化、冷却、回流等过程,使沸点不同的液体混合物按沸点由低到高的顺序依次被蒸馏出来,从而达到分馏的目的。

三、水蒸气蒸馏

水蒸气蒸馏操作是将水蒸气通入不溶于水或难溶于水,但有一定挥发度(性)的有机物质的溶液中,使该有机物质在低于其自身沸点,并且在低于 100 ℃ 的温度下,随着水蒸气一起蒸馏出来。一般应用在以下方面:①混合物中含有大量的固体,通常的蒸馏、过滤、萃取等方法都不适用;②混合物中含有焦油状物质,采用通常的蒸馏、萃取等方法非常困难;③在常压下蒸馏会发生分解的高沸点有机物质。实验室常用的水蒸气蒸馏装置如图 1-37 所示。

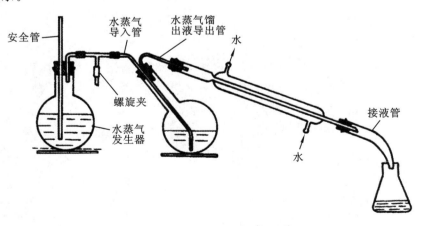

图 1-37 水蒸气蒸馏装置

四、减压蒸馏

减压蒸馏是分离或提纯沸点较高或性质比较不稳定的液态有机化合物的一种方法。液体沸点的高低随着液体表面的外界压力降低而下降,所以可通过减少液体表面的压力,使受热不稳定的化合物或沸点高的物质在比较低的温度被蒸馏出来,从而与其他物质分离。实验室常用的减压蒸馏装置见图 1-38,装置一般由蒸馏、减压(抽气)、安全保护和测压四部分组成。

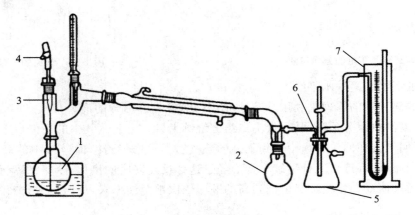

图 1-38 减压蒸馏装置
1—减压蒸馏瓶;2—接收器;3—玻璃管;4—螺旋夹;5—安全瓶;6—两通活塞;7—压力计

(黄丹云)

第十章 萃取与电泳

第一节 萃取或洗涤

使某一物质从互不相溶的两相中的一相转移到另一相的操作称为萃取。可利用这一方法将物质从固体或液体混合物中提取出来,也可以用来洗去混合物中的少量杂质。通常称前者为"萃取"(或"抽提"),称后者为"洗涤"。萃取可分为以下几种:①用溶剂从液体混合物中提取物质,称为液-液萃取;②用溶剂从固体和液体混合物中提取所需物质,称为液-固萃取。

一、液-液萃取

液-液萃取是向含有被分离物质的溶液中,加入与溶剂不相溶的萃取剂,振荡,利用物质在两相中有不同的溶解度或分配系数,使待分离组分进入萃取剂中,其他组分仍留在原来的溶液中,从而达到提取的目的(图 1-39)。物质的相溶程度或分配系数的大小,主要与物质的性质有关,即相似相溶原理。极性(极性大)物质在极性(强极性)溶剂中易溶或分配系数大,非极性(极性小)的物质在非极性(弱极性)溶剂中易溶或分配系数大。

在一定的温度下,某一种物质(M)在两种互不相溶的溶剂(A,B)中遵循如下分配原

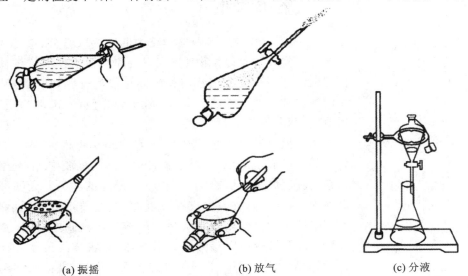

(a) 振摇　　　　　　　(b) 放气　　　　　　　(c) 分液

图 1-39　液体物质的萃取操作

理:$K = c_A/c_B$。其中,K 为分配系数,c_A、c_B 是物质在 A、B 两种溶剂中的浓度。根据分配定律,用一定量的溶剂一次加入溶液中萃取,则不如将同等量的溶剂分成几份作多次萃取效率高。可用下式来说明。

经 n 次提取后有机物(X)剩余量可用下式计算:

$$W_n = W\left(\frac{KV}{KV+S}\right)^n$$

式中:W_n 为萃取 n 次后有机物(X)的剩余量(g);W 为被萃取溶液中有机物(X)的总量(g);V 为被萃取溶液的体积(mL);S 为萃取溶剂的体积(mL)。

式中:$KV/(KV+S)$ 总是小于 1,所以 n 越大,W_n 就越小。即将溶剂分成数份作多次萃取比用等量的溶剂一次萃取的效果好。但是,萃取的次数并非越多越好,因为等量的溶剂,n 增加,S 则减小。当 $n>5$ 时,n 和 S 两个因素的影响就几乎相互抵消了,所以一般同体积溶剂分 3~5 次萃取即可。

从水溶液中萃取有机物时,选择萃取剂的一般原则是:萃取剂是否溶于水或微溶于水;被萃取物易溶于萃取剂而难溶于水;萃取剂、水、被萃取物相互间不反应;萃取后溶剂易于和溶质分离开,因此最好用低沸点萃取剂,以便萃取后用常压蒸馏法蒸出萃取剂。此外,还应考虑价格、操作的方便性、毒性、易燃性等。

经常使用的溶剂有:乙醚、苯、四氯化碳、氯仿、石油醚、乙酸酯等。一般水溶性较小的物质用石油醚萃取;水溶性较大的物质用苯或乙醚萃取;水溶性极大的物质用乙酸乙酯萃取。每次使用萃取剂的体积一般是被萃取液体体积的 1/5~1/3,两者的总体积不超过分液漏斗容积的 2/3。

萃取或洗涤操作,常用分液漏斗。应选择容积比萃取或洗涤所有溶液之和的体积大 1~2 倍的分液漏斗。

二、液-固萃取

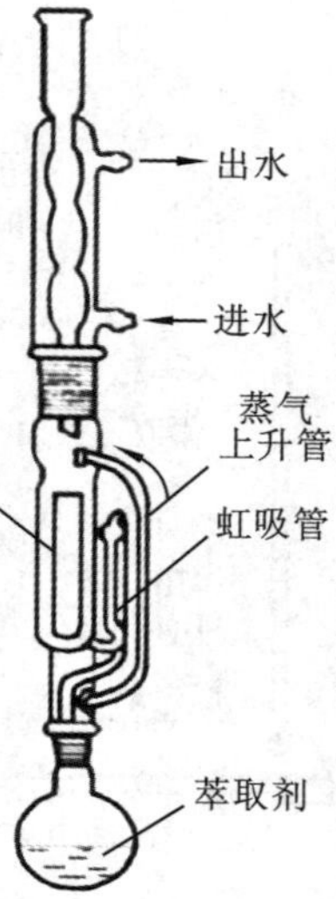

液-固萃取是利用溶剂与样品中的待提取组分、杂质的溶解度差异而实现分离提纯物质的目的。常用的方法有冷浸法与索氏提取法。冷浸法是用溶剂长时间地浸润样品,使组分从样品中溶解出来。这种方法设备简单,操作方便,不破坏物质,溶剂用量大,萃取效率低。

索氏提取法的装置见图 1-40,它由圆底烧瓶、提取器和冷凝管三部分组成。操作时,先将溶剂装入圆底烧瓶中,溶剂量一般不超过圆底烧瓶容积的 1/2。将事先研细的样品装入滤纸做的套筒内,封好口后放入索氏提取器中,提取器下端接圆底烧瓶,上端接冷凝管。加热圆底烧瓶中的溶剂至沸腾时,溶剂蒸气上升到冷凝管被冷却回流到索氏提取器中,将样品浸渍并提取组分,当冷却回流的溶剂液面超过虹吸管上端口,便虹吸回到圆底烧瓶中,如此反复地蒸发、回流、浸渍、提取、虹吸,直到待提取组分大部分被提取到圆底烧瓶中,最后用适当的方法除去溶剂,得

图 1-40 索氏提取装置

到纯的提取组分。

第二节 电 泳

　　带电微粒在电场的作用下,会向电极移动。微粒的大小、形状、带电数量的不同,向电极移动的快慢也不同,从而可将不同的微粒分离。这一技术普遍应用于分离生物大分子。电泳形式有在溶液中进行的,有将支持物做成薄膜或薄层的,也有平板或柱状的。其中用支持物的电泳技术有醋酸纤维素薄膜电泳、聚丙烯酰胺凝胶电泳、琼脂及琼脂糖凝胶电泳、等电聚焦电泳等。而电泳的方向有垂直式和水平式。

　　影响电泳分离结果的因素有以下几点。

　　1. 电场强度　　带电微粒的泳动速度与电压有关。电压高,泳动速度快,但高的电压产生的热量也会增多,易造成泳动的生物大分子物质(如蛋白质)变性,增加缓冲溶液的离子强度,出现毛细现象等影响电泳结果的情况。所以在高电压下电泳,需要用冷却装置。

　　2. 电泳介质的 pH 值　　带电微粒所带电荷的数量与介质的 pH 值有关。对于蛋白质这样的两性物质,介质的 pH 值离蛋白质的等电点越远,带电数量越多,泳动速度越大,所以应根据样品中各组分的等电点,选择适宜的 pH 介质,以保证各组分所带的电荷有较大的差别,易于物质的分离。

　　3. 缓冲溶液的离子强度　　离子强度越高,蛋白质电量减少,泳动变慢,则区带分离得较好,若离子强度过高,易破坏蛋白质使其不发生电泳。低离子强度的缓冲溶液,电导率低,电泳变快,产热少。但浓度过低,缓冲容量小,溶液 pH 值容易变化,而改变泳动速度。

　　4. 支持物的种类　　选择的支持物要考虑其电渗作用的大小,应选择电渗作用较小的支持物,否则会扰乱带电粒子自身的泳动速度,影响物质的分离。

（尹　文　黄丹云）

第十一章 色谱技术

第一节 经典色谱法

色谱法是利用混合物中不同组成在两个互不相溶两相中的作用力不同,在两相中的分配数量(浓度)的差异,从而将不同组分分离开来的方法。

在色谱法中,常常将两个互不相溶的两相中的一相设计为可以流动(称为流动相),而另一相为固定的(称为固定相)。当混合物在流动相的带动下,经过固定相时,混合物中的各组分反复地在流动相与固定相中进行分配,经过多次分配后,与两相作用大小不同的组分自然可以分离出来。色谱法不仅可应用于分离物质还可应用于检测物质。色谱法可根据不同方法分类,具体的分类见表1-2。

表 1-2 色谱法的分类

色谱法	按两相的状态分类	流动相为液体	液-固
			液-液
		流动相为气体	气-固
			气-液
	按色谱分离原理分类		吸附色谱法
			分配色谱法
			离子交换色谱法
			分子排阻色谱法
	按操作形式的不同分类		柱色谱
			薄层色谱
			纸色谱

色谱法主要应用于以下几个方面。

(1)分离混合物。可直接分离多种组分的混合物,不需事先用其他方法消除干扰。其分离能力之强可将有机同系物及同分异构体加以分离。

(2)精制、提纯有机化合物。制备色谱可用色谱法将化合物中含有的少量结构类似的杂质除去,以达到色谱要求的纯度。

(3)鉴定化合物。可利用化合物的物理常数如 R_f 值,同时将未知物与已知物进行对照,初步判断性质相似的化合物是否为同一种物质。

(4)观察化学反应进行的程度。

一、柱色谱

柱色谱有吸附柱色谱和分配柱色谱两种。实验中常采用吸附柱色谱。将固定相(氧化铝或硅胶等)装入一根柱子内,将少量样品溶液放在柱子顶部,然后让流动相(洗脱剂)通过柱,流动的流动相带着混合物的组分向下移动,各组分在两相间连续不断地发生吸附、脱附、再吸附、再脱附的过程。由于不同的物质与固定相的吸附能力的差异,各组分以不同的速率沿柱向下移动。与固定相吸附能力较弱的物质较快地向下移动,吸附能力较强的物质移动速度则较慢,从而将不同的物质分离开,见图 1-41。

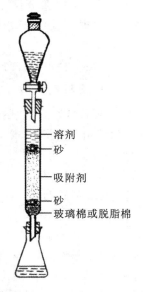

图 1-41 吸附柱色谱洗脱图

(一)操作方法

柱色谱操作程序分为装柱、加样、洗脱、收集、鉴定五个步骤。

1. 装柱 装柱可采用干法和湿法两种方法。干法装柱是首先将干燥的吸附剂经漏斗,均匀地成一细流慢慢装入柱内,中间不应间断,时时轻轻敲打玻璃管,使柱装填得尽可能均匀、紧密。然后加入溶剂,使吸附剂全部润湿。这种装柱方法容易在柱中形成气泡,湿法装柱可避免此缺点。将一定量的吸附剂调成浆状,慢慢倒入柱中,此时,应将柱下端的活塞打开,使溶剂慢慢流出,吸附剂即渐渐沉于柱底,这样做,柱装得比干法装柱更紧密、均匀。无论采用哪种方法,都不能使柱中有裂缝或有气泡。装柱所用的吸附剂,一般为被分离样品量的 30~50 倍。若待分离的组分性质比较相近,则吸附剂的用量会更大些,甚至可增大至 100 倍。柱高和柱直径之比约为7.5∶1。

2. 加样 若样品为液体,一般可直接加样。若样品为固体,则需将固体溶解在一定量的溶剂中,沿管壁加入至柱顶部,勿搅动表面。溶解样品的溶剂除了要求其纯度合格、与吸附剂不起化学反应、沸点不能太高等条件外,还须具备:①溶剂的极性比样品的极性小一些,否则样品不易被吸附剂吸附;②溶剂对样品的溶解度要适当,若太大,易影响吸附,若太小,易使色谱分散。向柱中加入样品后,开放活塞,使液体流出,至溶剂液面刚好与吸附剂表面相齐(勿使吸附剂表面干燥),此时样品溶液集中在柱顶端的一小段,立即开始用溶剂洗脱。

3. 洗脱 洗脱过程应注意:①洗脱剂的加入不能间断,液面要求保持一定高度,使流动相匀速流经柱子;②在整个操作中不能使吸附柱的表面流干,否则容易使柱中产生气泡和裂缝,影响分离;③控制好流速,若流速太快,柱中的交换来不及达到平衡,从而影响分离效果,若太慢,会延长操作时间,而且由于样品在柱中停留时间过长,会使样品成分发生变化。

4. 收集 物质被分离开以后,可采用下列方法予以收集。①取出柱内的固体,将不同的区带(不同组分所在处)切割下来,然后用适当溶剂萃取之。分离有色物质时,不同物质的层带可观察到,可直接收集;而对于无色物质,可加入显色剂或利用紫外光照射所产生的荧光以区别。②让洗脱剂不断流经柱子内的固定相,在不同时间段用不同容器收集各种组分,然后将溶剂蒸去。有颜色的组分流出柱时能观察到,直接收集即可。如果组分无颜色,一般采用多份收集,每份收集量要小,对每份洗脱液,采用薄层色谱或纸色谱作定性检查。根据检查结果,可将组分相同的洗脱液合并。而组分重叠的洗脱液可以再进行色谱分离。

5. 鉴定 经色谱柱分离的组分,根据其性质,采用相应的方法对其进行鉴定。

(二) 吸附剂与洗脱剂的选择

1. 吸附剂的选择 吸附剂一般要符合以下要求:①有大的表面积和一定的吸附能力;②颗粒均匀,且在操作过程中不碎裂,不起化学反应;③对待分离的混合物各组分有不同的吸附能力。用于柱色谱的吸附剂与极性化合物结合能力的顺序如下:纤维素<淀粉<糖类<硅酸镁<硫酸钙<硅酸<硅胶<氧化镁<氧化铝<活性炭。

2. 洗脱剂的选择 洗脱剂一般要求:①纯度高;②洗脱剂与样品或吸附剂不发生化学反应;③黏度小,流动性好;④对样品各组分的溶解度有较大差别,且洗脱剂的沸点不宜太高,一般为 40~80 ℃。一般来说,极性化合物用极性洗脱剂洗脱,非极性化合物用非极性洗脱剂洗脱效果好。对于组分复杂的样品,首先使用极性最小的洗脱剂,使最易脱附的组分分离,然后加入不同比例的极性溶剂配成洗脱剂,将极性较大的化合物洗脱。常用的洗脱剂按其极性的增大顺序可排列如下:石油醚(低沸点<高沸点)<环己烷<四氯化碳<甲苯<二氯甲烷<三氯甲烷<乙醚<甲乙酮<乙酸乙酯<乙酸甲酯<正丁醇<乙醇<甲醇<水<吡啶<乙酸。

实践中,理想的分离条件不容易找到,多数是参考前人的经验,或用薄层色谱摸索出的分离条件供给柱色谱参考。

二、薄层色谱

薄层色谱有吸附色谱和分配色谱两种。这里主要介绍固-液吸附色谱,即将点有样品的薄层板放入流动相中,流动相携带着混合物中的组分沿板移动。由于各种物质被吸附剂吸附的能力不同,被流动相解吸的能力也不同,所以随着流动相向前移动的速度不相同,从而形成了互相分离的斑点。在一定条件下(吸附剂、展开剂的选择,薄层厚度及均匀度等),化合物移动的距离与展开剂前沿移动的距离之比值(R_f值)是化合物特有的常数。即

$$R_f = \frac{样品原点中心到斑点中心的距离}{样品原点中心到溶剂前沿的距离}$$

(一) 操作方法

1. 薄层板的制备 制备的薄层板要尽量均匀,没有气泡或颗粒,否则展开时展开溶剂前沿不整齐,结果不易重复。

板的厚度适当、一致,太厚展开时会出现拖尾,太薄样品分不开,一般厚度为 0.5~1 mm。湿法铺好的板,应放在平的地方自然晾干,不要快速干燥,否则薄层板会出现裂

痕。薄层板的铺法可分为干法和湿法两种,实验室最常用的是湿法制板,方法如下。

(1) 载板的选择　载板要求平整、洁净、干燥、厚度一致,可选用玻璃板、硬质塑料板、铝箔等。

(2) 涂铺的方法　取适量固定相、黏合剂和水混合,用研钵研磨成匀浆,然后涂铺到载板上。常用的涂铺方法有倾注法、平铺法、机械涂铺法。

① 倾注法。将调好的吸附剂制成糊状倾倒在准备好的载板(平整、洁净、干燥的玻璃板或硬质塑料板或铝箔)上,用玻璃棒将糊状吸附剂沿载板四周展开,在水平台面轻轻振动,使吸附剂层尽量均匀,表面平整光滑。

② 平铺法。将洗净干燥好的玻璃板、硬质塑料板或铝箔放于水平桌面上,在载板两边放好作为框边的玻璃条,框边玻璃条高于载板 0.25～1 mm,将吸附剂糊倾倒在载板上,用边沿平整的玻璃片或塑料板从吸附剂的一端刮向另一端,直到表面平整。见图 1-42。

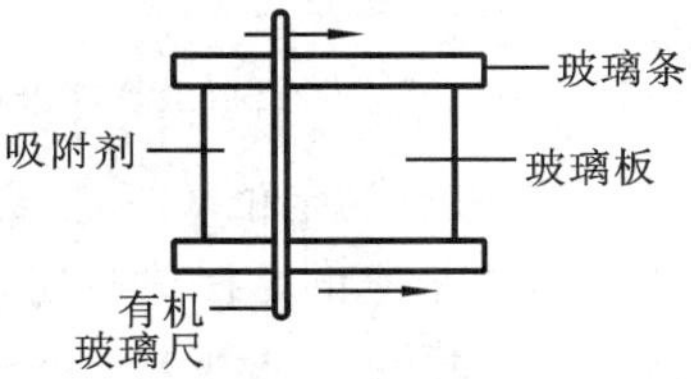

③ 机械涂铺法。直接用涂铺器制板,方法简单,铺的板均匀,重现性好。

图 1-42　平铺法制备薄层板

(3) 薄层板的活化　薄层板经过自然晾干后,放入烘箱中活化,进一步除去水分。不同的吸附剂及配方,需要不同的活化条件。例如:硅胶一般在 105～110 ℃下,加热 30 min;氧化铝在 200～220 ℃下烘干 4 h 可得到活性为Ⅱ级的薄层板,在 150～160 ℃下烘干 4 h 可得到活性为Ⅲ～Ⅵ级的薄层板。当分离某些易吸附的化合物时,可不用活化。将从烘箱中取出的薄层板冷却至室温后,放入干燥器中。

除以上方法制得薄层板外,还可以根据实验需要购买商品薄层板。

2. 点样　用易挥发、极性与展开剂相似的溶剂,把样品配成 1%～5%的溶液。

在距薄层板的一端 1.5～2.0 cm 处,用铅笔轻画一条横线作为点样时的起点线,在另一端 1 cm 处画展开剂展开的终点线,画线时不能将薄层板表面破坏。

用内径小于 1 mm 干净且干燥的毛细管吸取少量的样品,轻轻触及薄层板的起点线,然后立即抬起,样品斑点直径以 2～4 mm 为宜,点样量一般为几到几十微克,用于定量或制备色谱的,可大到几百甚至 1 mg。若一次点样量达不到要求的,待溶剂挥发后,可重复以上操作。点好样品的薄层板待溶剂挥发后,再放入展开缸中进行展开。

3. 展开　展开时,在展开缸中注入配好的展开剂,将薄层板点样端放入展开剂中,注意展开剂的液面应低于样品斑点(图 1-43)。

在展开过程中,样品斑点随着展开剂向上迁移,当展开剂前沿至薄层板上边的终点线时,立刻取出薄层板。将薄层板上分开的样品点用铅笔圈好,计算比移值。

4. 比移值 R_f 的计算　某种化合物在薄层板面上升的高度与展开剂上升高度的比值称为该化合物的比移值,常用 R_f 来表示,组分的 $R_f = h/h_甲$,测量方法如图 1-44 所示。

对于一种化合物,当展开条件相同时,R_f 值是一个常数。因此,可用 R_f 作为定性分析的依据。但是,由于影响该值的因素较多,如展开剂、吸附剂、薄层板的厚度、温度等均能影响此值,因此同一化合物的 R_f 值与文献值会相差很大。在实验中经常采用的方法是,在一块板上同时点一个已知物和一个未知物进行展开,通过计算 R_f 值来确定是否为同一化合物。

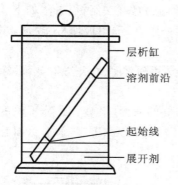
图 1-43　薄层板上行展开示意图

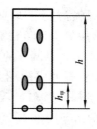
图 1-44　测量 R_f 的示意图

5. 斑点的定位　样品展开后，如果本身带有颜色，可直接看到斑点的位置。无色物质则需用相应的方法进行定位。

（1）**紫外光显色法**　可在 256 nm 或 365 nm 紫外光下观察有无荧光斑点或暗斑，画出斑点的位置，记录其光线的强弱程度。

（2）**显色剂法**　可选择通用的显色剂如碘、硫酸、荧光黄溶液使斑点显色，也可用专属显示剂茚三酮、三氯化铁的高氯酸溶液等进行显色定位。

以上这些显色方法在柱色谱和纸色谱中同样适用。

6. 定性与定量方法

（1）**定性**　对于一种化合物，当展开条件相同时，R_f 值是一个常数。可以通过将样品与标准样品以相同的实验条件，在同一薄层板上展开，比较两者的 R_f 值。若 R_f 值相同，则它们可能是相同的物质，也可通过相对比移值定量。

（2）**定量**　常用的定量方法有目视比较法、斑点洗脱测量法、薄层扫描法。

① 目视比较法。将样品与一系列标准样品在同一薄层板上展开，在相同条件下显色，目测比较斑点的大小与颜色的深浅，以求出样品含量的近似值。

② 斑点洗脱测量法。将薄层板上分开的斑点定位后，选择合适的溶剂将其洗脱下来，然后用分光光度法进行定量。

③ 薄层扫描法。用仪器选择出一定波长、强度的光束照射到组分的斑点，校正后，可求出组分的含量。

（二）吸附剂与展开剂的选择

1. 吸附剂的选择　薄层色谱中常用的吸附剂（固定相）有氧化铝、硅胶等，颗粒一般要求在 200 目左右。由于吸附剂对组分的吸附能力随着组分极性的增强而增大，所以要根据组分的性质选择相适宜极性的吸附剂。

湿法制板中，固定相常常与一定量的黏合剂混合磨浆。常用的黏合剂有 CMC-Na 和煅石膏。含有 CMC-Na 的薄层板机械强度强，含煅石膏的薄层板机械强度差。

2. 展开剂的选择　分离极性大的化合物应选用极性大的展开剂，极性小的展开剂用以展开极性小的化合物。一般情况下，先选用单一展开剂如苯、氯仿、乙醇等，如果各组分的比移值较大，可改用或加入适量极性较小的展开剂，如石油醚等。反之，若样品各组分的比移值较小,则可加入适量极性较大的展开剂展开。

在实际工作中,常用两种或三种溶剂的混合物作展开剂,这样更有利于调配展开剂的极性,改善分离效果。展开剂的选择一般使 R_f 值在 0.2~0.8 范围内,最理想的 R_f 值在 0.4~0.5。

三、纸色谱

纸色谱以滤纸为载体,以吸附在滤纸上的物质(一般情况下是水)为固定相,流动相常选择与水不相溶的有机溶剂,但与水部分相溶的物质也可作为流动相,因为滤纸上的水有一部分以氢键与滤纸相作用,这部分水相当于被滤纸固定在其表面上,它不会随着流动相往前移动。当点有样品的滤纸,放在一个密闭的容器中,使流动相从有样品的一端通过毛细管作用,流向另一端时,依靠溶质在两相间的分配系数不同而达到分离。通常极性大的组分在固定相中分配得多,随流动相移动会慢一些;极性小的组分在流动相中分配得多一些,随流动相移动就快一些。与薄层色谱一样,纸色谱也可用比移值(R_f 值)通过与已知物对比的方法,作为鉴定化合物的手段,其 R_f 值计算方法同薄层色谱法。

纸色谱的操作分为滤纸和展开剂的选择、点样、展开、显色与结果处理等五个步骤。其中前两步是做好纸色谱的关键。

1. 滤纸的选择与处理

(1) 要求滤纸有一定的机械强度,质地均匀,平整,边沿整齐,使展开速度均匀。

(2) 纸纤维应有适宜的松紧度。太松易使斑点扩散,太紧流速太慢,耗时长。

(3) 纸质要纯,杂质少,无明显的荧光斑点,以免与色谱斑点相混淆。

有时为了适应某些特殊化合物的分离,需将滤纸作特殊处理。如分离酸、碱性物质时为保持恒定的酸碱度,可将滤纸浸于一定 pH 值的缓冲溶液中再用,或在展开剂中加一定比例的酸或碱。应结合分离对象选用滤纸型号,对 R_f 值相差小的混合物,应采用慢速滤纸,对 R_f 值相差大的混合物,则采用快速或中速滤纸。厚纸载量大,供制备或定量用,薄纸则一般供定性用。

2. 展开剂的选择　选择展开剂时,要从欲分离物质在两相中的溶解度和展开剂的极性来考虑。对极性化合物,增加展开剂中极性溶剂的量,可以增大比移值;增加展开剂中非极性溶剂的量,可以减小比移值。

分配色谱所选用的展开剂多采用含水的有机溶剂。纸色谱最常用的展开剂是用水饱和的正丁醇、正戊醇、酚等,有时也加入一定比例的甲醇、乙醇等。加入这些溶剂,可增加水在正丁醇中的溶解度,增大展开剂的极性,增强对极性化合物的展开能力。

3. 样品的处理及点样　用于色谱分析的样品,一般需初步提纯,如氨基酸的测定,不能含有大量的盐类或蛋白质,否则易互相干扰,分离不清。溶解样品的溶剂一般不用水,因水溶液的斑点易扩散,并且水不易挥发除去,常用丙酮、乙醇、氯仿等,最好用与展开剂极性相近的溶剂。

液体样品,一般直接点样,点样时用内径约 0.5 mm 的毛细管,或微量注射器吸取试样,轻轻接触滤纸,斑点直径控制在 2~3 mm,点样后立即用冷风将其吹干。

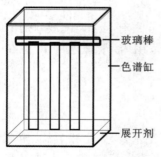

图 1-45 纸色谱展开示意图

4. 展开 展开在密闭的层析缸中进行,具体操作是先向层析缸中加入适量的展开剂,放置片刻,使缸内空间为展开剂所饱和。将滤纸悬在色谱缸中,但不和展开剂溶液接触,密闭饱和一定时间。

将滤纸点样的一端浸入展开剂液面下,但液面应在样品斑点 1 cm 以下,盖好色谱缸盖,进行展开,如图 1-45 所示。按展开方式分类,纸色谱有上行法、下行法、水平展开法。

5. 显色与结果处理 当展开剂移动到滤纸的 3/4 长度时取出滤纸,用铅笔画出溶剂前沿,然后用冷风吹干。

有颜色的物质,可直接观察结果,并对结果进行分析。没有颜色的物质先用一定的方法标记出斑点,再对斑点进行分析与处理。

第二节 气相色谱法

一、概述

气相色谱法是以气体为流动相,采用载气连续洗脱的柱色谱技术。它配合一定的检测手段、记录装置,就构成了气相色谱分析法,即各组分经色谱柱分离后,先后进入检测器,气相色谱仪记录色谱图。气相色谱仪的工作流程见图 1-46。气相色谱法,适用于含挥发性或经裂解、衍生化等能汽化的组分及多组分混合物的定性、定量分析。

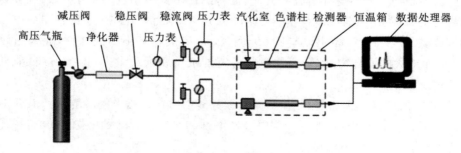

图 1-46 双气路气相色谱仪流程

二、定性方法

将待鉴别物的保留时间与标准样品的保留时间对比进行定性。①用标准样品的保留时间定出组分分析位置,如图 1-47 所示。②加入标准样品:向待鉴别物中加入标准样品,色谱峰升高的组分与标准样品极可能是同一物质。③与其他鉴定方法进行确定。利用保留时间对物质进行鉴定:保留时间相同,可能是相同的组分;保留时间不同,肯定不是同样的组分。

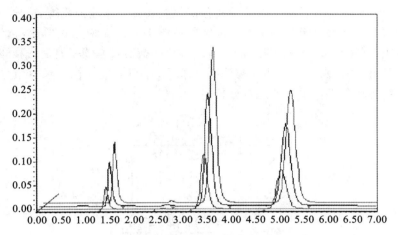

图 1-47　用标准样品的保留时间定出组分

三、定量方法

气相色谱定量分析的依据是被测组分的质量与其色谱峰面积成正比,即 $m=f_iA_i$。

1. 峰面积测量

(1) 峰高乘以半峰宽　　　　　$A=1.06hW_{1/2}$

(2) 峰高乘以平均峰宽　　　　$A=\dfrac{1}{2}h(W_{0.15}+W_{0.85})$

2. 定量校正因子

(1) 绝对校正因子　　　　　　$f_i=\dfrac{m_i}{A_i}$

(2) 相对校正因子　　　　　　$f'=\dfrac{f_i}{f_s}=\dfrac{m_iA_s}{m_sA_i}$

3. 定量方法

(1) 归一化法　样品中各组分都能被分离,则可按下式计算组分的含量。

$$W_i = A_if_i/(A_1f_1+A_2f_2+\cdots+A_mf_m)\times 100\%$$

(2) 外标法　用欲测组分的纯物质来制作标准曲线,以响应信号为纵坐标,以百分含量为横坐标绘制标准曲线,分析试样时进样量与绘制曲线时进样量相同。经色谱分析测得该样品的响应信号(如峰面积或峰高),再由所制得的标准曲线上查得相应的含量值。

(3) 内标法　在一定量的试样中,加入一定量的内标物质,根据待测组分和内标物质峰面积及内标物质质量计算待测组分质量的方法。

第三节　高效液相色谱法

高效液相色谱法是一种采用高压液体为流动相、高分离度的色谱柱、高灵敏度检测器等技术的一种液相色谱分析法。高效液相色谱仪主要由高压输液系统、进样系统、分离系统、检测系统、记录系统等组成,它的工作流程见图1-48。在使用仪器前,选择适当的色谱柱和流动相,打开泵,冲洗色谱柱,直到柱子达到平衡而且基线平直后进样,经过色谱柱分离流出的各组分,依次进入检测器被检测出来后,分别被记录仪记录各组分的色谱图。根据色谱图对各组分进行定性或定量分析。

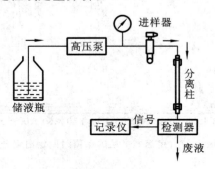

图 1-48　高效液相色谱仪工作流程图

一、定性方法

将待鉴别物的保留时间与标准样品的保留时间对比进行定性。①用标准样品的保留时间定出组分分析位置。②加入标准样品:向待鉴别物中加入标准样品,色谱峰升高的组分与标准样品极可能是同一物质。③与其他鉴定方法进行确定。利用保留时间对物质进行鉴定:保留时间相同,可能是相同的组分;保留时间不同,肯定不是同样的组分。

二、定量方法

高效液相色谱定量分析的依据是被测组分的质量与其色谱峰面积成正比,即 $A_i = f_i m_i$。其方法与气相色谱的定量方法相同。

(陈志超　石义林)

第十二章 其他分离方法

一、透析

由于直径小于 100 nm 的粒子能透过半透膜,直径大于 100 nm 的大粒子不能透过半透膜。利用这一特性可将含有大小粒子物质的溶液盛装于半透膜中,然后将半透膜放置于清水或比小粒子物质在混合物中的浓度小的溶液中,则小粒子物质可从半透膜中出来,而大粒子物质因无法穿出半透膜,仍保留在半透膜中,从而将直径大于 100 nm 与直径小于 100 nm 的物质粒子分离开来,见图 1-49。

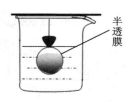

图 1-49 透析实验图

二、盐析

盐析是向胶体溶液或高分子溶液中,加入大量电解质,使胶粒或高分子物质沉降的方法。各种胶粒或高分子物质盐析时所需的盐浓度及 pH 值不同,所以可以通过调节盐浓度,使不同物质分别沉淀析出。例如,用不同浓度的硫酸铵来沉淀血清中的球蛋白与清蛋白的实验,结果如图 1-50 所示。盐析常用的中性盐有硫酸铵、硫酸钠、氯化钠等。

图 1-50 不同浓度的硫酸铵沉淀血清蛋白的结果

三、升华

升华是纯化固体物质的一种方法。它是固体物质受热后,不经过熔化变为液体,而直接变成气体的过程。并非所有的固体物质都具有这一性质。在常压下,温度低于熔点时,蒸气压大于 20 mmHg 以上的物质具有这种性质。这一方法可用于分离没有升华性的杂质或是分离蒸气压大小不同的物质。升华可获得较纯的物质,但物质损失也较多。所以可用于少量物质的纯化。在常压下具有适宜升华蒸气压的有机物不多,常常应用减压升华。

常压升华装置如图 1-51 所示。将待纯化的物质研成粉末,放置于蒸发皿内。向一漏斗的颈口放入少许棉花,取一稍大于漏斗的、其上有若干个小孔的滤纸覆盖于漏斗口上,将漏斗倒放于蒸发皿上。慢慢加热蒸发皿,使有升华性质的物质汽化上升至漏斗壁时,被冷却为晶体,滤纸上也留有少许晶体,直到升华结束,将稍冷的漏斗与滤纸上的晶体收集。也可将待纯化的粉末状物质放于烧杯中,在烧杯上放置一个烧瓶,烧瓶中通入水以冷却升华的气体。

减压升华操作与常压升华操作基本相同。首先将待升华的物质放置在抽滤管内,然后在抽滤管上配置直形冷凝管,内通冷凝水,用油浴加热,抽滤管支口接减压泵(水泵或油泵),装置见图 1-52。

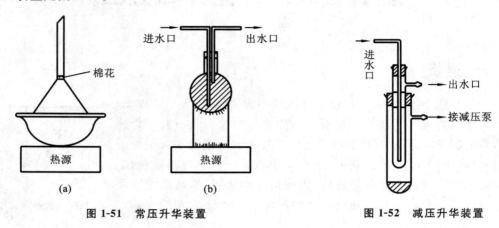

图 1-51 常压升华装置　　图 1-52 减压升华装置

(黄丹云)

第十三章　溶液的配制

配制溶液的步骤一般是计算→样品的预处理→称量或量取→溶解或稀释→定量转移溶液→定容→混匀。

一、配制准确度要求不高的溶液

称量常用感量为 0.1 g 的天平,量取液态试液常用量筒或量杯,在量筒或烧杯中定容。这些仪器的使用在前面已经介绍,这里不再复述。配制方法如下。

1. 固体药品配制的溶液

计算→药品的预处理(烘干、粉碎)→称量(台秤)→溶解(烧杯)→转移→定容(烧杯或量筒)→混匀。

2. 液体药品配制的溶液

适用于组成、性质稳定的液体药品,与固体药品溶液的配制相同。

(1) 计算配制物质的量浓度的溶液所需试液的体积。

(2) 量取(量筒或量杯)试液,转入定容容器(烧杯或量筒)中,加溶剂至所需体积,混匀。

二、配制准确度要求高的溶液

在定量分析中,称量常用感量为 0.0001 g 的分析天平,量取液态试液常用移液管、吸量管或移液器,定容常在容量瓶中进行。

(一) 直接配制

组成、性质稳定的物质适用这一配制方法。

它与准确度要求不高的溶液配制步骤相同,只是称量仪器、量液仪器、定容容器相应选用分析天平、量管或移液器、容量瓶。

(二) 间接配制

组成、性质稳定的物质适用这一配制方法。

首先将物质配成近似所需浓度的溶液,然后用基准物质或另一标准溶液确定其准确浓度。这种方法又称为标定法。

1. 基准物质标定　用分析天平准确称取基准物质,在锥形瓶中将其溶解,然后用待标定液滴定至终点,最后根据反应式的计量关系算出待标定液的浓度。

2. 已知准确浓度溶液比较标定　用移液管准确量取已知准确浓度的某种溶液,将溶液转移到锥形瓶,用待标定液滴定至终点,最后根据反应式的计量关系算出待标定液的浓度。

三、容量瓶的使用

1. 容量瓶的形状与规格　容量瓶主要用于准确地配制一定浓度的溶液。它是一种细长颈、梨形的平底玻璃瓶(图 1-53)，配有磨口塞(或者塑料塞)，塞与瓶应编号配套或用绳子相连接，以免错配。细长的瓶颈上刻有环状标线，当瓶内液体在指定温度下达到标线处时，其体积即为瓶上所注明的容积数。常用的容量瓶有 5 mL、10 mL、25 mL、50 mL、100 mL、250 mL、500 mL 和 1000 mL 等规格。容量瓶有无色、棕色两种，配制见光易氧化的物质溶液应选用棕色试剂瓶。

2. 容量瓶的使用方法

图 1-53　容量瓶

(1) 使用前检查瓶塞处是否漏水　向容量瓶内装入近标线的自来水，塞紧瓶塞。擦干瓶外的水，一手用食指顶住瓶塞，其余手指拿住瓶颈标线以上部分，另一手用指尖托住瓶底边沿，将瓶倒立 2 min，观察是否有水漏出(可用纸片检查)。若不漏水，则将瓶正立并将瓶塞旋转 180°后，用相同的方法试漏，不漏水的容量瓶才能使用。

(2) 洗涤　先后用自来水、蒸馏水清洗。若洗不干净，应用洗涤液清洗。

(3) 配制溶液　将准确称量好的固体溶质放入烧杯中，用少量溶剂溶解，然后把溶液转移到容量瓶中。用溶剂洗涤烧杯至少 3 次，将洗涤液全部转移到容量瓶里。洗涤时用的溶剂的量约占容量瓶 1/4 的容积。转移溶液时要用玻璃棒引流，方法是将玻璃棒一端靠在容量瓶颈内壁，而其他部位不能触及容量瓶口，以防止液体流到容量瓶外壁上，见图 1-54(a)。

当容量瓶内装有 2/3 容积的溶液时，水平旋摇容量瓶以初步混合溶液(不塞塞子)。加入的溶剂至距离标线仍有 1 cm 左右时，改用滴管滴加，直到凹液面最低处恰好与瓶颈的标线相切。若加水超过刻度线，则必须重新配制。

(4) 摇匀　盖紧瓶塞，用倒转的方法正反混合溶液，一正一倒约 20 次左右(图 1-54(b))。静置后如果液面低于刻度线，是因为少量溶液在瓶颈内壁处润湿所损耗，并不影响溶液的浓度，故不应往瓶内再添加溶剂至标线，否则将使所配制的溶液浓度降低。

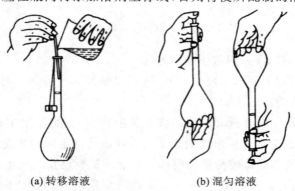

(a) 转移溶液　　　　(b) 混匀溶液

图 1-54　定容操作图

3. 使用容量瓶的注意事项

（1）容量瓶的容积是固定的，只有一条标线。一种型号的容量瓶只能配制某一体积的溶液。在配制溶液前，先弄清楚需要配制的溶液的体积，然后选用合适的容量瓶。

（2）易溶解且不发热的物质可直接用漏斗倒入容量瓶中溶解，但大多数物质不能直接在容量瓶里进行溶解，需将溶质在烧杯中溶解后再转移到容量瓶里。

（3）洗涤烧杯的溶剂总量与溶解溶质的溶剂的量之和不能超过容量瓶的容积。

（4）容量瓶不能进行加热，而且如果溶质在溶解过程中放热，也要待溶液冷却后再进行转移，因为一般的容量瓶在 20 ℃时是标定的，若将温度较高或较低的溶液注入容量瓶中，则容量瓶热胀冷缩，所量体积就不准确，导致所配制的溶液浓度也不准确。

（5）容量瓶只能用于配制溶液，不能储存溶液，因为溶液可能会对瓶体有腐蚀性，从而使容量瓶的精度受到影响。配制好的溶液应及时倒入试剂瓶中保存，试剂瓶应先用待装的溶液荡洗 2~3 次或烘干后使用。

（6）用过的容量瓶应及时洗涤干净，塞上瓶塞，并在塞子与瓶口之间夹一滤纸条，防止瓶塞与瓶口粘连。

（黄丹云）

第十四章 物质物理常数的测定

一、测定物质的沸点

当液体的蒸气压增大到与外界施于液面的总压力（通常是大气压力）相等时，就有大量气泡从液体内部逸出，即沸腾。这时的温度称为液体的沸点。一般情况下，当外界压力一定时，纯净的液体具有确定的沸点。如果物质不纯净，其沸点会有所变动。所以通过测定沸点可对物质进行定性与纯度的检测。但是某些化合物与其他组分形成二元或三元的混合物，也有一定的沸点。因此，仅仅通过测定沸点不能完全确定物质是否纯净。必须以其他的检测方法进一步确定。当被测定的物质的体积在 10 mL 以上时用常量测定法，而在 10 mL 以下时用半微量测定法。图 1-55 是实验室常用的常量法测定物质沸点装置。

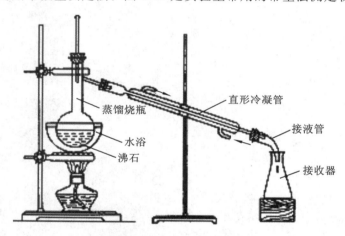

图 1-55 常量法测定物质沸点装置

二、测定物质的熔点

物质在标准大气压下，固态与液态平衡共存时的温度是这种物质的熔点。在标准大气压下，纯净物质有各自确定的熔点，而且从开始熔化到全熔这一过程的温度的变化不超过 1 ℃，但是物质若不纯净，则熔点会下降，从开始熔化到全熔的温度变化也加大。所以通过测定熔点可对物质进行定性与纯度的检测。图 1-56 是实验室常用的测定熔点装置。

三、测定物质的旋光度

当一束平面偏振光，通过含有光学活性物质的液体或溶液时，能使偏振光的平面向左

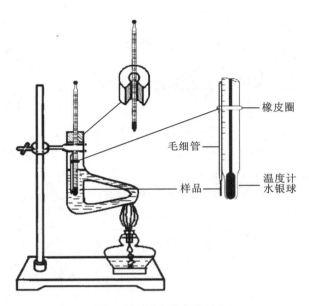

图 1-56　测定熔点装置

或向右旋转,在条件一定的情况下,偏振光偏转的方向、度数一定,这一度数称为旋光度,用 α 表示。使偏振光向右旋转者(顺时针方向)称为右旋物质,常以"+"号表示。使偏振光向左旋转者(反时针方向)称为左旋物质,常以"-"号表示。

影响物质旋光度的因素有:旋光性物质特性、溶液浓度、液层厚度、溶剂性质、温度、入射光波长。因此,常用比旋光度$[\alpha]_\lambda^t$表示物质的旋光性。

$$[\alpha]_\lambda^t = \frac{\alpha}{lc}$$

其中:$[\alpha]_\lambda^t$为旋光物质在 t ℃、光源的波长为 λ 时的旋光度;t 为测定时溶液的温度;α 为标尺盘转动的角度;λ 为光源的波长;c 为溶液的浓度(1 mL 中含有旋光性物质的质量);l 为测定管的长度(dm)。

比旋光度是物质的物理常数,因此,可用比旋光度鉴定物质或检查物质的纯度。而旋光度在一定条件下与浓度呈线性关系,可通过测量旋光度测定物质的含量。

旋光仪有多种类型,主要有目视旋光仪(图 1-57)、自动旋光仪(图 1-58)两大类。旋光仪的结构示意图如图 1-59 所示。

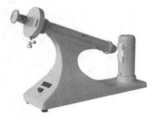

图 1-57　目视旋光仪

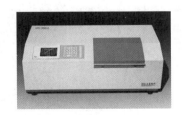

图 1-58　自动旋光仪

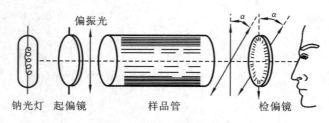

图 1-59　旋光仪结构示意

（黄丹云）

第十五章　试纸的使用与酸度计测定溶液的 pH 值

第一节　试纸的使用

实验室常见的试纸有红色石蕊试纸、蓝色石蕊试纸、pH 试纸、淀粉碘化钾试纸和品红试纸等。

一、使用试纸检测溶液的性质

1. 溶液酸碱性的检测　使用红色石蕊试纸、蓝色石蕊试纸、pH 试纸检测溶液的酸碱性时,可取一小片试纸放于一干燥而洁净的表面皿上或点滴板的凹穴中,用玻璃棒蘸取待测溶液或用滴管取待测溶液,将试纸中部用待测溶液润湿,在半分钟内观察石蕊试纸的颜色变化,判断出溶液的酸碱性,而 pH 试纸则与标准比色卡对比,读出溶液的 pH 值。

试纸不能投入待测溶液中。

2. 溶液其他性质的鉴定　使用淀粉碘化钾、品红等试纸检测溶液其他性质的操作与石蕊试纸、pH 试纸检测溶液的酸碱性基本相同。

二、气体性质的检测

使用试纸检测气体的性质时,可取一小片试纸,用蒸馏水润湿,将其粘在玻璃棒的一端,该端置于气体容器的出口处,观察试纸的变化,以判断气体的性质。

第二节　酸度计测定溶液的 pH 值

酸度计又称 pH 计,它是准确测量溶液 pH 值的最常用仪器。它是将参比电极、指示电极与被测溶液组成的原电池电动势值直接用 pH 值表示出来。目前使用的酸度计型号较多,各种酸度计的使用不完全相同,可在仪器说明书的指导下使用,在此仅介绍 pHS-2C 型与 pHS-3C 型酸度计的使用。

一、pHS-2C 型指针式酸度计

1. pHS-2C 型指针式酸度计的外形（图 1-60）

"温度"：补偿由于溶液温度不同时对测量结果产生的影响。在进行溶液 pH 值测量及 pH 值校正时，必须将此旋钮调至该溶液温度值上。

"斜率"：补偿电极转换系数，可用两点校正法对电极系统进行 pH 值校正，以消除因实际电极系统无法达到理论转换系数（100%）的误差，可使仪器能更精确地测量溶液 pH 值。

"定位"：消除电极不对称电位对测量结果所产生的误差。

"斜率""定位"：调节旋钮仅在进行 pH 值测量及校正时起作用。

"读数"：此开关控制测定时是否需进行读数。当要读取测量值时，按下此开关，当测量结束时，再按一次此开关，使仪器指针在中间位置，以免受输入信号的影响打坏表针。

"选择"：选定仪器的测量功能，即选择测溶液 pH 值还是测原电池的电动势。

"范围"：选定及调节仪器的测量范围。

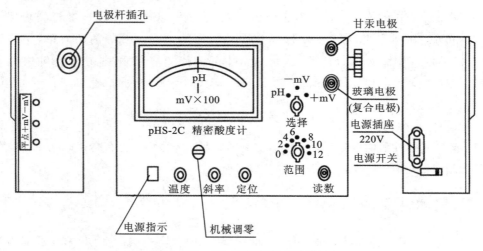

图 1-60　pHS-2C 型指针式酸度计

2. 操作规程

（1）安装　把电极杆装在机箱上，如果电极杆不够长可以把挂杆旋上；将复合电极插在塑料电极夹上。把此电极夹装在电极杆上，复合电极插头插入电极插口内，电极在测量时，请把电极上加液口橡胶管下移使小口外露，以保持电极内 KCl 溶液的液位差；在不用时，橡胶管上移将加液口套住。

（2）定位　开启仪器电源开关，预热 30 min 后进行仪器的定位和测量。将仪器面板上的"选择"开关置于"pH"挡，"范围"开关置于"6"挡，"斜率"旋钮顺时针旋到底（100%处），"温度"旋钮置于标准缓冲溶液的温度。用去离子水将电极洗净以后，用滤纸吸干。将电极放入盛有 pH＝7 的标准缓冲溶液的烧杯内。按下"读数"开关，调节"定位"旋钮，使仪器指示值为此溶液该温度下的标准 pH 值（仪器上的"范围"读数加上表头指示值，即为仪器 pH 指示值),在定位结束后,放开"读数"开关,使仪器处于准备状态;此时仪器指针在中间位置。把电极从标准缓冲溶液中取出,用去离子水冲洗干净,用滤纸吸干。在实际测定时,还需根据待测溶液是酸性(pH<7)或碱性(pH>7)来选择 pH=4 或 pH=9 的标准缓冲溶液进行定位。

(3) 测量　在定位完成以后可以进行测量(此时"定位"旋钮不可再动),先清洗电极并用滤纸吸干,将"温度"旋钮调至溶液温度处,再将电极插入溶液中,"选择"挡置于待测溶液的"pH"挡上,按下"读数"按钮,由"范围"和表头上读出溶液的 pH 值。此时,还需根据表头中指针的位置调整"范围"挡,使指针落在表头范围内。

(4) 后处理　测量完毕后,放开"读数"按钮,关闭仪器电源,清洗电极以后,将电极浸泡在去离子水中。

二、pHS-2C 型自动数显式酸度计

1. pHS-2C 型自动数显式酸度计的外形(图 1-61)

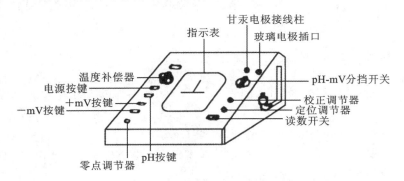

图 1-61　pHS-2C 型自动数显式酸度计

2. 操作规程

(1) 开机前准备　①将电极杆旋入电极杆固定座中;②将电极夹装在电极杆上;③将 pH 复合电极安装在电极夹上;④将复合电极下端的电极保护套拔下,并且拉下电极上端的橡皮套使其露出上端小孔;⑤用蒸馏水清洗电极。

(2) 仪器的标定　仪器使用前首先要标定。一般情况下仪器在连续使用时,每天要标定一次,24 h 内仪器不需再标定。①在测量电极插座处拔掉 Q9 短路插头;②在测量电极插座处插入复合电极;③打开电源开关,仪器进入 pH 值测量状态;④按"温度"键,使仪器进入溶液温度调节状态(此时温度单位为℃),按"△"键或"▽"键调节温度显示数值上升或下降,使温度显示值和溶液温度一致,然后按"确认"键,仪器确认溶液温度值后回到 pH 值测量状态(温度设置键在 mV 测量状态下不起作用);⑤按"标定"键,此时显示"标定 1""4.00"及"mV",把用蒸馏水或去离子水清洗过的电极插入 pH=4.00 的标准缓冲溶液中,仪器显示实测的 mV 值,待 mV 读数稳定后按"确认"键,仪器显示"标定 2""9.18"及"mV",把用蒸馏水或去离子水清洗过的电极插入 pH=9.18 的标准缓冲溶液中,仪器显示实测的 mV 值,待 mV 读数稳定后按"确认"键,标定结束,仪器显示"测量"

进入测量状态；⑥用蒸馏水及被测溶液清洗电极后即可对被测溶液进行测量。

注：仪器在标定状态下，可通过按"△"键选择三种标准缓冲溶液中的任意两种（pH＝4.00、pH＝6.86、pH＝9.18）作为标定溶液（选定的标准缓冲溶液会在温度显示位置显示出来）。标定方法同上，第一种溶液标定好后仍需按"△"键选定第二种标准缓冲溶液。

(3) 测量 pH 值　经标定过的仪器，即可用来测量被测溶液，根据被测溶液与标定溶液温度是否相同，其测量步骤也有所不同。

被测溶液与标定溶液温度相同时，测量步骤如下：①用蒸馏水清洗电极头部，再用被测溶液清洗一次；②把电极浸入被测溶液中，用玻璃棒搅拌溶液，使其均匀，在显示屏上读出溶液的 pH 值。

被测溶液和标定溶液温度不同时，测量步骤如下：①用蒸馏水清洗电极头部，再用被测溶液清洗一次；②用温度计测出被测溶液的温度值；③按"温度"键，使仪器进入溶液温度设置状态（此时"℃"温度单位指示），按"△"键或"▽"键调节温度显示数值上升或下降，使温度显示值和被测溶液温度值一致，然后按"确认"键，仪器确定溶液温度后回到pH 值测量状态；④把电极插入被测溶液内，用玻璃棒搅拌溶液，使其均匀后读出该溶液的 pH 值。

三、数显精密 pHS-3C 型酸度计

数显精密 pHS-3C 型酸度计的测量范围为 0～14pH；最小显示单位为 0.01pH，仪器重复性误差不大于 0.01pH。

1. 数显精密 pHS-3C 型酸度计的外形（图 1-62）

(1) "pH/mV"功能选择按钮：在"pH"位置时，仪器处在测定 pH 值的状态，设置在"mV"位置，仪器处于测定电池电动势的状态。

(2) "温度"调节器：酸度计可以直接指示出 pH 值，由于电动势与 pH 值的转换式与测量溶液的温度有关，通过它可消除温度对测定 pH 值的影响，使用时将它调至溶液的温度值。

(3) "斜率"调节器：调节电极系数，使测定结果更精确。

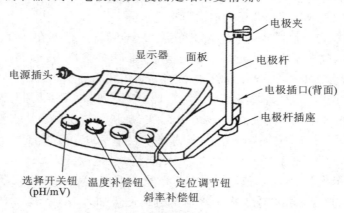

图 1-62　pHS-3C 型酸度计

(4)"定位"调节器：酸度计测定溶液的 pH 值采用两次测定法，也就是先用一定 pH 值的标准缓冲溶液校准仪器后，再测定待测溶液的 pH 值。通过定位调节器使仪器显示的 pH 值与标准缓冲溶液的 pH 值一致。

2. 测定 pH 值的具体操作

(1) 仪器使用前准备　将浸泡好的玻璃电极与甘汞电极夹在电极夹上，接上导线。用蒸馏水清洗两电极头，用滤纸吸干电极外壁上的水。

(2) 预热仪器　测定前打开电源预热 20 min 左右。

(3) 校准仪器　使用仪器前需要对其校准，操作如下。

① 将仪器功能选择旋钮设置于"pH"挡。

② 将两个电极插入已知 pH 值的校准标准缓冲溶液中（pH＝4.00，298.15 K）。

③ 调节"温度"补偿旋钮，使所指示的温度与标准缓冲溶液的温度相同。

④ 将"斜率"调节器顺时针方向转到底（100％）。

⑤ 把清洗过的电极插入已知 pH 值的标准缓冲溶液中，轻摇装有缓冲溶液的烧杯，直至电极反应达到平衡。

⑥ 调节"定位"旋钮，使仪器上显示的数字与标准缓冲溶液的 pH 值相同（如 pH＝4.00）。

⑦ 取出电极，用水清洗后，插入另一 pH 值接近被测溶液 pH 值的标准缓冲溶液中（如 pH＝6.86，298.15 K），进行校正，操作同前。

(4) 测定溶液的 pH 值　把电极从标准缓冲溶液中取出，用纯化水清洗后，再用被测溶液清洗一次，然后插入测定溶液中，轻摇烧杯，电极反应平衡后，读取 pH 值。

(5) 结束工作　测量完毕，取出电极，清洗干净。用滤纸吸干甘汞电极外壁上的水，塞上橡皮塞后放回电极盒中。将玻璃电极浸泡在蒸馏水中。切断电源。

（蒙绍金　黄丹云）

第十六章　定量检定物质含量的技术

第一节　沉淀定量分析技术

利用沉淀反应,将待测组分转化成沉淀形式,通过过滤、洗涤、干燥或灼烧后,得到纯净的固态物质,最后称量出其质量以获得待测组分的含量。具体操作步骤如下。

一、溶解样品

样品称量后置于烧杯中,沿壁加入溶剂,盖上表面皿,轻摇烧杯溶解样品,也可加热溶解,但温度不能太高,以防溶液溅失。如果样品需要用酸溶解且有气体放出时,先用少量水调成糊状,盖上表面皿,从烧杯嘴注入溶剂,待作用完后,用洗瓶冲洗表面皿,冲洗液流入烧杯内。

二、沉淀

为了使沉淀完全和纯净,应该按照沉淀的不同类型选择不同的沉淀条件,如沉淀时溶液的体积、温度、加入沉淀剂的浓度、数量、加入速度、搅拌速度、放置时间,等等。

一般进行沉淀操作时,一手拿滴管滴加沉淀剂,另一手持玻璃棒不断搅动溶液,玻璃棒不要碰烧杯壁或烧杯底,以免划损烧杯。一般在水浴或电热板上加热溶液,要检查沉淀是否完全,检查方法是:待沉淀下沉后,在上层澄清液中,沿杯壁加 1 滴沉淀剂,观察滴落处是否出现浑浊,若无浑浊出现表明沉淀完全,若出现浑浊,需再补加沉淀剂,直至沉淀完全为止,之后盖上表面皿。

三、过滤和洗涤

(一) 用滤纸过滤

1. 滤纸的选择　重量分析中常用定量滤纸(或称无灰滤纸)过滤。定量滤纸按直径分有 11 cm、9 cm、7 cm 等几种;按滤纸孔隙大小分有"快速""中速"和"慢速"3 种。

根据沉淀的性质选择合适的滤纸,如:$BaSO_4$、$CaC_2O_4 \cdot 2H_2O$ 等细晶形沉淀,选用"慢速"滤纸过滤;$Fe_2O_3 \cdot nH_2O$ 为胶状沉淀,应选用"快速"滤纸过滤;$MgNH_4PO_4$ 等粗晶形沉淀,应选用"中速"滤纸过滤。应根据沉淀量的多少,选择滤纸的类型。表 1-3 是国产定量滤纸的类型。

表 1-3 国产定量滤纸的类型

类型	滤纸盒上色带标志	滤速/(s/100 mL)	适 用 范 围
快速	蓝色	60~100	无定形沉淀,如 $Fe_2O_3 \cdot nH_2O$
中速	白色	100~160	中等粒度沉淀,如 $MgNH_4PO_4$
慢速	红色	160~200	细粒状沉淀,如 $BaSO_4$、$CaC_2O_4 \cdot 2H_2O$

2. 漏斗的选择　用于重量分析的漏斗应该是长颈漏斗,漏斗颈长为15~20 cm,锥体角应为60°,漏斗颈的直径要小些,一般为3~5 mm,以便在颈内容易保留水柱,应将出口处磨成45°,如图1-63所示。

漏斗在使用前应洗净。

3. 滤纸的折叠　折叠滤纸时要先洗净并擦干双手。滤纸的折叠见图1-64。

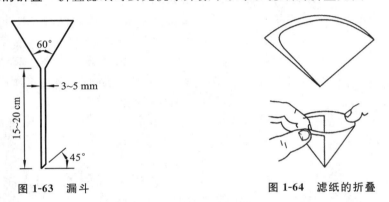

图 1-63 漏斗　　　　　　　　图 1-64 滤纸的折叠

先把滤纸对折,然后对折一次,把折成圆锥形的滤纸放入漏斗中。滤纸的大小应低于漏斗边沿 0.5~1 cm。折好的滤纸应与漏斗内壁紧密贴合,若贴合不紧,可以改变滤纸折叠角度,直至滤纸与漏斗贴紧。

取出圆锥形滤纸,将三层滤纸的半边外层折角撕下一块,这样可以使滤纸紧密贴在漏斗内壁上,撕下来的那一小块滤纸可保留,在擦拭烧杯内残留的沉淀时使用。

4. 做水柱　滤纸放入漏斗后,用手按紧使之密合,用洗瓶加水润湿滤纸。用手指轻压滤纸以除去滤纸与漏斗壁间的气泡,然后加水至滤纸边沿,此时漏斗颈内应全部充满水,形成水柱。滤纸上的水已全部流尽后,漏斗颈内的水柱应仍然存在,这样,可加快过滤速度。

若构不成水柱,可用手指堵住漏斗下口,稍掀起滤纸的一边,用洗瓶向滤纸和漏斗间的空隙加水,直到漏斗颈及锥体的一部分被水充满,然后边按紧滤纸边慢慢松开下面堵住出口的手指,此时应该能形成水柱。

如仍不能形成水柱,或水柱不能保持,而漏斗颈又确定已洗净,则可能是因为漏斗颈太大,导致漏斗无法形成水柱。

将形成水柱的漏斗放在漏斗架上,下面用洁净的烧杯承接滤液,为了防止滤液外溅,一般都将漏斗颈斜口长的一侧贴紧烧杯内壁。漏斗的出口不接触滤液。

5. 倾泻法过滤和初步洗涤　首先强调,过滤和洗涤要一次完成,不能间断,特别是过滤胶状沉淀。过滤一般分3个阶段进行：第一阶段采用倾泻法把尽可能多的清液先过滤，并将烧杯中的沉淀作初步洗涤；第二阶段把沉淀转移到漏斗上；第三阶段清洗烧杯和洗涤漏斗上的沉淀。过滤时，为了避免沉淀堵塞滤纸的空隙，一般多采用倾泻法过滤，即倾斜静置烧杯，待沉淀下降后，先将上层清液倾入漏斗中，而不是一开始过滤就将沉淀和溶液搅混后过滤。

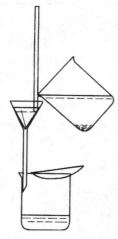

图 1-65 倾泻法过滤

过滤操作如图 1-65 所示，将烧杯移到漏斗上方，轻轻提起玻璃棒，将玻璃棒下端轻碰一下烧杯壁使悬挂的液滴流回烧杯中，将烧杯嘴与玻璃棒贴紧，玻璃棒直立，下端接近三层滤纸的一边，慢慢倾斜烧杯，使上层清液沿玻璃棒流入漏斗中，漏斗中的液面不要超过滤纸高度的2/3，或使液面离滤纸上边沿约 5 mm，以免少量沉淀因毛细管作用越过滤纸上边沿，造成损失。暂停倾注时，应沿玻璃棒将烧杯嘴往上提，逐渐使烧杯直立，等玻璃棒和烧杯由相互垂直变为几乎平行时，将玻璃棒移开烧杯嘴而移至烧杯中。这样才能避免留在玻璃棒端及烧杯嘴上的液体流到烧杯外壁上去。玻璃棒放回原烧杯时，勿将清液搅混，也不要靠在烧杯嘴处，因烧杯嘴处沾有少量沉淀，如此重复操作，直至上层清液倾完为止。

当烧杯内的液体较少而不便倾出时，可将玻璃棒稍向左倾斜，使烧杯倾斜角度更大些。在上层清液倾注完了以后，在烧杯中作初步洗涤。

应根据沉淀的类型选择洗涤液。①晶形沉淀：可用稀冷的沉淀剂洗涤，由于同离子效应，可以减少沉淀的溶解损失。如果沉淀剂为难挥发物质，则不能用作洗涤液，此时可用蒸馏水或其他洗涤液。②无定形沉淀：用热的电解质溶液作洗涤剂，以防止产生胶溶现象，一般用易挥发的铵盐溶液。③对于溶解度大的沉淀，采用沉淀剂加有机溶剂洗涤沉淀，可降低其溶解度。洗涤时，沿烧杯内壁四周注入少量洗涤液，每次约 20 mL，充分搅拌，静置，待沉淀沉降后，按上法倾注过滤，如此洗涤沉淀 4～5 次，每次应尽可能把洗涤液倾倒尽，再加第二份洗涤液。随时检查滤液是否透明不含沉淀颗粒，否则应重新过滤，或重做实验。

6. 沉淀的转移 沉淀洗涤后，向烧杯中再加入少量洗涤液，搅拌混合沉淀后将溶液倾入漏斗中，重复 2～3 次，然后将玻璃棒放在烧杯口上，使玻璃棒下端比烧杯口长出 2～3 cm。左手食指按住玻璃棒，大拇指在前，其余手指在后，右手拿起烧杯，放在漏斗上方，倾斜烧杯使玻璃棒仍指向三层滤纸的一边，用洗瓶冲洗烧杯壁上附着的沉淀，使沉淀全部转移至漏斗中，如图 1-66 所示。最后取保存的小块滤纸擦拭玻璃棒，用玻璃棒压住滤纸进行擦拭。擦拭后的滤纸，用玻璃棒拨入漏斗中，用洗涤液再冲洗烧杯将残存的沉淀全部转入漏斗中。有时也可用淀帚（图 1-67）擦洗烧杯上的沉淀，然后洗净淀帚。淀帚一端可用乳胶管套在玻璃棒上，用胶水黏合乳胶管膨大侧，用夹子夹扁晾干即成。

7. 洗涤 沉淀全部转移到滤纸上后，再在滤纸上进行最后的洗涤。这时要用洗瓶沿滤纸边沿稍下些的地方螺旋向下移动冲洗沉淀（图 1-68）。这样可使沉淀集中到滤纸锥体的底部，不可将洗涤液直接冲到滤纸中央沉淀上，以免沉淀外溅。采用"少量多次"的方

图 1-66　沉淀的转移　　　　图 1-67　淀帚　　　　图 1-68　洗涤沉淀

法洗涤沉淀,即每次加少量洗涤液,洗后尽量沥干,第二次加洗涤液,这样可提高洗涤效率。

洗涤次数一般都有规定,例如洗涤 8~10 次,或规定洗至流出液无 Cl^- 为止,等等。如果要求洗至无 Cl^- 为止,则洗几次以后,应用小试管或小表面皿接取少量滤液,用硝酸酸化的 $AgNO_3$ 溶液检查滤液中是否还有 Cl^-,若无白色浑浊,即可认为已洗涤完毕,否则需进一步洗涤。

(二) 用微孔玻璃坩埚过滤

有些沉淀不能与滤纸一起灼烧,因沉淀易被还原,如 AgCl 沉淀。

有些沉淀不需灼烧,只需烘干即可称量,如丁二肟镍沉淀等,但也不能用滤纸过滤,因为滤纸烘干后,重量改变很多,在这种情况下,应该用微孔玻璃坩埚(或微孔玻璃漏斗)过滤,如图 1-69 所示。

图 1-69　微孔玻璃坩埚、微孔玻璃漏斗　　　　图 1-70　抽滤装置

这种滤器的滤板是用玻璃粉末在高温熔结而成的。在使用前,先用强酸(HCl 或 HNO_3)处理,然后用水洗净。洗涤时通常采用抽滤法。见图 1-70,在抽滤瓶瓶口配一块稍厚的橡皮垫,垫上挖一个圆孔,将微孔玻璃坩埚(或微孔玻璃漏斗)插入圆孔中,抽滤瓶的支管与水流泵相连接。先将强酸倒入微孔玻璃坩埚(或微孔玻璃漏斗)中,然后打开水流泵抽滤,当结束抽滤时,应先拔掉抽滤瓶支管上的胶管,再关闭水流泵,否则水流泵中的水会倒吸入抽滤瓶中。这种滤器耐酸不耐碱,因此,不可用强碱处理,也不适于过滤强碱溶液。过滤时,所用装置和上述洗涤装置相同,在开动水流泵抽滤下,用倾泻法进行过滤,其操作与上述用滤纸过滤相同,不同之处是在抽滤下进行。

四、干燥和灼烧

沉淀的干燥和灼烧是在一个预先灼烧至质量恒定的坩埚中进行,因此,在沉淀的干燥和灼烧前,必须预先准备好坩埚。

1. 坩埚的准备 洗净坩埚,小火烤干或烘干,编号(可用含 Fe^{3+} 或 Co^{2+} 的蓝墨水在坩埚外壁上编号),然后在所需温度下,加热灼烧。

灼烧可在高温电炉中进行。由于温度骤升或骤降常使坩埚破裂,最好将坩埚放入冷的炉膛中逐渐升高温度,或者将坩埚先在已升至较高温度的炉膛口预热一下,再放进炉膛中。一般在 800～950 ℃ 下灼烧半小时(新坩埚需灼烧 1 h)。从高温炉中取出坩埚时,应先使高温炉降温,然后将坩埚移入干燥器中,将干燥器连同坩埚一起移至天平室,冷却至室温(约需 30 min),取出称量。随后进行第二次灼烧,灼烧时间为 15～20 min,冷却和称量。如果前后两次称量结果之差不大于 0.2 mg,即可认为坩埚已达质量恒定,否则还需再灼烧,直至质量恒定为止。

灼烧空坩埚的温度必须与以后灼烧沉淀的温度一致。

坩埚的灼烧也可以在煤气灯上进行。事先将坩埚洗净晾干,将其直立在泥三角上,盖上坩埚盖,但不要盖严,需留一条小缝。用煤气灯逐渐升温,最后在氧化焰中高温灼烧,灼烧的时间和在高温电炉中相同,直至质量恒定。

2. 沉淀的干燥和灼烧 坩埚准备好后即可开始沉淀的干燥和灼烧。

利用玻璃棒把滤纸和沉淀从漏斗中取出,并按图 1-71 所示折卷成小包,将沉淀包卷在里面(图 1-72)。此时应特别注意,勿使沉淀有任何损失。如果漏斗上沾有些微沉淀,可用滤纸碎片擦下,与沉淀包卷在一起。

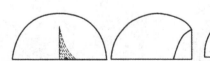

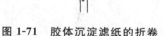
图 1-71 胶体沉淀滤纸的折卷

图 1-72 沉淀后滤纸的折卷

将滤纸包放入已恒定的坩埚内,滤纸层较多的一边向上。坩埚斜放在泥三角上(图 1-73),盖上坩埚盖,然后将滤纸烘干并炭化(图 1-74),在此过程中必须防止滤纸着火,否则会使沉淀飞散而损失。若已着火,应立刻移开煤气灯,并将坩埚盖盖上,让火焰自熄。

滤纸炭化后,可逐渐提高温度,随时用坩埚钳转动坩埚,将黑炭完全灰化成 CO_2。将坩埚垂直地放在泥三角上,盖上坩埚盖(留一小孔隙)灼烧,或在高温电炉中灼烧。一般第一次灼烧 30～45 min,第二次灼烧 15～20 min。每次灼烧后从炉内取出,且都要在空气中放置,待其稍冷再移入干燥器中,冷却到室温后称量,然后灼烧、冷却、称量,直至质量恒定。

微孔玻璃坩埚(或微孔玻璃漏斗)只需烘干即可称量,一般将微孔玻璃坩埚(或微孔玻

图 1-73 坩埚斜放在泥三角上

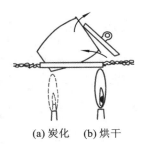

(a) 炭化　(b) 烘干

图 1-74 烘干并炭化

璃漏斗)连同沉淀放在表面皿上,然后放入烘箱中,根据沉淀性质确定烘干温度。一般第一次烘干时间要长些,约 2 h,第二次烘干时间可短些,45 min 到 1 h,根据沉淀的性质具体处理。沉淀烘干后,取出微孔玻璃坩埚(或微孔玻璃漏斗),置于干燥器中冷却至室温后称量。反复烘干、称量,直至质量恒定为止。

第二节　滴定分析技术

一、测定原理

滴定分析法是以化学反应为基础的一种分析方法,它根据化学反应中的计量关系,利用滴定管向装有待测物质 A 溶液的锥形瓶或烧杯中(图 1-75),滴加一种已知准确浓度的 T 溶液(滴定液),直到 T 与 A 刚好按反应式中化学计量关系 $\left(\dfrac{n_A}{n_T} = \dfrac{a}{t}\right)$ 定量反应完全时,以加入滴定液的体积、浓度,计算出待测物质含量的方法。

$$a\mathrm{A} + t\mathrm{T} = c\mathrm{C} + d\mathrm{D}$$

$$n_A = \frac{a}{t} n_T$$

图 1-75 滴定操作

二、测定方法

滴定分析方法的具体实验过程如下:①配制溶液;②滴定;③计算与结果分析。配制溶液的方法前面已介绍,在此不复述。这里主要介绍滴定管与滴定操作。

滴定管是滴定过程中准确测量加入到被测物质中的滴定液体积的精密量具,它是由具有准确刻度而内径均匀的细长玻璃管及开关组成,如图 1-76 所示。

1. 滴定管的类型与规格

(1) 滴定管按形状可分为两种。一种是下端带有玻璃活塞的酸式滴定管(简称酸管),酸管用于盛放酸性溶液或氧化性溶液,一般不装碱性溶液,如 NaOH 溶液。另一种为碱式滴定管(简称碱管)。碱管的下端有橡皮管,橡皮管中间放有一个玻璃珠,用来控制溶液的流速,橡皮管下端再连接一个尖嘴玻璃管。碱管主要用于盛放碱性溶液与无氧化性溶液。碱式滴定管的准确度不如酸式滴定管,因为橡皮管的弹性会造成液面的变动。

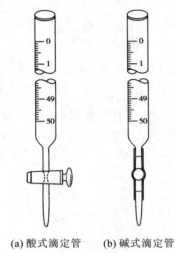

(a) 酸式滴定管　　(b) 碱式滴定管

图 1-76　滴定管

(2) 滴定管按颜色分为无色、棕色两种。棕色管一般用于需避光的滴定液,如硝酸银溶液、碘液、高锰酸钾溶液、亚硝酸钠溶液、溴水溶液等。

(3) 滴定管按长度与容积分成常量、半微量、微量三种。这里仅介绍常量滴定管,常量滴定管一般有 100 mL、50 mL、25 mL、15 mL 几种规格。它们的最小刻度为 0.1 mL,可估读到 0.01 mL。一般有 ±0.02 mL 的读数误差。

2. 滴定管的使用方法

(1) 检查滴定管。

酸式滴定管:①检查活塞转动是否灵活(否则得涂凡士林),橡皮圈是否老化(需要时可更换)。②向管内加自来水至零刻度附近,擦干管外壁的水。将管夹持在滴定管架上 2 min,观察管尖有无水滴滴下,活塞与活塞槽的缝隙是否有水渗出,然后将活塞旋转 180°再放置 2 min 观察,如不漏水即可使用,否则需涂凡士林。将活塞抽出,用滤纸擦干净活塞与活塞槽,在活塞的粗端与活塞槽的细端分别涂上适量的凡士林(量多会堵塞活塞孔,量少会漏水),将活塞平行插入活塞槽内,向同一方向旋转,直至凡士林分布均匀,即活塞与活塞槽之间透明为止,见图 1-77。

碱式滴定管:①检查橡皮管是否老化。②向管内加自来水至零刻度附近,擦干外管壁的水。将管夹持在滴定管架上 2 min,观察管尖是否有水滴滴落。若有,则改变玻璃珠在橡皮管中的位置,仍漏水的话,更换玻璃珠或橡皮管。

(2) 洗涤　滴定管使用前必须洗涤干净。一般先用自来水冲洗,然后用蒸馏水洗 2~3 次,最后用待装溶液润洗 2~3 次。若洗不干净,可用洗涤液浸泡,再依次用自来水、蒸馏水、待装溶液洗涤。用蒸馏水与待装溶液洗涤时,每次的用量一般为滴定管容积的

(a) 用滤纸擦活塞槽

(b) 活塞用滤纸擦干净后,涂适量凡士林

(c) 活塞槽细端涂凡士林

(d) 活塞平行插入活塞槽,向同一方向转动活塞,直至凡士林分布均匀

图 1-77　酸式滴定管涂凡士林的操作

1/10~1/5。用待装溶液润洗滴定管,是为了使装入滴定管的溶液不被滴定管内壁的水稀释。方法是直接将待装溶液注入滴定管中,然后两手平端滴定管,慢慢转动,使溶液将全管内壁润过一遍,打开滴定管的活塞(若为碱式滴定管则挤压玻璃珠),使溶液从下端管口流出以洗涤滴定管尖处。润洗 2~3 次。

　　(3) 装液　直接将待装溶液从试剂瓶注入滴定管,不能经小烧杯或漏斗等其他容器加入。

　　(4) 排气　滴定管注入溶液时,出口尖管段内没有充满溶液,表示有气泡,需将其排出。若是酸式滴定管,则将滴定管倾斜约 30°,迅速打开活塞使溶液流出以排出气泡。若是碱式滴定管,则把橡皮管向上弯曲,玻璃尖嘴斜向上方,用手指挤压玻璃珠,使溶液从出口管喷出(图 1-78),气泡随之逸出。

　　(5) 调节液面至零标线　气泡排除后,若液面仍在零刻度线以上,可直接调节液面至零处或是离零刻度线较近的以下位置;若液面在离零刻度线较远的位置,则需加入溶液至零刻度线以上,再调节液面。调节方法是:右手大拇指和食指夹持着滴定管无液面的上方,使滴定管保持垂直。转动活塞或挤捏玻璃珠,以放出溶液,将液面调节在零处或是离零刻度线较近的以下位置。对于无色或浅色溶液,读取溶液的凹液面最低处与刻度相切点;对于深色溶液如高锰酸钾溶液、碘液等,可读两侧最高点的刻度(图 1-79)。若滴定管

图 1-78　碱式滴定管排气手法

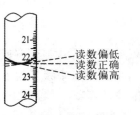
(a) 无色或浅色溶液读数

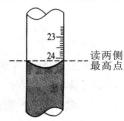
(b) 深色溶液读数

图 1-79　读数方法

的背后有一条蓝带,这时无色溶液就形成了两个弯月面,并且相交于蓝线的中线上,读数时即读此交点的刻度;若是深色溶液,则仍读液面两侧最高点的刻度。为了使读数清晰,也可在滴定管后衬一张纸片为背景,再读数。同一实验应进行不同次数的滴定(平行测定),滴定前的液面必须在同一位置,这样可消除因上、下刻度不均匀所引起的误差。10 mL以上的滴定管,最小可估读到 0.01 mL。

(6) 滴定操作　使用酸式滴定管时,左手控制活塞,大拇指在前,食指与中指在后,无名指和小指轻轻地贴着活塞以下的出口管部分。所有手指都略微弯曲,轻轻向内扣住活塞即使活塞稍有一点向手心的回力。注意不要向外用力,或手心顶着活塞,以免推出活塞造成漏水。

使用碱式滴定管时,仍以左手握滴定管,其拇指在前,食指在后,其他三指辅助夹住出口管,用拇指和食指捏挤玻璃珠上部的橡皮管,使玻璃珠移至一侧,溶液可以从玻璃珠与橡皮之间的空隙流出。注意不要用太大的力捏玻璃珠,也不要使玻璃珠上下移动,更不要捏玻璃珠下部橡皮管,以免空气进入而形成气泡,影响读数。

被测溶液一般转移至锥形瓶中(必要时也可装在烧杯中),滴定管下端伸入瓶中 1～2 cm,左手按前述方法操作滴定管,右手的拇指、食指和中指拿住锥形瓶颈,沿同一方向按圆周方向摇动锥形瓶,不要前后振动。边滴边摇,两手协同配合,开始滴定时,被测溶液无明显变化,滴液的速度可以快一些,即"见滴成线",滴定速度一般控制在每秒 3～4 滴,注意观察滴定液的滴落点。当接近终点时,颜色变化消失较慢,这时应逐滴加入,甚至加入半滴溶液,边滴加边及时摇匀溶液,若颜色变化至指定颜色(或不变色),且 30 s 不褪色(或不变),即表示达到滴定终点。取下管读数(方法与调零读数一样)。半滴是指液滴悬而不落,需用锥形瓶内壁把液滴触碰下来,之后用洗瓶的纯化水吹洗锥形瓶内壁(应控制用水,量不能太多),摇匀。读数时,需在放出溶液后等待 1～2 min,将滴定管从滴定管架上取下读数(图 1-79)。滴定操作见图 1-80。

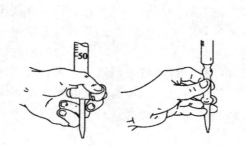

图 1-80　滴定操作

滴定管内剩余的溶液应弃去,不要倒回原瓶中。若是继续使用同种滴定液进行不同次数的滴定,应向剩有溶液的管中续加溶液后排气、调零、滴定。

3. 滴定管使用的注意事项

(1) 酸式滴定管的玻璃活塞与滴定管是配套的,不能随意更换。

(2) 酸式滴定管不宜装碱性滴定液,因碱性滴定液会腐蚀玻璃,使玻璃塞或玻璃孔黏合,导致难以转动。

(3) 滴定时,左手不能离开活塞,而放任溶液自己流下。

(4) 滴定时应注意在锥形瓶内的颜色变化。

(5) 近终点时,用洗瓶将沾在锥形瓶内壁上侧的溶液吹洗至瓶底,使溶液充分混合。

(6) 读数时,未滴定之前的"始读"与滴定到终点后的"终读",都必须在液面以上的管内壁无液滴,尖管内无气泡,管尖端处无液滴,在滴定管垂直的情况下,视线、刻度、溶液面在同一水平线上。为保证管液面以上的内壁无液滴,读数之前静置 $1\sim2$ min,待溶液全部流下,液面保持稳定后读数。可重复读 2 次,以获得准确的数据。

(7) 一般每个样品要平行滴定 3 次,每次均从零刻度线开始,每次均应及时记录在实验记录表格上,不允许记录到其他地方。

(8) 滴定也可在烧杯中进行,方法同上,但要用玻璃棒或电磁搅拌器搅拌。

第三节 紫外-可见分光光度技术

一、测定原理

分光光度法是在一定条件下,利用紫外或可见光区内的某一特定波长的光照射被测溶液,而受照射溶液中的被测物质浓度与该物质对光的吸收程度成正比。这一规律符合朗伯-比尔定律,即 $A=KLc$,其中 K 为吸光系数,当测定条件一定,光的波长一定,被测定物质一定时,吸光度 A 的大小就是一个确定的值。L 为被照射溶液的厚度,c 为溶液的浓度。

使用分光光度法测定物质的含量,首先得确定测定光的波长。下面介绍选择测定波长的依据。图 1-81 是 $KMnO_4$ 溶液在不同波长下的吸光度曲线图(吸收光谱曲线)。

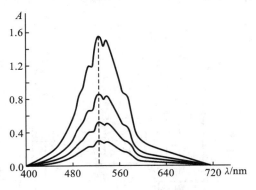

图 1-81 吸收光谱曲线图示例

从图 1-81 中可知,不同浓度的 $KMnO_4$ 溶液的吸收光谱曲线图的形状相似,它们的最大吸光度所对应的波长 λ_{max} 都相同。在同一波长下,吸光度的大小与浓度成正比。不同的物质对光的吸收都有不同的特性,自然有不同形状的吸收光谱曲线,也有确定的最大吸收波长。因此,可以根据不同物质的特定吸收光谱曲线图,确定物质的种类。可利用最大吸收波长作为测定物质溶液吸光度时的测定波长,因为这个波长是物质对光吸收的最灵敏波长。

二、测定方法

以下介绍运用朗伯-比尔定律 $A=KLc$ 测定物质含量的常用方法。

1. 标准曲线法　配制一系列浓度大小不同的标准溶液(浓度大小已知),按一定方法显色后,用分光光度计分别测定各标准溶液的吸光度。以各标准溶液的浓度为横坐标,吸光度为纵坐标,绘制 A-c 曲线,即标准曲线,见图 1-82。

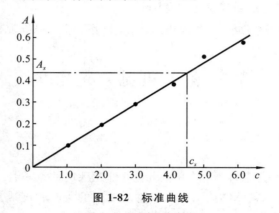

图 1-82　标准曲线

在相同条件下,测定被测溶液的吸光度,从标准曲线上可找出其相应的浓度。标准曲线制作与测定管的测定应在同一分光光度计上进行。

2. 标准管法　将标准样品(已知浓度 c_s)与样品在相同条件下显色并测量吸光度。因为在相同的测定条件下,两溶液的 K 值相等,所以可根据 $c_x=(c_s/A_s)A_x$ 求得样品溶液的 c_x。式中 A_s 和 A_x 分别为标准管与测定管的吸光度。

三、仪器结构

分光光度计型号较多,但基本结构和原理相似,图 1-83 为 721 型分光光度计结构示意图。

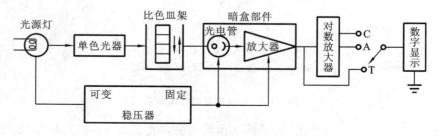

图 1-83　721 型分光光度计结构示意图

仪器中光源经过单色器中的单色原件(如棱镜),所得到的单色光(入射光)进入样品室,透出的光被接收器接收产生光电流,放大后在测量仪上显示出吸光度(A)或透光度(T)。

仪器的光电管或光电池对不同波长的光敏感度不一样，在制作吸收光谱曲线时应注意每换一次波长，都应将空白溶液的吸光度调节到 0。

四、721 型分光光度计使用方法

（1）使用前预热 30 min。
（2）按"功能"键，切换至透射比（T）模式。
（3）选择测定波长。
（4）将遮光体放入比色皿架，合上样品室盖子，按"0%"键调 T 为零。
（5）仪器显示"0.00"或"－0.00"。完成将 T 调为零后，取出遮光体。
（6）将盛有标准溶液的比色皿放入比色皿架，合上样品室盖子，按"100%"键，待显示屏显示"100"。
（7）按"功能"键，切换到吸光度（A）模式。
（8）将已装有待测溶液的比色皿放入比色皿架，合上样品室盖子，拉动拉杆使比色皿对准光路读取数据。实验室常用的 721 型分光光度计见图 1-84。

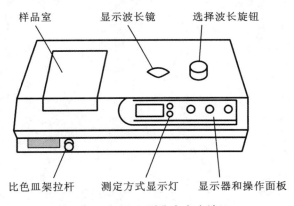

图 1-84　721 型分光光度计

五、使用 721 型分光光度计的注意事项

（1）手持比色皿的磨砂面。
（2）装液前需清洗比色皿，装液不能太满，一般为比色皿容积的 2/3～3/4。
（3）比色皿放入比色皿架前，需用专业纸擦拭干净后，才可放入样品室中。
（4）比色皿磨砂面朝向自己，光滑面朝向光路，垂直而稳固地放入比色皿架中。
（5）拉动比色皿架拉杆动作要轻，防止溶液溅出腐蚀样品室。
（6）仪器表面不允许放置任何东西（包括比色皿、书本等），以免腐蚀仪器。
（7）遇到问题应向老师请教，不能擅自移动仪器。

（黄丹云）

第二篇
化学实验基本操作

任务一　基础化学实验常用仪器的认识、洗涤、干燥与校准

 任务目的

(1) 认识基础化学实验的意义。
(2) 了解基础化学实验的要求。
(3) 初步认识基础化学实验常用器材的名称、功能、使用方法。
(4) 练习基础化学实验中的一些玻璃仪器的洗涤、干燥与校准。

 实施步骤

一、实验准备

◆ 器材

托盘天平、烧杯、玻璃棒、量筒、滴管、短颈漏斗、铁架台、铁夹、铁圈、酒精灯、电炉、石棉网、蒸发皿、表面皿、洗瓶、单标线移液管、吸量管、洗耳球、容量瓶、试管、试管夹、离心管、试剂瓶、锥形瓶、点滴板、热滤漏斗、布氏漏斗、抽滤瓶、圆底烧瓶、蒸馏烧瓶、冷凝管、接液管、熔点测定管、毛细管、分液漏斗、酸式滴定管、碱式滴定管、比色管等。

◆ 试剂

洗衣粉、洗涤液等。

二、实施过程

(1) 按教材中的清单认领基础化学实验中常用的仪器，熟悉它们的名称、规格、用途。
(2) 选用适当的洗涤方法洗涤试管、烧杯、锥形瓶、吸量管、容量瓶、滴定管、烧瓶。
(3) 用酒精灯干燥一支洗净的试管，用少量乙醇干燥一洗净的锥形瓶。
(4) 用相对法校准移液管与容量瓶的体积。用 25 mL 移液管移取蒸馏水 4 次，置于 100 mL 容量瓶中，观察液面最下沿是否与标线相平。

 思考题

(1) 洗涤玻璃仪器的方法有几种？玻璃仪器洗干净的标志是什么？
(2) 干燥玻璃仪器的方法有几种？

 注意事项

(1) 用于刷洗的刷子应选大小、形状合适的，刷洗时，不可用力过猛，以免戳穿容器。若口小、管细或精密仪器不便用毛刷，一般可用适当的洗涤液浸泡。

（2）有机物污渍，使用乙醇与氢氧化钠的混合溶液效果不错。洗涤液具有强腐蚀性，使用时应注意安全，不能用毛刷蘸取洗涤液刷洗仪器。

（3）带有刻度的计量容器不能用加热法干燥，否则会影响仪器的精度。如需要干燥时，可采用晾干或冷风吹干的方法。

（4）用有机溶剂淋洗过的玻璃仪器不能放入烘箱，否则会造成爆炸。

（5）有时为了省时间，或急用，玻璃仪器可以先用一些溶剂（乙醇、丙酮等）淋洗后，再用电吹风吹冷风，待仪器稍干后再吹热风使其干燥完全（直接吹热风有时会引起爆炸），然后吹冷风使仪器冷却，若任其冷却，有时会在器壁上凝上一层水汽。

 知识链接

实验中所用的玻璃仪器都要求是洁净的，否则会影响实验效果，甚至导致实验失败。洗涤时应根据污物性质和实验要求选择不同方法。洁净的玻璃仪器的内壁应能被水均匀地湿润而不挂水珠，并且无水的条纹。一般而言，附着在仪器上的污物既有可溶性物质，也有尘土、不溶性物质及有机物等。

1. 玻璃仪器的洗涤

（1）一般先用自来水淋洗或振洗，振洗是向被洗涤的容器注入 1/3 容积左右的水，稍用力振荡后把水倒掉，连洗几次。

（2）有难以被洗掉的物质可用毛刷蘸取洗衣粉或洗涤液刷洗，如果毛刷刷不到，可用碎纸捣成糊浆，放进容器，剧烈摇动，使污物脱落下来，再用自来水洗干净（这一方法一般不适用于有刻度的较精密的仪器）。

（3）若沾有的有机物无法洗净时，可用少许乙醇或乙醚等有机溶剂溶解后再洗涤。

（4）必要时可用洗涤液洗涤，再用自来水冲洗。在某些定性实验中，必须用更洁净的玻璃仪器，经以上方法洗涤后，还要用蒸馏水或去离子水淋洗，以除去由自来水带来的杂质。洗干净的仪器常用自然风干的方法晾干。

2. 玻璃仪器的干燥　实验中，有些仪器要求是干燥的，根据不同情况，可采用下列方法将仪器干燥。

①对于不急用的仪器，可自然晾干。②电吹风吹干。将仪器倒置，让水分流出，并擦干外壁，用电吹风的热风将仪器内残留的水分吹干。③用电烘箱烘干。将仪器倒置，让水分流出后，放入烘箱内，温度控制在 105 ℃左右烘干。④用少量乙醇或乙醚等有机溶剂干燥。向洗净的仪器中加入少量有机溶剂，使有机溶剂与水充分混合后，倒出液体，仪器很快就被干燥。

3. 容量玻璃仪器的校准　在实际应用中，有些容量玻璃仪器的容积与它标示的体积不一致。如果实验要求准确度很高，必须对容量玻璃仪器进行校正。校正容量玻璃仪器的方法通常有两种。

（1）绝对校正　绝对校正即测定容量玻璃仪器的实际容积，常采用称量法。即在分析天平上称量容器容纳或放出纯水的质量 m。查得该温度时纯水的相对密度 ρ，根据公式 $V=m/\rho$，将纯水的质量换算成纯水的体积，由计算的纯水体积和由仪器读出的体积，即可求出校准值。表 2-1 给出了不同温度下水的密度。

表 2-1 不同温度下水的密度

温度/℃	密度/(g/mL)	温度/℃	密度/(g/mL)	温度/℃	密度/(g/mL)
10	0.99838	17	0.99765	24	0.99639
11	0.99831	18	0.99751	25	0.99618
12	0.99823	19	0.99734	26	0.99594
13	0.99814	20	0.99718	27	0.99570
14	0.99804	21	0.99700	28	0.99545
15	0.99793	22	0.99680	29	0.99519
16	0.99780	23	0.99661	30	0.99492

(2) 相对校正　实际工作中,有时不需要知道容量玻璃仪器的准确容积,只需知道容量玻璃仪器之间的相互关系,例如:以 25 mL 移液管吸取蒸馏水 10 次,置于 250 mL 容量瓶中,观察弧形下沿是否恰在标线刻度处,这种校正方法称为相对校正法。

（黄丹云）

任务二　药用氯化钠的精制

 任务目的

(1) 掌握药用氯化钠提取精制的方法。
(2) 掌握溶液中不同杂质的去除方法。
(3) 掌握托盘天平的使用及溶解、沉淀、过滤、蒸发与烘干等操作。

 实施步骤

一、实验准备

◆ 器材

托盘天平、100 mL 小烧杯、大烧杯、玻璃棒、铁架台（含铁圈）、滤纸、漏斗、pH 试纸、蒸发皿、三脚架等。

◆ 试剂

粗盐、1 mol/L $BaCl_2$ 溶液、2 mol/L NaOH 溶液、1 mol/L Na_2CO_3 溶液、2 mol/L HCl 溶液等。

二、实施过程

(1) 称取粗盐 5.0 g，置于 100 mL 小烧杯中，加入热水 40 mL 并不断搅拌，使食盐全部溶解。

(2) 趁热加入 1 mol/L $BaCl_2$ 溶液 1.5～2.0 mL，持续加热 1～2 min，冷却后过滤，弃去沉淀而保留滤液。

(3) 将滤液煮沸，加入 2 mol/L NaOH 溶液 0.5 mL，再滴加 1 mol/L Na_2CO_3 溶液约 2 mL，至沉淀完全为止，过滤，弃去沉淀而保留滤液。

(4) 在滤液中滴加 2 mol/L HCl 溶液，加热，搅拌，至无气泡为止，用 pH 试纸检验，使溶液呈酸性（pH 值为 2～3）。

(5) 将溶液小心移入蒸发皿中，小火蒸发并不断搅拌，以防止溶液或晶体溅出，约蒸去原体积的 3/4 时停火。稍冷却，将所得晶体过滤，用少量蒸馏水（2～3 mL）洗涤 2 次，烘干即得纯度非常高的精制药用氯化钠。

(6) 称重，计算产率： $\omega_{NaCl} = m_{精}/m_{粗} \times 100\%$

思考题

(1) 可溶性杂质有哪些？选择哪些试剂使其生成沉淀而除去？

(2) 在操作过程中如何能提高产率？为什么？

注意事项

(1) 本实验多次用到搅拌操作，请小心均匀地进行。

(2) 初次析出结晶时注意不能蒸干，只需蒸去大部分水即可。

(3) 洗涤晶体后，若无烘干条件，可另置于一干净蒸发皿蒸干，但应防止快蒸干时晶粒飞溅出来。

知识链接

药用氯化钠是以粗食盐为原料提纯的。粗食盐中除了有泥沙等不溶性杂质外，还有 K^+、Ca^{2+}、Mg^{2+}、SO_4^{2-}、Br^-、I^- 等可溶性杂质。氯化钠的溶解度随温度变化不大，故不能用重结晶的方法纯化。泥沙等不溶物可通过将粗食盐溶解于水后过滤除去。但可溶性杂质需用化学方法处理，可选择适当试剂，使它们生成难溶化合物而除去。如 SO_4^{2-} 可加入稍微过量的 $BaCl_2$ 溶液，生成 $BaSO_4$ 沉淀而除去；Ca^{2+}、Mg^{2+}、Ba^{2+}、Fe^{3+} 可加入适量的 NaOH 和 Na_2CO_3 溶液，使其生成氢氧化物和碳酸盐沉淀除去。粗盐中 K^+ 和 NO_3^- 较少，由于 NaCl 的溶解度受温度影响不大，而 KNO_3、KCl 和 $NaNO_3$ 溶解度随温度降低而明显减小，故加热蒸发浓缩时，NaCl 结晶出来，K^+ 和 NO_3^- 则留在母液中，可过滤除去。

（蒙绍金）

任务三 硫酸铜的制备和结晶水的测定

  任务目的

(1) 进一步熟悉无机物的制备方法及蒸发、结晶、过滤、干燥等基本操作。
(2) 测定硫酸铜晶体中的结晶水含量。

  实施步骤

一、实验准备

◆ 器材

量筒(10 mL)、蒸发皿、表面皿、玻璃棒、漏斗、烧杯、石棉网、药匙、铁架台、瓷坩埚、坩埚钳、托盘天平、电子天平、干燥器、酒精灯、滤纸等。

◆ 试剂

3 mol/L H_2SO_4 溶液、CuO 粉末等。

二、实施过程

1. 制备硫酸铜晶体 用量筒量取 10 mL 3 mol/L H_2SO_4 溶液,倒进洁净的蒸发皿里,放在石棉网上用小火加热。一边搅拌,一边用药匙缓缓撒入 CuO 粉末,直到不再反应为止。如出现结晶,可随时加入少量蒸馏水。

趁热过滤无色溶解的 $CuSO_4$ 溶液,再用少量蒸馏水洗蒸发皿 2~3 次,将洗涤液过滤,并收集滤液。将滤液转入洗净的蒸发皿中,置于石棉网上加热。在加热过程中应用玻璃棒不断搅动,至液面出现结晶膜时停止加热。待冷却后,析出硫酸铜晶体。

用药匙把晶体取出放在表面皿上,用吸水纸吸干晶体表面的水分待用。称量制得的硫酸铜晶体质量,并记录数据。

2. 硫酸铜结晶水含量的测定 取一干燥洁净的瓷坩埚,用电子天平精确称量其质量 m_1(读至小数点后 2 位)。向瓷坩埚中加约 2 g 自制晾干的硫酸铜晶体,精确称量其总质量 m_2。多余的硫酸铜回收。

将盛有硫酸铜晶体的瓷坩埚置于石棉网上小心加热(防止晶体溅出!),直到硫酸铜晶体由蓝色转变为白色,且不逸出水蒸气为止。然后将瓷坩埚放入干燥器中冷却。

待瓷坩埚在干燥器中冷却至室温后,取出迅速在电子天平上精确称量其总质量 m_3。

3. 数据处理

(1) 计算硫酸铜晶体的产率。

产率:$\omega_{CuSO_4 \cdot 5H_2O} = m_{实际}/m_{理论} \times 100\%$,其中实际产量上述步骤已称得,而理论产量可

通过方程式系数计算而得。

(2) 将硫酸铜晶体中结晶水的计算结果依次记录于表 2-2 中。

表 2-2　硫酸铜晶体中结晶水的计算

瓷坩埚质量 m_1 /g	(瓷坩埚＋硫酸铜)质量		结晶水		无水硫酸铜		n_{CuSO_4} : n_{H_2O} =1: x
	加热前 m_2/g	加热后 m_3/g	m_2-m_3/g	n_{H_2O} /mol	m_3-m_1/g	n_{CuSO_4}	

设 1 mol 硫酸铜晶体中含 x mol 结晶水,则

$$n_{CuSO_4} : n_{H_2O} = \frac{m_{CuSO_4}}{M_{CuSO_4}} : \frac{m_{H_2O}}{M_{H_2O}} = 1 : x$$

式中:m_{CuSO_4} 和 m_{H_2O} 分别为无水硫酸铜和结晶水的质量(g);M_{CuSO_4} 和 M_{H_2O} 分别为硫酸铜和水的摩尔质量;$1:x$ 中的 x 取正整数。

思考题

(1) 如何计算硫酸铜晶体的理论产量?
(2) CuO 和 H_2SO_4 反应结束后,为什么要趁热过滤?

注意事项

(1) 加热蒸发皿和瓷坩埚时非常烫手,注意不要用手拿,应用坩埚钳或抹布拿下来。
(2) 充分搅拌,以促使反应充分、完全地进行。
(3) 反应结束后不应冷却,应趁热过滤,最好是用热滤漏斗进行热过滤。

知识链接

用 H_2SO_4 与 CuO 反应可以制备硫酸铜晶体:$CuO + H_2SO_4 \rightleftharpoons CuSO_4 + H_2O$。

由于 $CuSO_4$ 的溶解度随温度的改变有较大的变化,故浓缩、冷却溶液后,可得到硫酸铜晶体。

所得硫酸铜含有结晶水,加热可使其脱水变成无水硫酸铜。根据加热前后的质量变化,可求得硫酸铜晶体中结晶水的含量。

(蒙绍金)

任务四　溶液的配制

任务目的

(1) 初步学会吸量管、容量瓶、托盘天平的使用。
(2) 学会一定物质的量浓度、质量浓度溶液配制方法的实验操作。
(3) 会规范地进行溶液稀释的实验操作。

实施步骤

一、实验准备

◆ 器材

5 mL 吸量管、10 mL 吸量管、50 mL 容量瓶、100 mL 容量瓶、托盘天平、100 mL 烧杯、玻璃棒、胶头滴管、试剂瓶、量筒等。

◆ 试剂

NaCl 固体,1 mol/L 乳酸钠溶液,质量分数为 37%、密度为 1.19 g/mL 的市售浓盐酸,体积分数为 95% 的市售酒精等。

二、实施过程

(一) 溶液的配制

1. 一定质量浓度溶液的配制　配制 40 g/L NaCl 溶液 50 mL。
(1) 计算:配制 50 mL 40 g/L NaCl 溶液需用 NaCl 固体的质量(g)。
(2) 称量:用托盘天平称取所需 NaCl 固体。
(3) 溶解:将称好的 NaCl 固体放入 100 mL 烧杯中,加入 20 mL 蒸馏水使 NaCl 固体溶解并转移至 50 mL 容量瓶中,再用 20 mL 蒸馏水洗涤烧杯、玻璃棒 2~3 次,洗涤液一并倒入容量瓶中。
(4) 稀释、定容:向容量瓶中加蒸馏水至距离刻度约 1 cm 处,改用胶头滴管逐滴加至刻度。盖好瓶塞,反复颠倒摇匀。
(5) 装瓶:将配好的 NaCl 溶液装入干燥试剂瓶中,贴上标签。

2. 一定物质的量浓度溶液的配制　用浓盐酸配制 1 mol/L HCl 溶液 100 mL。
(1) 计算:配制 100 mL HCl 溶液 1 mol/L 需用质量分数为 37%、密度为 1.19 g/mL 的市售浓盐酸的体积(mL)。
(2) 移取:用 10 mL 吸量管吸取所需浓盐酸,转入 100 mL 容量瓶中。
(3) 稀释、定容:向容量瓶中加蒸馏水至距离刻度约 1 cm 处,改用胶头滴管滴加蒸馏水至 100 mL。盖好瓶塞,摇匀,倒入指定的试剂瓶中。

（二）溶液的稀释

1. 将 1 mol/L 乳酸钠溶液稀释成 1/6 mol/L 乳酸钠溶液 50 mL

（1）计算：配制 50 mL 1/6 mol/L 乳酸钠溶液需用 1 mol/L 乳酸钠溶液的体积（mL）。

（2）移取：用 10 mL 吸量管吸取所需 1 mol/L 乳酸钠溶液,至 50 mL 容量瓶中。

（3）稀释、定容：加蒸馏水至距离刻度约 1 cm 处,改用胶头滴管滴加至刻度。盖好瓶塞,摇匀,倒入指定的试剂瓶中。

2. 用体积分数为 95％的市售酒精配制体积分数为 75％的消毒酒精 100 mL

（1）计算：配制 100 mL 75％的酒精需用 95％的酒精的体积(mL)。

（2）量取：用 100 mL 量筒量取所需 95％酒精的体积。

（3）稀释、定容：加蒸馏水稀释,当液面距离 100 mL 刻度约 1 cm 处,改用胶头滴管滴加至凹液面与刻度线相切。用玻璃棒搅拌均匀,倒入指定的试剂瓶中。

 思考题

（1）阐述在使用吸量管吸取溶液前用待吸溶液洗 1～2 次的原因。

（2）在用容量瓶配制溶液时,如果加蒸馏水超过了刻度,倒出一些溶液,再重新加蒸馏水到该刻度,这种做法对吗？为什么？

 注意事项

（1）本实验使用吸量管之前吸量管需润洗,但容量瓶则不用润洗。

（2）配制溶液时无论溶解固体来配制还是稀释,均应充分搅拌以加速溶解。

 知识链接

在配制溶液时,根据所配制溶液的浓度和体积来计算所需溶质的量。溶质如果是不含结晶水的纯物质,则计算比较简单。如果是含有结晶水的纯物质,计算时一定要把结晶水计算在内。

（1）一定质量浓度溶液的配制：溶液的质量浓度是指单位体积溶液中含溶质的质量。在配制此种溶液时,如需要配制溶液的体积和质量浓度已知,通过计算得出溶质的质量。然后用天平称出所需质量的溶质,再将溶质溶解并加水至需要的体积。如用已知质量的溶质配制一定质量浓度的溶液,则须先计算出所配溶液的体积,然后按上述方法配制溶液。

（2）一定物质的量浓度溶液的配制：溶液的物质的量浓度是指单位体积溶液中所含溶质的物质的量。在配制此种溶液时,首先要根据所需浓度和配制总体积,正确计算出溶质的物质的量(包括结晶水),再通过摩尔质量计算出所需溶质的质量。

（3）溶液的稀释：在溶液稀释时需要掌握的一个原则是稀释前、后溶液中溶质的量不变。根据浓溶液的浓度和体积与所要配制的稀溶液的浓度和体积,利用稀释公式 $c_1V_1 = c_2V_2$,计算出浓溶液所需量,然后量取,加水稀释至一定体积。

(蒙绍金)

任务五 重 结 晶

任务目的

(1) 掌握重结晶提纯物质的基本操作方法。
(2) 练习菊花滤纸的折叠、热过滤、抽滤、晶体的洗涤与干燥等操作。
(3) 了解重结晶的原理与应用。

实施步骤

一、实验准备

◆ 器材

锥形瓶、量筒、玻璃棒、短颈玻璃漏斗、热滤漏斗、两类滤纸(菊花滤纸、抽滤)、布氏漏斗、抽滤瓶、滴管、铁架台、铁圈、酒精灯、火柴、橡皮管、托盘天平、药匙、擦拭纸、吸水纸、电炉、石棉网、称量纸等。

◆ 试剂

两种乙酰苯胺晶体、活性炭、蒸馏水等。

二、实施过程

1. 折叠菊花滤纸 菊花滤纸的折叠见图 2-1,将滤纸对折后再对折并打开得图 2-1(a)的 1、2、3 折痕。1 与 3,2 与 3 重合后打开,分别得到图 2-1(b)的 5、4 折痕,使 1 与 4,2 与 5 重合后打开,分别得图 2-1(c)的 7、6 折痕。1 与 5,2 与 4 重合后打开,分别得到图 2-1(d)的 9、8 折痕。在相邻两折痕之间从折痕的相反方向再按顺序对折一次得图 2-1(f)。展开滤纸成图 2-1(g)。菊花滤纸增大了过滤面积,有效地加快了过滤速度。

2. 溶解 用托盘天平称取 2 g 乙酰苯胺晶体设为 m_1,放于 150 mL 锥形瓶中,加入用量筒量取的 70 mL 水。用电炉隔着石棉网加热,并不断地搅拌,直至完全溶解。若沸腾后仍不能溶解,可再加适量水,并加热至沸腾,直到全部溶解,但溶液体积不超过 90 mL。

3. 脱色 待溶液稍冷后加入半平药匙的活性炭(0.1 g 左右),搅拌后继续加热煮沸 3~5 min。不能在沸腾的溶液加入活性炭,以避免暴沸。加入量一般为待提纯物的 1‰~5‰。

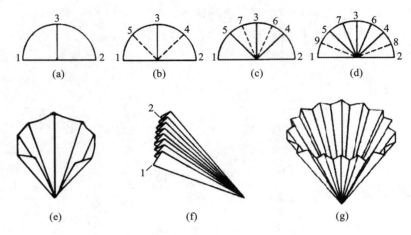

图 2-1 菊花滤纸的折叠

4. 热过滤 参照图 1-24(b)(31 页)安装好热过滤装置,并将以上溶液趁热过滤。将热滤漏斗固定在铁架台上,把已沸腾的水借助另一小漏斗从热滤漏斗入水口处加入其夹层中,放短颈玻璃漏斗到热滤漏斗中,再放入折好的菊花滤纸,用酒精灯加热热滤漏斗的侧管,然后趁热过滤,用少量热水洗涤。装置应事先准备好,以避免溶液冷却后晶体析出而造成损失。溶液应分批热过滤,每批适量,不可太少也不可太多。溶液的溶剂应是易燃或低沸点物质,否则在过滤的同时用酒精灯加热热滤漏斗,容易引发事故。

5. 冷却结晶 静置滤液,让其自然冷却至室温后,用冷水浸泡 5 min,以析出晶体。

6. 抽滤 用布氏漏斗抽滤,并用少量冷水洗涤。事先准备好抽滤装置(图 1-24(c))。布氏漏斗以橡皮塞固定在抽滤瓶上,布氏漏斗内放一张大小至少能盖住小孔的滤纸,并将其用水润湿,使其紧贴布氏漏斗底。漏斗的下端斜口正对着抽滤瓶的侧口。在装置密实的条件下,打开水龙头后,再将溶液分批转移至布氏漏斗中抽滤(每次溶液的量不超过布氏漏斗容积的 2/3)。用少量水清洗晶体 1~2 次,继续抽滤,直到获得较干燥的晶体。

7. 晾干,称重 取出晶体放置于滤纸上自然晾干后,称其质量 m_2,计算提纯率。

$$\text{提纯率} = \frac{m_2}{m_1} \times 100\%$$

 思考题

(1) 重结晶时,为什么需要加入活性炭?应如何加入?
(2) 重结晶的基本操作步骤有哪些?
(3) 重结晶过程中,如何减少晶体的损失?

 注意事项

(1) 热过滤前,应事先将漏斗充分预热。热过滤时操作要迅速,以防止由于温度下降使晶体在漏斗中析出。热过滤过程中,应保持溶液的温度,为此,将未过滤的部分继续保持着用小火加热,以防冷却。待所有的溶液过滤完毕后,用少量热水洗涤漏斗和滤纸。

(2) 热过滤后的滤液。如果出现絮状结晶,可以适当加热使其溶解,然后自然冷却,这样可以获得较好的结晶。

 知识链接

将欲提纯的固体物质在较高温度下溶于合适的溶剂中制成饱和溶液,趁热将不溶物质滤去,在较低温度下结晶析出,而可溶性杂质留在母液中,这一过程称为重结晶。

物质的溶解度一般随着温度的升高而增加。若某一晶体物质,在某一特定溶剂中的溶解度随着温度的升高而增大,则可在高温下,将含少量杂质的这一晶体物质溶解于这一特定的溶剂中,制成饱和溶液。如果含有有色物质可加入适量活性炭以吸附,趁热过滤溶液以去除高温下不可溶的杂质或有色物质。过滤后的溶液经冷却之后变为过饱和溶液,大多数被提纯物以晶体析出,而杂质数量少,它们大多数都仍存在于溶液中,用减压过滤的方法将晶体与溶液分开,以去除可溶性杂质。该方法适用于杂质含量在5%以下的晶体物质的纯化。

重结晶的一般过程:选择溶剂→溶解→脱色→热过滤→冷却结晶→抽滤→洗涤→晾干。

选择溶剂:选择溶剂时除了阅读以下内容外还可查阅相关书籍。

(1) 不与重结晶物质发生化学反应。

(2) 在高温时,重结晶物质在溶剂中的溶解度较大,而在低温时则较小。

(3) 杂质的溶解度可能很大(待重结晶物质析出时,杂质仍留在母液里)也可能很小(待重结晶物质溶解在热溶剂里,可借过滤除去杂质)。

(4) 容易和重结晶物质分离。

(5) 沸点必须低于重结晶物质的熔点。

(6) 能析出较好的晶体。

(7) 要适当考虑溶剂的毒性、易燃性、价格和溶剂回收等。

(黄丹云)

任务六 测定熔点

 任务目的

(1) 了解测定熔点的意义。

(2) 掌握提勒管(熔点测定管或b形管)测定熔点的方法。

(3) 练习毛细管测定熔点的操作。

实施步骤

一、实验准备

◆ 器材

表面皿、毛细管、酒精灯、烧杯、玻璃管、火柴、提勒管、铁架台、烧瓶夹、带侧槽的塞子、温度计、橡皮圈等。

◆ 试剂

苯甲酸、尿素、苯甲酸与尿素等量混合物、液体石蜡等。

二、实施过程

1. 毛细管封口与试漏 毛细管的一端封口。将毛细管的一端与火焰垂直的方向伸入火焰边沿处，边匀速捻动边加热，使毛细管受热均匀，当被封的端口熔融而合拢后，移离火焰（图 2-2）。封口应严密，无弯扭或结球。否则得另取一根毛细管封口。封好的毛细管需试漏，试漏的方法是将封口后稍放冷的毛细管封口端插入烧杯的水中，观察是否有水进入毛细管内（图 2-3）。若有水则表示没封严密。应重新取一根毛细管封口。每次测定使用的毛细管都必须是新封口的。不能重复使用同一根毛细管。

图 2-2　封毛细管手法

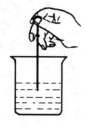
图 2-3　毛细管的试漏

2. 样品的填装 样品的填装，操作见图 2-4。将已研成粉末的待测物质放置于表面皿上，将毛细管开口端插入粉末中，使粉末进入毛细管，反复操作几次，待有一定量的样品进入管内后，使毛细管开口端朝上，让其从大玻管中自由滑落，使粉末进入毛细管封口底部。重复以上操作 7 次，直至有 2～3 mm 粉末紧密装于毛细管封口端底部。毛细管外壁若黏有样品粉末，则需用纸擦拭干净。同一样品填装三根毛细管以备用。

3. 仪器的安装（图 1-56）

（1）将温度计插入有侧槽的塞子里，温度计上的刻度面朝向塞子的侧槽外，以便观察温度。调节好温度计在熔点测定管中的深度，水银球部位在两侧管中间。从水银球端将橡皮圈套在温度计上。

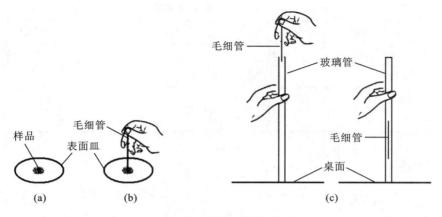

图 2-4　毛细管填装样品操作

(2) 向提勒管(又称为 b 形管或熔点测定管)中装入液体石蜡,使液面高度达到提勒管上侧管中心的位置。用铁夹夹持提勒管上侧管以上的部位,将其固定在铁架台上。

(3) 用橡皮圈将毛细管紧附在温度计上,样品部分应靠在温度计水银球的中部。

(4) 温度计水银球恰好在提勒管的两侧管中部。橡皮圈不能浸泡在液体石蜡液面下。

4. 测定熔点

(1) 粗测:以每分钟约 5 ℃的速度升温,当管内样品开始收缩、塌落、润湿后,记录出现第一滴小液滴时(始熔)和样品刚好全部变成澄清液体时(全熔)的温度,此读数为该化合物的熔程(图 2-5)。

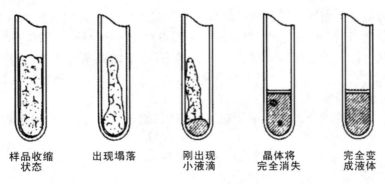

样品收缩　出现塌落　刚出现　晶体将　完全变
状态　　　　　　　　小液滴　完全消失　成液体

图 2-5　毛细管中样品的变化性况

(2) 待热浴的温度下降大约 30 ℃时,换一根样品管,再进行精确测定。

5. 精测　开始升温可稍快(每分钟上升约 10 ℃),待热浴温度离粗测熔点约 15 ℃时,改用小火加热(或将酒精灯稍微离开提勒管一些),使温度缓缓而均匀上升(每分钟上升 1～2 ℃)。当接近熔点时,加热速度要更慢,每分钟上升 0.2～0.3 ℃。

实验结果记录于表 2-3 中。

表 2-3　实验样品熔点测定结果

温度/℃ 样品	第一次测定		第二次测定	
	始熔	全熔	始熔	全熔
苯甲酸				
尿素				
尿素与苯甲酸等量混合物				

思考题

（1）加热速度的快慢对实验结果是否有影响，在什么情况下加热可快些？在什么情况下加热需要慢些？

（2）是否能用刚测定过熔点的物质进行第二次测定？为什么？

注意事项

（1）熔点测定管在使用前后，都不需用水清洗。

（2）待测样品一定要经充分干燥后再测定熔点。否则，含有水分的样品会导致其熔点降低、熔距变宽。另外，样品还应充分研细，装样要致密均匀，否则，样品颗粒间传热不均，也会使熔距变宽。

（3）导热介质的选择可根据待测物质的熔点而定。若熔点在 95 ℃ 以下，可以用水作导热液；若熔点在 95～220 ℃ 范围内，可选用液体石蜡；若熔点再高些，可用浓硫酸（250～270 ℃），但需注意安全。

（4）在向提勒管内注入导热液时液体不要过量。应考虑到导热液受热后，其体积会膨胀的因素。另外，用于固定熔点管的细橡皮圈不要浸入导热液中，以免溶胀脱落。

（5）样品经测定熔点冷却后又会转变为固态，由于结晶条件不同，会产生不同的晶型。同一化合物的不同晶型，它们的熔点常常不一样。因此，每次测定熔点都应该使用新装样品的提勒管。

（6）酒精灯在提勒管支管下端加热，使液体石蜡进行热循环，以保证温度计受热均匀。

知识链接

物质的熔点是指在大气压下、固态与液态同时存在时的温度，也就是固体物质熔化为液体时的温度。纯净的固体一般都有确定的熔点，当温度高于熔点时，物质全部转化为液体。当温度低于熔点时，物质转化为固体。当温度达到熔点时，从开始熔化到全部熔化的温度（熔程）一般不超过 0.5～1 ℃。所以测定熔点，观察与记录的是始熔与全熔的温度。若物质含有杂质，则熔点会下降，熔程会增大，所以测定熔点可用来鉴别物质与判定物质的纯净度。若熔点相同的两种物质，将两种物质等量混合后，若混合物的熔点与两种物质的熔点相同，则它们为同一物质。若混合物的熔点下降且熔程增大，则为不同种物质。

测定熔点的方法有毛细管熔点测定法和显微熔点测定法,一般实验室常用的是毛细管熔点测定法。毛细管熔点测定法是将毛细管中的少量被测物质粉末加热,观测它始熔至全熔时的温度范围。

(黄丹云)

任务七　测定沸点与常压蒸馏

任务目的

(1) 了解测定沸点的意义。
(2) 掌握常压蒸馏与常量法测定沸点的方法。
(3) 练习常压蒸馏与常量法测定沸点的操作。

实施步骤

一、实验准备

◆ 器材
蒸馏烧瓶、冷凝管、接液管、锥形瓶、量筒、温度计、电炉、水浴锅、烧瓶夹、铁架台、塞子、沸石、漏斗、橡皮管等。

◆ 试剂
无水乙醇等。

二、实施过程

1. 组装装置　组装普通蒸馏装置图,见图 2-6。
(1) 蒸馏部分:向水浴锅中加入相当于其容积 1/2～2/3 的水,将 3～4 粒沸石加入蒸馏烧瓶,用铁夹夹持烧瓶支管以上部位,并将其固定在铁架台上。将温度计插入烧瓶塞子,塞子塞入烧瓶中,调节温度计的高度,使水银球上沿与烧瓶支管下沿在同一水平线上。
(2) 冷凝部分:取两条橡皮管分别接上冷凝管的出、入水口,然后用铁夹夹持住离冷凝管出、入水口中间的位置,将其固定在铁架台上。入水口的橡皮管的另一端与水龙头连接,出水口的橡皮管的另一端放入排水池中。
(3) 接液部分:连接接液管与接收器。

2. 加样品　取下带温度计的烧瓶塞子,借用一漏斗,将 20 mL 无水乙醇样品加入到蒸馏烧瓶中(图2-7)。塞紧带温度计的塞子。检查整套装置的气密性后,打开水龙头向冷凝管通水,使水充满冷凝管,而且呈循环状态。

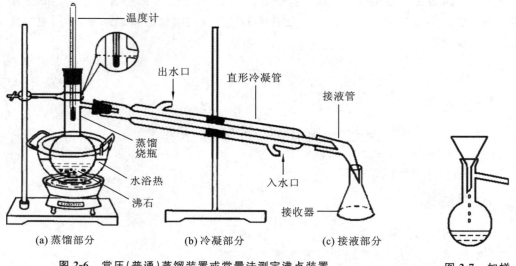

图 2-6　常压(普通)蒸馏装置或常量法测定沸点装置　　图 2-7　加样

3. 加热以测定　插上电源，以水浴加热样品。沸腾后，控制蒸馏速度，以每秒 1~2 滴为宜(可通过间隔断电法控制)。

当接液管流出第一滴溶液后，观察温度，若温度停滞不上升，此时的温度便是样品开始沸腾的温度。若温度继续上升，则流出第一滴溶液的温度并非为样品的始沸温度，仍需继续观察直至温度稳定。待温度稳定后的温度值便是样品的始沸温度，记录 $T_{始沸}$。换上另一洁净而干燥的锥形瓶收集馏液，在没有溶液滴出或维持加热速度的情况下温度突然下降，则应记录温度下降前或流出最后一滴溶液时的温度 $T_{终沸}$ (终沸温度)，并停止加热，注意不能蒸干。

用量筒测量馏出液的体积。

4. 拆除装置　测定完毕，先停电，后断水。拆卸仪器的程序和装配时相反，即取下接收器→接液管→冷凝管→蒸馏烧瓶。

 实验结果

将实验结果记录于表 2-4 中。

表 2-4　测定沸点与常压蒸馏实验结果

样品	沸程/℃		体积/mL	
	始沸	终沸	蒸馏前体积	蒸馏后体积
乙醇溶液				
差值				

 思考题

(1) 蒸馏装置中，温度计水银球的位置有何要求？为什么？

(2)通入冷凝管中的冷却水从上而下,冷却效果如何?

 注意事项

(1)实验装置包括蒸馏部分、冷凝部分、接液部分。应根据水龙头、电源插座的位置,合理布局装置,使蒸馏部分临近电源插座而远离水龙头,冷凝部分临近水龙头而远离电源插座。安装时横向顺序是蒸馏部分→冷凝部分→接液部分。纵向顺序是从下到上。安装好的装置无论从正面还是侧面看应都在同一平面上,所有铁架与铁夹都处在玻璃仪器后面。

(2)溶解在液体内部的空气或以薄膜形式吸附在瓶壁上的空气有助于气泡的形成,玻璃的粗糙面也起促进作用。这种气泡中心称为汽化中心。在沸点时,液体释放出的蒸气进入小气泡中。待气泡中的总压力增加到超过大气压,并足够克服由于液体所产生的压力时,蒸气的气泡就上升逸出液面。如果在液体中有许多小的空气泡或其他的汽化中心时,液体就可平稳地沸腾。反之,如果液体中几乎不存在空气,器壁光滑、洁净,形成气泡就非常困难,在这一情况下加热,有可能液体的温度上升到超过沸点后仍不沸腾,这种现象称为"过热"。液体在此时的蒸气压已远远超过大气压和液柱压力之和,因此上升气泡增大非常快,甚至将液体冲出瓶外,称为"暴沸"。为了避免"暴沸",应在加热之前,加入沸石、瓷片等助沸物,以形成汽化中心,使沸腾平稳。但应当注意,在任何情况下,不可将助沸物在液体接近沸腾时加入,以免发生"冲料"或"喷料"现象。正确的操作方法是在稍冷后加入。另外,在沸腾过程中,中途停止操作,应当重新加入助沸物,因为一旦停止操作后,温度下降时,助沸物吸附液体,已失去形成汽化中心的功能。

(3)加热后注意观察蒸馏烧瓶中的现象和温度计读数的变化。当液体开始沸腾,蒸气前沿逐渐上升到温度计时,温度计读数急剧上升。这时应适当调小火焰,使温度略为下降,让水银球上的液滴和蒸气达到平衡,然后稍微加大火焰进行蒸馏。调节火焰,控制馏出的液滴,以每秒1~2滴为宜。不能蒸干烧瓶中的液体。

 知识链接

在大气压下,液体受热达到沸点后便蒸发为气体,然后将蒸发的气体冷却凝结为液体,这一过程称为蒸馏。各种纯液体物质都有确定的沸点,利用蒸馏可将沸点相差30 ℃以上的液态混合物分开。蒸馏这类混合液体时,沸点较低的先蒸出,沸点较高的随后蒸出,不挥发的留在蒸馏器内,从而可达到分离和提纯的目的。蒸馏操作就是利用不同物质的沸点存在差异而对液态混合物进行分离和纯化。

纯液态物质一般都有确定的沸点。温度达到沸点时,从开始汽化到全部汽化的温度(沸程)一般不超过0.5~1 ℃。但不同的液体物质混合物的沸程一般会增大。所以常压蒸馏还可用于初步鉴定物质与判断物质的纯度。

具有确定沸点的液体并非都是纯化合物,有些化合物相互之间可以形成二元或三元共沸混合物,而共沸混合物不能通过蒸馏操作进行分离。

用常压(普通)蒸馏法测定物质沸点的方法称为常量法,这种方法需消耗10 mL以上待测溶液,若样品量少于 10 mL 时,可采用微量法测定。

(黄丹云)

任务八　测定葡萄糖溶液的旋光度

任务目的

(1) 了解旋光仪的构造。
(2) 掌握旋光仪的使用方法。
(3) 学习通过测定旋光度计算比旋光度和确定浓度的方法。

实施步骤

一、实验准备

◆ 器材

自动旋光仪、分析天平、烧杯(100 mL)、玻璃棒、容量瓶(100 mL)、100 ℃温度计等。

◆ 试剂

葡萄糖晶体、葡萄糖溶液、蒸馏水等。

二、实施过程

1. 开机　打开电源开关,使光源灯启亮,预热 5 min,待发光稳定后。打开光源开关,将钠光灯点亮。打开测量开关,这时数码管应有数字显示。

2. 校正旋光仪零点　清洗干净旋光仪的测定管,装上蒸馏水,使液面凸出管口,管中若有气泡,应先让气泡浮在凸颈处,管内不能有空隙,否则会影响测定结果。拧上螺丝帽盖,使之不漏水,但帽盖也不能拧得太紧,以免产生应力,而影响测定结果。擦干测定管,将其放入旋光仪内,盖好盖子。待读数稳定后,按清零按钮调零。按下复测开关,使读数盘仍回到零处。重复操作三次。

3. 配制葡萄糖溶液　用分析天平称取 10.000 g(±0.003 g)葡萄糖晶体置于 100 mL 烧杯中,加入适量蒸馏水溶解,定量转移到 100 mL 容量瓶中,稀释到标线,混合均匀,备用。

4. 测定已知浓度的葡萄糖溶液的旋光度　将样品管取出,倒掉空白溶剂,用已知准确浓度的葡萄糖溶液冲洗 2~3 次后,将溶液装入样品管,按相同的位置和方向放入样品室内,盖好箱盖。仪器数显窗显示的数值即为该样品的旋光度。每隔 2 min 测定 1 次旋光度,观察葡萄糖溶液的变旋现象,读取其稳定的读数。重复操作 5 次,5 次稳定读数的平均值与零点的差值即是葡萄糖溶液的旋光度,再根据测量时的温度、测定管的长度,按公式计算出比旋光度。

5．测定未知浓度的葡萄糖溶液的旋光度　依次用蒸馏水、待测葡萄糖溶液清洗测定管 2～3 次后,与上法相同测定旋光度,根据测定的数值算出比旋光度,代入公式,便可计算出溶液的浓度。

6．关机　仪器使用完毕后,应依次关闭测量光源和电源开关。

思考题

(1) 旋光度与比旋光度有什么关系?
(2) 测定物质的旋光度有何意义?

注意事项

(1) 盛装样品的管使用后要及时清洗,抹干。
(2) 每次使用仪器不宜太长时间,一般不超过 4 h,以保护灯源。

（黄丹云）

任务九　水蒸气蒸馏

任务目的

(1) 了解水蒸气蒸馏的原理与应用。
(2) 掌握水蒸气蒸馏装置的组装。
(3) 练习水蒸气蒸馏操作。

实施步骤

一、实验准备

◆ 器材

水蒸气发生器、圆底烧瓶(500 mL)、冷凝管、接液管、接收器、导管、塞子、玻璃管、量筒、电炉、烧瓶夹、铁架台、沸石等。

◆ 试剂

苯胺、水等。

二、实施过程

水蒸气蒸馏的装置包括:①水蒸气发生器部分;②蒸馏部分;③冷凝部分;④接液部分(图 2-8)。按以上的顺序安装。

(1) 先在水蒸气发生器内放置几粒沸石,发生器中的水保持在容积的 1/2~2/3,并应配一根长度接近底部的安全玻璃管以释放积聚的压力。

(2) 向圆底烧瓶内加入 15 mL 苯胺与水的混合溶液。水蒸气导管进入液面以下并接近圆底烧瓶的底部。

(3) 将两条橡皮管分别与冷凝管的出、入水口相接,用铁夹夹持住冷凝管出、入水管的中间位置,并将其固定在铁架台上。入水口橡皮管的另一端与水龙头连接,出水口的橡皮管的另一端放入排水池中。

(4) 检查各部分是否连接密实,接上接液管与接收器。通水后,开始加热。

(5) 蒸馏至馏出液为澄清透明后,便可断开通入圆底烧瓶中的水蒸气导入管,最后关闭电源、关闭水源以结束蒸馏。

(6) 拆卸仪器,程序和装配时相反。

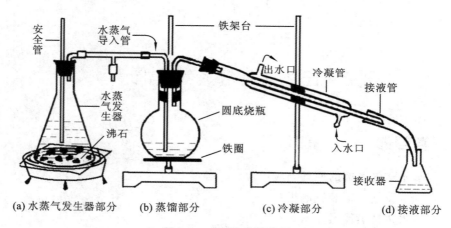

图 2-8 水蒸气蒸馏装置

思考题

(1) 水蒸气蒸馏装置中,水蒸气导入管的末端为什么要插入到接近容器底部?
(2) 水蒸气蒸馏进行完毕或中途发生事故时应如何操作?

注意事项

(1) 圆底烧瓶内的溶液不超过其容积的 1/3。

(2) 实验若需中途断开或在结束实验前,需先将 T 形管的夹子放开,使容器与大气相通,然后才关闭电源,以免圆底烧瓶的溶液倒吸入水蒸气发生器中。

(3) 水蒸气导入管进入圆底烧瓶的深度是尽量接近底部,但不能与底部接触,使水蒸气与溶液充分接触,并起到搅拌作用,以提高蒸馏效率。

(4) 水蒸气发生器与圆底烧瓶之间的蒸气导管应尽可能短,以减少水蒸气的冷凝。

 知识链接

不溶于水的有机化合物与水的混合物的蒸气压 $P_总 = P_水 + P_{有机}$,当混合物的蒸气压等于大气压时,混合物便沸腾,水与有机物一同被汽化为气体。蒸气压随着温度的升高而增大,纯净水沸腾时的温度为 100 ℃。因为 $P_总 > P_水$,且 $P_总 > P_{有机}$,混合物沸腾时的温度比任何一组分单独受热沸腾时需要的温度低。所以不溶于水的有机物与水形成的混合物体系中,有机物可在低于其自身沸点以及在 100 ℃ 以下被蒸馏出来。这一蒸馏有机物的方法就是水蒸气蒸馏。蒸出的有机物与水的混合物可较容易用其他方法进一步分离。

水蒸气蒸馏的操作是在难溶或不溶于水的有机物中通入水蒸气或与水一起共热,从而将水与有机物一起蒸出。它是提纯、分离与水不相溶并有一定挥发性的有机化合物的常用方法。这种方法要求被分离的有机化合物具备下列条件:①不溶或难溶于水;②与水共沸时不发生化学反应;③在 100 ℃ 左右具有一定的蒸气压,通常蒸气压不小于 1.33 kPa。

水蒸气蒸馏法常用于以下几种情况的有机化合物的分离与纯化:

(1) 常压蒸馏时,温度达 100 ℃ 以上易发生分解的高沸点物质;

(2) 含大量树脂状杂质或不挥发性杂质,而且用萃取或普通蒸馏或重结晶等方法都不能较好地进行分离的混合物分离;

(3) 从大量固体混合物中分离出不吸附的液体。

(黄丹云)

任务十 萃 取

 任务目的

(1) 了解萃取的原理与适用范围。
(2) 掌握分液漏斗的使用。
(3) 练习萃取的操作方法。

 实施步骤

一、实验准备

◆ 器材

量筒(20 mL、10 mL)、分液漏斗、烧杯、锥形瓶等。

◆ 试剂

0.01 mol/L 碘水溶液、石油醚、凡士林等。

二、实施过程

1. 选择、洗涤分液漏斗 选取容积适宜的分液漏斗,检查其完好性及密合性,旋开下口塞时,溶液流出是否顺畅,然后清洗。

(1) 刚使用过的分液漏斗,先检查,后洗涤。在关闭下口活塞的情况下,向分液漏斗注入 2/3 容积的水,静置 1 min,若活塞无水渗出,则将活塞旋转 180°,再放置 1 min 后,仍无水渗漏,则可确定下口不漏水。塞紧上口活塞,倒置分液漏斗 1 min 后,无水渗出表明上口不漏水。①若下口漏水,则应拔出玻璃活塞,用纸将其擦拭干净,再清洗干净活塞孔道。在小孔两端涂抹适量的凡士林(量多易堵塞,量少易漏水)。把活塞插入活塞套中,向同一方向旋转活塞,使凡士林能均匀地分布。用一橡皮圈将旋塞固定在漏斗上,然后按上法再次检漏。②若上口漏水,应检查塞子是否旋紧,否则得另换一个分液漏斗。检查完好的分液漏斗用自来水荡洗 2～3 次。

(2) 第一次使用或长时间没使用的分液漏斗,应先涂抹凡士林,检查,最后清洗。

2. 取液 关闭下口的旋塞,分别用量筒量取 20 mL 0.01 mol/L 碘水溶液、10 mL 石油醚,依次将它们从分液漏斗的上口倒入漏斗。塞紧上口活塞。

3. 振摇 相关装置请参见图 1-39(41 页)。用左手握住分液漏斗上口,用食指和中指夹住或用掌心顶住玻璃塞(小体积分液漏斗,可用食指摁住玻璃塞),右手握住分液漏斗下端的活塞部位,大拇指、食指按住处于上方的活塞把手,漏斗颈向上倾斜 30～40°,将漏斗由外向里或由里向外旋转振摇 3～5 次,漏斗尾部向上倾斜并打开活塞,以排出因振荡而产生的气体(不要向着人排气)。振荡、放气操作重复数次。

4. 静置分液 相关装置请参见图 1-39。将分液漏斗放置于铁架台上,静置至两层液面的界线清晰后,分液漏斗下端靠贴在接收器内壁上,取下上口活塞,使分液漏斗与大气连通,缓慢旋开下旋塞,放出下层液,直到两液面交界处刚降到活塞孔的中心以下部位时,关闭下口旋塞(放液应先快后慢,当界面临近活塞时,关闭活塞,稍加振摇,使黏附在漏斗壁上的液体下沉。静置片刻,放出下层液)。上层液从上口倒入另一锥形瓶中并塞紧锥形瓶塞子。将下层的水倒入漏斗中,加入 10 mL 石油醚进行第二次萃取,共萃取 3 次。合并三次萃取所得的上层液(碘石油醚溶液)。回收萃取所得有机相溶液,弃萃取后的碘水溶液。

思考题

(1) 相同体积的萃取剂,一次进行萃取与多次进行萃取,哪种方法效率高?为什么?

(2) 使用分液漏斗进行萃取操作,应注意什么事项?

注意事项

(1) 在下口活塞关闭的情况下,加入溶液。

(2) 在塞紧上口活塞、下口旋塞关闭的情况下,振摇。振摇过程中不时排气,以平衡内、外压力。

(3) 两液层完全分离后,进行分液。分液前取下上口活塞。下层液从下口放出,上层液由上口倒出。不能手持分液漏斗进行分液操作。

(4) 最后一次萃取,不能带进半滴水。

(5) 无论是萃取或是洗涤,上、下层液体都要保留至实验结束,否则,一旦出现操作中的失误,就无法补救。

 知识链接

萃取与洗涤是利用同一种物质在两种互不相溶(或微溶)的溶剂中具有不同溶解度这一性质,将其从一种溶剂转移到另一种溶剂中,从而达到分离或提纯的目的。利用这一方法将物质从固体或液体混合物中提取出来的操作称为萃取或抽提,而用这一方法洗去混合物中少量杂质的操作称为洗涤。

在相同萃取剂的条件下,分几次萃取比一次萃取的效率要高,萃取的次数在3~5次。要有较理想的萃取效果,一般都以3次为宜。

(黄丹云)

任务十一　升　华

 任务目的

(1) 了解升华的原理。
(2) 掌握升华的应用。
(3) 练习升华的操作方法。

 实施步骤

一、实验准备

◆ 器材

漏斗、蒸发皿(直径略大于漏斗直径)、温度计、托盘天平、药匙、称量纸、电炉、砂子、滤纸、棉花等。

◆ 试剂

含有杂质的碘、樟脑或蒽醌等。

二、实施过程

1. 组装装置　将少许棉花放入一漏斗的颈口。取一稍大于漏斗横截面面积的滤

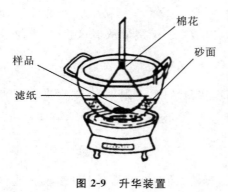

图 2-9 升华装置

纸在其上戳出若干个小孔。用一铜锅盛装适量的砂子,向砂子中放入蒸发皿,使砂面略低于蒸发皿边沿,蒸发皿不触碰到锅底。用托盘天平称取 2 g 的样品,放入砂中的蒸发皿,用有孔的滤纸将漏斗锥形口覆盖(孔刺面向着漏斗),把漏斗倒扣在蒸发皿上(图2-9)。

2. 加热 接通电源,开始加热,有升华性质的物质慢慢汽化,上升的蒸气透过滤纸小孔遇到漏斗壁被凝结为固体,滤纸面上也会现出部分结晶。直到见不到有气体物质上升时,便可将蒸发皿取出,自然冷却片刻,取下漏斗与滤纸。

3. 收集晶体并称量 用一干净的小刀将漏斗与滤纸上的晶体小心刮落并收集起来,称量升华所得晶体的质量,并算出提纯率。

思考题

(1) 升华提纯的物质应具备哪些条件?
(2) 为什么升华提纯所得的物质的纯度较高?

注意事项

(1) 在蒸发皿上覆盖一层布满小孔的滤纸,是为了在蒸发皿上方形成温差层,使逸出的蒸气容易凝结在玻璃漏斗壁上,而提高物质升华的收率。必要时,可在玻璃漏斗外壁上敷上冷湿布,以助冷凝。滤纸也可防止凝结在漏斗上的晶体落回蒸发皿中。

(2) 砂浴或油浴加热法相对于直接明火加热可获得较好的实验效果。温度最好控制在不高于有气体逸出时的温度。若温度过高,可能会使其他物质一同汽化,从而降低分离提纯的效果。

知识链接

低于熔点以下的温度时,蒸气压大于 20 mmHg 的固体物质,具有升华性质。固体物质被加热,不经过液态而直接汽化,蒸气受到冷却又直接冷凝成固体,这一过程称为升华。利用升华可除去不挥发性杂质或分离不同挥发度的固体混合物,升华的产品具有较高的纯度,但操作时间长,损失较大,因此在实验室里一般用于较少量(1~2 g)化合物的提纯,而且特别适用于易潮解物质的纯化。

(黄丹云)

任务十二　离心分离法分离血浆球蛋白和清蛋白

任务目的

（1）掌握离心技术的原理。
（2）掌握规范使用离心机的方法。

实施步骤

一、实验准备

◆ 器材

普通台式离心机、托盘天平、离心管、刻度吸管、试管架、滴管、玻璃棒、烧杯、透析袋等。

◆ 试剂

血浆或血清、硫酸铵、生理盐水、饱和硫酸铵溶液等。

饱和硫酸铵溶液的配制：将蒸馏水加热至 50 ℃左右，边搅拌边加入硫酸铵粉末，直至不再溶解为止，将溶液降至室温，应有少量硫酸铵结晶析出。用时取上清液。

二、实施过程

1. 盐析　吸取血浆或血清 5 mL，加入离心管，边搅拌边加入饱和硫酸铵溶液 5 mL，搅拌均匀，静置 10 min。

2. 平衡　将离心管放入管套中，另取一支空离心管，放入另一管套中，将两支有管套的离心管分别放于托盘天平的两盘上，向空离心管中加入蒸馏水，直至两边等重。

3. 离心　将两支套有管套的离心管置于离心机转子的对角线上，将其余空管套全部取出，锁紧离心机上盖，接通离心机电源，调节调速器，逐渐增加转速至 2000 r/min，离心 10 min。调节调速器，逐渐减慢转速，断开离心机电源，待自然停止后取出离心管。

4. 转移　用滴管将上清液全部转移至另一离心管中。沉淀即为球蛋白。

5. 盐析　向上清液边搅拌边加入硫酸铵粉末，至不能再溶解为止，静置 10 min。

6. 离心　方法同 3。离心后弃去上清液，沉淀即为清蛋白。

7. 透析　向球蛋白沉淀和清蛋白沉淀中各加入蒸馏水 1 mL，用玻璃棒搅匀，分别置于透析袋中对蒸馏水透析除盐，最后得球蛋白和清蛋白溶液。

8. 检查　观察离心管中沉淀的情况，并用双缩脲试剂定性检查蛋白质。

思考题

（1）离心管在离心前为什么需要平衡？
（2）透析除盐的原理是什么？

注意事项

(1) 避免强力搅拌或振摇,防止产生过多泡沫。
(2) 离心前的质量平衡要将离心管套上管套后一起平衡。
(3) 要将平衡好的两支离心管连同管套置于离心机转子的对角线位置。
(4) 离心时应逐渐加速或减速,在转子尚未停止前,不得打开离心机盖。
(5) 离心时如发生离心管破碎,应迅速关机,以免损坏离心机轴。

知识链接

离心是常用的分离、纯化或澄清的方法。其原理是样品中不同颗粒的质量、密度、大小及形状等彼此各不相同,在同一固定大小的离心场中沉降速率也就不相同,由此便可以得到不同物质间的相互分离。

蛋白质分离的一种常用方法是分段盐析,由于不同的蛋白质其溶解度与等电点不同,沉淀时所需的 pH 值与离子强度也不相同,改变盐的浓度与溶液的 pH 值,可将混合液中的蛋白质分批盐析开来,这种分离蛋白质的方法称为分段盐析法。

本实验离心分离血浆球蛋白和清蛋白的机制为:球蛋白能被 50% 饱和度的硫酸铵溶液沉淀;清蛋白不能被饱和度为 50% 的硫酸铵溶液沉淀,需要更浓的硫酸铵才能被沉淀。因此待分离的血浆样品可先在 50% 左右饱和度的硫酸铵溶液中沉淀出球蛋白,用离心机分离出沉淀物球蛋白;其剩余血浆部分则先用饱和的硫酸铵沉淀出清蛋白,再用离心机分离出沉淀物清蛋白。

(尹　文)

任务十三　电子分析天平的称量练习

任务目的

(1) 掌握固定称量法、直接称量法和递减称量法的操作方法。
(2) 掌握正确使用电子分析天平的方法。
(3) 了解电子分析天平的基本结构及各部件的作用。

实施步骤

一、实验准备

◆ 器材

托盘天平、电子分析天平、表面皿、称量瓶、锥形瓶、药匙、纸条(手套)、纸片、擦拭纸等。

◆ 试剂

分析纯 $Ca(OH)_2$ 等。

二、实施过程

1. 用托盘天平称取 0.7 g $Ca(OH)_2$

（1）观察所使用的托盘天平结构,说出各部件的名称和作用,清楚其最大载重量与标尺的分度值。

（2）称取一洁净而干燥的称量瓶质量。擦净两盘,分放于托盘架上调节好天平的零点,用滤纸条从干燥器中取出称量瓶,将其放在托盘天平的左盘中央,称出其质量并记录 $m_{空瓶}$。

（3）质量的调整,在托盘天平右盘上增加质量 0.7 g,即右盘总质量为 $m_{空瓶}+0.7$ g。

（4）借助纸条、纸片,打开瓶盖,将称量瓶和瓶盖一起放在托盘上,用药匙以抖落的方式将 $Ca(OH)_2$ 加入到称量瓶中,注意不要让药品落到称量瓶以外的托盘上,直至质量为 0.7 g 左右。记录称量结果 $m_{空瓶}+m_{氢氧化钙}$。取出药品,清洁并还原天平。保留称取的药品,供给下面的称量练习使用。

2. 利用电子分析天平称取 3 份 $Ca(OH)_2$,每份在 0.2 g 左右

（1）取下电子分析天平罩折叠好,整齐地放在天平箱体后。观察电子分析天平的结构,说出各部件的名称和作用,清楚电子分析天平的最大载重量 m_{max} 与最小示值 d。

（2）用递减称量法称取固体 $Ca(OH)_2$ 样品 3 份,每份为 0.2 g 左右。

① 清洁天平,观察并调节至水平,开机预热。

② 将预热好的电子分析天平,按"开"或"ON"键,天平进入自检,待天平显示 0.0000 g 后,打开天平侧门,利用纸条夹持之前用托盘天平称得的装有 $Ca(OH)_2$ 的称量瓶,将其放入电子分析天平盘的中心,关闭天平门,待显示屏的数字稳定后,按 TAR(去皮或清零)键以清零。

③ 打开天平门,左手借助纸条取出称量瓶,在接收器(常用锥形瓶或烧杯)的上方,右手用纸片夹住称量瓶的盖柄以打开瓶盖。倾斜瓶身,用瓶盖轻击瓶口使样品缓缓落入接收器中。估计样品接近所需量 0.2 g(约三分之一)时,将瓶身缓缓竖直,用瓶盖向瓶内轻刮瓶口(或轻敲瓶身)使黏于瓶口的样品落入瓶中或接收器中,盖好瓶盖。将称量瓶放入电子分析天平,显示的质量减少量即为敲击出的样品质量。若没达到所需的质量,则重复以上操作,至所需的质量范围,记录最终的质量,依法称取样品 3 份,$m_{样品1}$、$m_{样品2}$、$m_{样品3}$。

④ 若敲击出药品的质量多于所需的质量(超出 0.2 g 较多),则需重称,已敲击出的样品不能收回。

⑤ 称量结束后,取出称量瓶,待显示稳定后,按 OFF 键关闭天平,清洁并还原天平。

（3）用固定称量法称取 0.15 g $Ca(OH)_2$ 样品一份。

① 借助纸片将表面皿置于天平盘中央,关闭天平门,待电子分析天平稳定后按 TAR 键清零,待天平显示 0.0000 g 后,用药匙以抖落的方式向表面皿中加入 $Ca(OH)_2$,直到所需范围(0.1498～0.1502 g)后,关闭天平门,读取最终的准确数值并记录 $m_{样品}$。

② 称量结束后,取出表面皿,清洁电子分析天平,按 OFF 键关闭天平,并将天平还原。在天平的使用记录本上做好登记。

 思考题

(1) 称量的方法有哪几种?固定称量法和递减称量法各有何特点?两种方法的适用条件是什么?

(2) 递减称量法是否能用药匙取样?为什么?

(3) 此次实验用的电子分析天平,记录的数据可准确至几位?

 注意事项

(1) 递减称量法,称量范围一般控制相对误差在±10%以内。

(2) 称量过程中,被称物品不能被污染。

 知识链接

(一) 方法原理

(1) 托盘天平的称量原理是杠杆原理。

(2) 电子分析天平是根据电磁力平衡原理进行称量的。

(3) 递减称量法称取样品质量的原理是 $m_{样品}=m_1-m_2$。

(二) 天平的使用方法

1. 托盘天平的使用 第一篇中的介绍(21 页)。

2. 电子分析天平的使用 第一篇中的介绍(22 页)。

(三) 称量方法

1. 直接称量法 直接将称量物放在天平盘上以称出物体的质量。例如,称量小烧杯的质量,容量器皿校正中称量某容量瓶的质量,重量分析实验中称量某坩埚的质量等,都使用这种称量法。

2. 固定称量法(增量称量法) 此法又称增量法,此法用于称量某一固定质量的试剂(如基准物质)或试样。这种称量操作的速度很慢,适于称量不易吸潮、在空气中能稳定存在的粉末状或小颗粒(最小颗粒应小于 0.1 mg,以便容易调节其质量)样品。

固定称量法如图 2-10 所示。注意:若加入的试剂超过指定质量,应先关闭天平,然后用牛角匙取出多余试剂。重复上述操作,直至试剂质量符合指定要求为止。严格要求时,取出的多余试剂应弃去,不要放回原试剂瓶中。操作时不能将试剂散落于天平盘等容器以外的地方,称好的试剂必须定量地由表面皿等容器直接转入接收器,此即所谓"定量转移"。

3. 递减称量法 递减称量法(图 2-11)又称减量法,此法用于称量一定质量范围的样品或试剂。在称量过程中样品易吸水、易氧化或易与 CO_2 等反应时,可选此法。由于称取试样的质量是由两次称量之差求得,故也称差减法。

称量步骤如下:从干燥器中用纸条夹住称量瓶后取出称量瓶(注意:不要让手指直接触

图 2-10　固定称量法

图 2-11　递减称量法

及称量瓶和瓶盖),用纸片夹住称量瓶盖柄,打开瓶盖,用牛角匙加入适量样品(一般为称一份样品量的整数倍),盖上瓶盖。称出称量瓶加样品后的准确质量。将称量瓶从天平上取出,在接收器的上方倾斜瓶身,用称量瓶瓶盖轻敲瓶口上部使样品慢慢落入容器中,瓶盖始终不要离开接收器上方。当倾出的样品接近所需质量(可从体积上估计或试重得知)时,一边继续用瓶盖轻敲瓶口,一边逐渐将瓶身竖直,使黏在瓶口上的试样落回称量瓶,然后盖好瓶盖,准确称其质量。两次质量之差,即为样品的质量。按上述方法连续递减,可称量多份样品。有时一次很难得到符合质量范围要求的样品,可重复上述称量操作 1~2 次。

（黄 丹 云）

任务十四　滴 定 练 习

任务目的

(1) 熟悉常用的滴定分析仪器的洗涤与使用。
(2) 掌握滴定操作。
(3) 初步掌握利用甲基橙、酚酞判断滴定终点的方法。

实施步骤

一、实验准备

◆ 器材

酸式滴定管(50 mL)、碱式滴定管(50 mL)、移液管(20 mL)、锥形瓶(250 mL)、量筒(20 mL)、洗耳球、烧杯、洗瓶、铁架台、滴定管夹等。

◆ 试剂

洗涤液、0.1 mol/L HCl 溶液、0.1 mol/L NaOH 溶液、10 g/L 酚酞指示剂、1 g/L 甲基橙指示剂、蒸馏水等。

二、实施过程

1. 滴定前的准备

(1) 检查 50 mL 酸式滴定管(简称酸管)、碱式滴定管(简称碱管)各 1 支,然后进行试漏,若有问题,相应做出处理。

(2) 洗涤以上 2 支滴定管,3 个 250 mL 锥形瓶,1 支 20 mL 移液管。

(3) 向酸管中注入 0.1 mol/L HCl 溶液,排气泡,调零。向碱管中注入 0.1 mol/L 的 NaOH 溶液,排气泡,调零。

2. 0.1 mol/L NaOH 溶液与 0.1 mol/L HCl 溶液相互滴定

(1) 用移液管准确移取 0.1 mol/L NaOH 溶液 20.00 mL 到锥形瓶中,向锥形瓶中加 20 mL 蒸馏水,1 滴 1 g/L 甲基橙指示剂,用 0.1 mol/L HCl 溶液滴定 NaOH 至终点(出现橙色,半分钟内不褪色),等 1~2 min 后记下消耗的 V_{HCl},平行滴定 3 次,记于表 2-5 中,并计算出 V_{HCl}/V_{NaOH}。

表 2-5 HCl 滴定 NaOH 实验记录

记 录 项 目	I	II	III
V_{NaOH}/mL			
V_{HCl}/mL			
V_{HCl}/V_{NaOH}			
平均 V_{HCl}/V_{NaOH}			
平均偏差 $\bar{d}$			
相对平均偏差 $R_{\bar{d}}$			

(2) 从酸管中放出 0.1 mol/L HCl 溶液 20.00 mL 到锥形瓶中,向锥形瓶中加入 20 mL 蒸馏水,1 滴 10 g/L 酚酞指示剂,用 0.1 mol/L NaOH 溶液滴定 HCl 至终点(出现浅红色,半分钟内不褪色),等 1~2 min 后,记下消耗的 V_{NaOH},平行滴定 3 次,记于表 2-6 中,并计算出 V_{HCl}/V_{NaOH}。

表 2-6 NaOH 滴定 HCl 实验记录

记 录 项 目	I	II	III
V_{HCl}/mL			
V_{NaOH}/mL			
V_{HCl}/V_{NaOH}			
平均 V_{HCl}/V_{NaOH}			
平均偏差 $\bar{d}$			
相对平均偏差 $R_{\bar{d}}$			

思考题

(1) 如果酸式滴定管出现凡士林堵塞管口的情况,应如何处理?

(2) 在滴定开始前和停止后,滴定管尖嘴外留有的液体各应如何处理?

(3) 若碱液滴定酸液用甲基橙作指示剂,则滴定终点应如何确定?

 注意事项

(1) 滴定分析所用的玻璃仪器必须洗涤干净。洗净的仪器,内壁应均匀被水湿润而不挂水珠。可以根据仪器沾污程度,酌情选用洗涤剂进行清洗。洗涤程序一般如下:①用自来水冲洗后,再经蒸馏水荡洗;②如有自来水洗不干净的污物,先用洗涤剂洗,再依次用自来水、蒸馏水洗;③如有洗涤剂洗不干净的污物,可用洗液洗,再经自来水、蒸馏水洗涤。

(2) 在正式滴定前,可先练习控制液滴流出的速度。

(3) 使用碱式滴定管时,挤压胶管用力方向要平,以避免玻璃珠上下移动。

 知识链接

$$HCl + NaOH = NaCl + H_2O$$

在某一确定指示剂的情况下,一定浓度的 HCl 溶液和 NaOH 溶液相互滴定时,所消耗的体积之比(V_{HCl}/V_{NaOH})应是一定的,改变被滴定溶液的体积,此体积之比应基本不变。因此,可以从 V_{HCl}/V_{NaOH} 检验滴定操作技术和判断终点的能力。

酸滴碱,以甲基橙指示剂,"终点前—终点—终点后"的颜色为"黄色—橙色—红色"。

碱滴酸,以酚酞为指示剂,"终点前—终点—终点后"的颜色为"无色—浅红色—红色"。

(黄丹云)

第三篇

基础化学常用经典实验

任务一　溶胶的制备及其性质

任务目的

（1）掌握溶胶的制备方法。
（2）验证溶胶的光学性质和电学性质。
（3）熟悉溶胶的聚沉和高分子化合物溶液对溶胶的保护作用。

实施步骤

一、实验准备

◆ 器材

石棉网、电炉、量筒、小烧杯、玻璃棒、锥形瓶、酸式滴定管、胶头滴管、试管、激光笔或手电筒、U形管、石墨电极、直流电源（带稳压器）等。

◆ 试剂

0.2 mol/L $FeCl_3$ 溶液、0.01 mol/L KI 溶液、0.01 mol/L $AgNO_3$ 溶液、0.01 mol/L KNO_3 溶液、0.2 mol/L NaCl 溶液、0.2 mol/L Na_2SO_4 溶液、0.2 mol/L Na_3PO_4 溶液、0.1 mol/L NaCl 溶液、0.1 mol/L $BaCl_2$ 溶液、0.1 mol/L $AlCl_3$ 溶液、1% 白明胶（质量分数）等。

二、实施过程

1. 溶胶的制备

（1）$Fe(OH)_3$ 溶胶：将 50 mL 蒸馏水盛于小烧杯中煮沸，然后边搅拌边慢慢逐滴加 4 mL 0.2 mol/L $FeCl_3$ 溶液。滴完后继续搅拌 1 min，即生成 $Fe(OH)_3$ 溶胶。

（2）AgI 溶胶：在锥形瓶中加入 30 mL 0.01 mol/L KI 溶液，然后用滴定管将 0.01 mol/L $AgNO_3$ 溶液 20 mL 慢慢地滴加于锥形瓶中，即制得 AgI 负溶胶（A）。

按同样方法将 10 mL 0.01 mol/L KI 溶液慢慢地滴入 15 mL 0.01 mol/L $AgNO_3$ 溶液中，即制得 AgI 正溶胶（B）。

上面所制备的溶胶留待下面实验使用。

若学生未能熟悉滴定管操作，则此步骤的 AgI 正、负溶胶（B 和 A）可由实验老师提前制备，直接供学生使用。

2. 溶胶的光学性质和电学性质

（1）丁铎尔效应：取 $Fe(OH)_3$ 溶胶约 3 mL，置于试管中，在黑暗的背景下用激光笔或小手电照射，在与光束垂直的方向上观察现象并作出解释。

(2) 电泳:往 U 形管中注入一定量 Fe(OH)$_3$ 溶胶,然后用滴管在 U 形管两端慢慢注入 0.01 mol/L KNO$_3$ 溶液,使之与溶胶形成明显的界面。将 2 支石墨电极分别插入 KNO$_3$ 液层中,并与直流电源的正、负极连接。接通电源后将电压调至 200 V,几分钟后,观察界面向哪一极移动,判断 Fe(OH)$_3$ 溶胶带什么电荷,并解释原因。

3. 溶胶的聚沉

(1) 电解质对溶胶的作用:取 3 支试管,各加入 2 mL Fe(OH)$_3$ 溶胶,然后分别加入 1 滴 0.2 mol/L Na$_3$PO$_4$ 溶液、0.2 mol/L Na$_2$SO$_4$ 溶液和 0.2 mol/L NaCl 溶液,振荡试管,观察生成沉淀的量。比较 3 种电解质对 Fe(OH)$_3$ 溶胶的聚沉能力并解释原因。

另取 3 支试管,各加入 2 mL AgI 负溶胶(A),然后分别边振荡边滴加 0.1 mol/L AlCl$_3$ 溶液、0.1 mol/L BaCl$_2$ 溶液和 0.1 mol/L NaCl 溶液,直到出现沉淀为止。记录滴加每种电解质溶液的滴数,比较 3 种电解质对 AgI 溶胶的聚沉能力并作出解释。

(2) 正、负溶胶的相互作用:将上述实验制得的 AgI 负溶胶(A)和 AgI 正溶胶(B)按表 3-1 所列比例混合,观察并比较各试管的浑浊情况,并说明原因。

表 3-1 溶胶的性质实验比例

试 管 编 号	1	2	3	4	5
负溶胶(A)/mL	0	1	3	4	6
正溶胶(B)/mL	6	5	3	2	0

(3) 加热对溶胶的作用:取 1 支试管,加入 2 mL Fe(OH)$_3$ 溶胶,慢慢加热至沸腾,观察现象并解释原因。

4. 高分子化合物溶液对溶胶的保护作用 取 3 支试管,各加入 2 mL Fe(OH)$_3$ 溶胶和 4 滴 1‰ 白明胶,摇匀。然后分别加入 1 滴 0.2 mol/L NaCl 溶液、0.2 mol/L Na$_2$SO$_4$ 溶液和 0.2 mol/L Na$_3$PO$_4$ 溶液,振荡试管。观察有无沉淀出现,与上述实施过程 3 中(1) 的现象比较,并解释原因。

思考题

(1) 把 FeCl$_3$ 溶液加到冷水中,能否制得 Fe(OH)$_3$ 溶胶?为什么?

(2) 使溶胶聚沉的因素有哪些?它们是如何作用的?

注意事项

(1) 制取 Fe(OH)$_3$ 溶胶时,加热时间不可太长,否则容易直接生成沉淀而得不到胶体。

(2) 加入试剂时需注意遵循严格的先后次序以及试剂的用量,否则制得的正溶胶和负溶胶就可能有误。

(3) 制备 AgI 溶胶时,应边滴加试剂边不断旋摇锥形瓶以混合均匀。

(4) 做电泳实验,插入石墨电极时注意不要搅动界面。

知识链接

溶胶和高分子化合物溶液是胶体的两种常见形式。而溶胶一般通过化学凝聚法制备,如 Fe(OH)$_3$ 溶胶和 AgI 溶胶的制备:FeCl$_3$ + 3H$_2$O ⟶ Fe(OH)$_3$(溶胶) + 3HCl;AgNO$_3$ + KI ⟶ AgI(溶胶) + KNO$_3$,阳离子过量时得正溶胶,阴离子过量时得负溶胶。

当外部因素改变时,溶胶分散质粒子可能会不断聚集,变得越来越大,从而导致溶胶不稳定,容易发生聚沉。在各种因素中,加入电解质的作用最为显著,尤其是电解质反离子对溶胶聚沉起主要作用。其规律为反离子的电荷数越高,电解质的聚沉能力越强。

而高分子化合物溶液对溶胶能起一定的保护作用。它能降低溶胶对电解质的敏感性,从而提高溶胶的稳定性。

(蒙绍金)

任务二　化学反应速率和化学平衡

 任务目的

(1)掌握化学反应速率(平均)的测定方法。
(2)熟悉浓度、温度、催化剂对化学反应速率的影响。
(3)熟悉浓度、温度对化学平衡移动的影响。

 实施步骤

一、实验准备

◆ 器材

大试管、烧杯(100 mL、150 mL)、量筒(10 mL、100 mL)、二氧化氮平衡仪、温度计、酒精灯、热水浴、铁架台、秒表等。

◆ 试剂

0.2 mol/L(NH$_4$)$_2$S$_2$O$_8$ 溶液、0.2 mol/L KI 溶液、0.01 mol/L Na$_2$S$_2$O$_3$ 溶液、0.2% 淀粉溶液、0.2 mol/L KNO$_3$ 溶液、0.02 mol/L Cu(NO$_3$)$_2$ 溶液、1 mol/L FeCl$_3$ 溶液、1 mol/L KSCN 溶液、KCl 晶体、冰块等。

二、实施过程

(一) 测定(NH$_4$)$_2$S$_2$O$_8$ 与 KI 反应的反应速率

在室温下,按表 3-2 的实验序号 1 的用量,先用三个量筒分别量取 20 mL 0.2 mol/L

KI 溶液、8.0 mL 0.01 mol/L $Na_2S_2O_3$ 溶液和 4.0 mL 0.2％淀粉溶液，将上述三种溶液都倒入 150 mL 洁净干燥的烧杯中，搅拌均匀。再用量筒量取 20 mL 0.2 mol/L $(NH_4)_2S_2O_8$ 溶液，迅速倒入上述盛有混合溶液的烧杯中，同时按动秒表，不断搅拌，仔细观察。当溶液刚出现蓝色时，立即按停秒表，记录反应时间，计算反应速率，填写表 3-2。

表 3-2　浓度对化学反应速率的影响

	实验序号	1	2	3
试剂及用量/mL	0.2 mol/L KI 溶液	20	10	5
	0.01 mol/L $Na_2S_2O_3$ 溶液	8.0	8.0	8.0
	0.2％淀粉溶液	4.0	4.0	4.0
	0.2 mol/L KNO_3 溶液	0	10	15
	0.2 mol/L $(NH_4)_2S_2O_8$ 溶液	20	20	20
计算起始浓度/(mol/L)	KI 溶液			
	$Na_2S_2O_3$ 溶液			
	$(NH_4)_2S_2O_8$ 溶液			
记录反应时间 $\Delta t/s$				
记录 $\Delta c_{S_2O_3^{2-}}$ 值				
记录 $\Delta c_{S_2O_8^{2-}}$ 值				
计算反应平均速率 $v=\|\Delta c_{S_2O_8^{2-}}\|/\Delta t$				

（二）影响化学反应速率的主要因素

1. 浓度对化学反应速率的影响　按实施过程（一）所述的方法和所用的量具，按表 3-2 实验序号 2、3 中所示的用量，分别再进行 2 次同样类型的实验（其中加入 KNO_3 溶液是为了使每次实验中溶液的离子强度和总体积保持不变），将结果填入表 3-2 中，比较三组实验的结果，描述所得结论。

2. 温度对化学反应速率的影响　按表 3-3 中实验序号 4 的用量，在 1 支大试管中加入 0.2 mol/L KI 溶液、0.01 mol/L $Na_2S_2O_3$ 溶液、0.2％淀粉溶液和 0.2 mol/L KNO_3 溶液，在另 1 支大试管中加入 0.2 mol/L $(NH_4)_2S_2O_8$ 溶液，然后将 2 支大试管同时放在热水浴中加热。当温度达到高于室温 10 ℃左右时，迅速将 $(NH_4)_2S_2O_8$ 溶液倒入前 1 支试管的混合溶液中，立即用秒表计时并不断搅动，记录溶液刚出现蓝色所需的时间。

按表 3-3 中实验序号 5 的用量，利用热水浴在高于室温 20 ℃左右条件下进行实验，记录反应时间。计算并比较在室温（即表 3-2 中实验序号 2 的数据）、比室温高 10 ℃、比室温高 20 ℃条件下的反应速率，描述所得结论。

表 3-3　温度、催化剂对化学反应速率的影响

实 验 序 号		4	5	6
反应温度/℃		室温+10 ℃	室温+20 ℃	室温
试剂及用量/mL	0.2 mol/L KI 溶液	10	10	10
	0.01 mol/L $Na_2S_2O_3$ 溶液	8.0	8.0	8.0
	0.2 ％淀粉溶液	4.0	4.0	4.0
	0.2 mol/L KNO_3 溶液	10	10	10
	0.02 mol/L $Cu(NO_3)_2$ 溶液	0	0	2 滴
	0.2 mol/L $(NH_4)_2S_2O_8$ 溶液	20	20	20
计算起始浓度/(mol/L)	KI 溶液			
	$Na_2S_2O_3$ 溶液			
	$(NH_4)_2S_2O_8$ 溶液			
记录反应时间 Δt/s				
记录 $\Delta c_{S_2O_3^{2-}}$ 值				
记录 $\Delta c_{S_2O_8^{2-}}$ 值				
计算反应的平均速率 $v=\lvert \Delta c_{S_2O_8^{2-}} \rvert/\Delta t$				

3. 催化剂对化学反应速率的影响　按表 3-3 实验序号 6 中的用量,将 0.2 mol/L KI 溶液、0.01 mol/L $Na_2S_2O_3$ 溶液、0.2 mol/L KNO_3 溶液和 0.2％淀粉溶液加入 150 mL 烧杯中,另加入 2 滴 0.02 mol/L $Cu(NO_3)_2$ 溶液,搅匀后,迅速加入 0.2 mol/L $(NH_4)_2S_2O_8$ 溶液,立即按下秒表,不断搅动,记录溶液刚出现蓝色的时间。计算出反应速率,并与表 3-2 中实验序号 2 的反应速率作比较,描述所得结论。

（三）影响化学平衡的主要因素

1. 浓度对化学平衡的影响　在小烧杯中加入蒸馏水 25 mL,向其中滴入 2 滴 1 mol/L $FeCl_3$ 溶液和 2 滴 1 mol/L KSCN 溶液,混合均匀,溶液呈血红色。用吸量管将该溶液分别转入标号为①②③④的 4 支试管中,每支试管盛 5 mL。按表 3-4 规定的用量分别加入一定量的有关物质,充分摇匀后,比较 4 支试管中溶液颜色的变化,写出实验结果。

表 3-4　浓度对化学平衡的影响

试管编号	加 1 mol/L $FeCl_3$ 溶液	加 1 mol/L KSCN 溶液	加入 KCl 晶体	颜色变化
①	2 滴	0	0	
②	0	2 滴	0	
③	0	0	少许	
④	0	0	0	

2. 温度对化学平衡的影响　将二氧化氮平衡仪一边的烧瓶放进盛有热水的烧杯中,另一边的烧瓶放进盛有冰块的烧杯中(图 3-1),比较两个烧瓶中气体的颜色变化情况。

也可用 2 支带塞的大试管,里面装有 NO_2 与 N_2O_4 的平衡混合气体,分别按上述温度

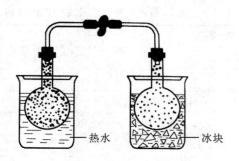

图 3-1 温度对化学平衡的影响

条件要求进行操作,比较 2 支试管中颜色的变化情况,并对以上变化作出说明。

 思考题

(1) 在实施过程(二)中,加入 KNO_3 溶液的主要作用是什么?能否用蒸馏水代替?
(2) 反应过程中,如果温度不恒定,对实验结果有没有影响?

 注意事项

(1) 每次计时应该由同一人负责,以免产生操作(主观)误差。
(2) 注意加入试剂的先后顺序,以免提前发生反应。
(3) 二氧化氮平衡仪的转角及瓶底位置容易破裂,要小心轻放,以免弄断划伤手。

 知识链接

(一) $(NH_4)_2S_2O_8$ 与 KI 反应的反应速率(平均)测定原理

1. 反应原理

在水溶液中,$(NH_4)_2S_2O_8$ 和 KI 发生如下离子反应:

$$S_2O_8^{2-} + 3I^- \rightleftharpoons 2SO_4^{2-} + I_3^- \tag{1}$$

以 $S_2O_8^{2-}$ 浓度的变化来表示反应的平均速率:

$$v = \frac{|\Delta c_{S_2O_8^{2-}}|}{\Delta t}$$

2. 测定有关物质浓度的变化值

为测出反应在 Δt 时间内 $S_2O_8^{2-}$ 浓度的改变值 $\Delta c_{S_2O_8^{2-}}$,可在混合 $(NH_4)_2S_2O_8$ 和 KI 溶液的同时,加入一定体积已知浓度的 $Na_2S_2O_3$ 和淀粉溶液。在反应(1)进行的同时,溶液中也发生了下列反应:

$$2S_2O_3^{2-} + I_3^- \rightleftharpoons S_4O_6^{2-} + 3I^- \tag{2}$$

由于反应(2)的速率比反应(1)快得多,因此反应(1)生成的 I_3^- 立即与 $S_2O_3^{2-}$ 反应,生成 $S_4O_6^{2-}$ 和 I^-,虽然混合液中有淀粉存在,此时溶液仍为无色,一旦 $Na_2S_2O_3$ 耗尽,反应(1)生成的微量 I_3^- 就会立即与淀粉作用,使溶液呈蓝色,立即测出发生此变化所用的时间(Δt)。

3. 计算依据

从反应(1)和(2)中相关物质反应系数比可推知,在上述反应过程中,相同时间内,$S_2O_8^{2-}$ 浓度减少量应为 $S_2O_3^{2-}$ 浓度减少量的一半,即 $\Delta c_{S_2O_8^{2-}} = \dfrac{\Delta c_{S_2O_3^{2-}}}{2}$。其中 $\Delta c_{S_2O_3^{2-}}$ 等于 $Na_2S_2O_3$ 的起始浓度,因为溶液出现蓝色,就表明 $S_2O_3^{2-}$ 几乎耗尽。

因此,不需要测出 $S_2O_8^{2-}$ 的浓度变化,就可直接依下式计算该反应的平均反应速率:

$$v = \dfrac{|\Delta c_{S_2O_8^{2-}}|}{\Delta t} = \dfrac{|\Delta c_{S_2O_3^{2-}}|\Delta t}{2}$$

(二) 外界条件影响化学平衡的有关化学反应

$$FeCl_3 + 6KSCN \rightleftharpoons K_3[Fe(SCN)_6] + 3KCl$$
(血红色)

$$2NO_2 \rightleftharpoons N_2O_4, \quad \Delta_r H_m < 0$$
(红棕色) (无色)

(蒙绍金)

任务三 解离平衡和沉淀反应

任务目的

(1) 加深理解电解质解离特点、解离平衡移动及盐类水解作用,巩固 pH 值的概念。
(2) 掌握缓冲溶液的配制,了解缓冲溶液的缓冲原理。
(3) 通过沉淀的生成和溶解,掌握溶度积规则。
(4) 掌握精密 pH 试纸的正确使用方法。

实施步骤

一、实验准备

◆ **器材**

常用 pH 试纸、精密 pH 试纸、玻璃棒、点滴板、试管、试管夹、酒精灯等。

◆ **试剂**

0.1 mol/L HCl 溶液、0.1 mol/L HAc 溶液、0.1 mol/L NaOH 溶液、0.1 mol/L $NH_3 \cdot H_2O$、溴甲酚绿指示剂、NaAc 固体、酚酞指示剂、NH_4Cl 固体、0.1 mol/L NaH_2PO_4 溶液、0.1 mol/L Na_2HPO_4 溶液、0.1 mol/L NaAc 溶液、0.1 mol/L Na_2CO_3 溶液、0.1 mol/L $NaHCO_3$ 溶液、0.1 mol/L NH_4Cl 溶液、0.1 mol/L NH_4Ac 溶液、

0.1 mol/L FeCl$_3$ 溶液、0.1 mol/L AgNO$_3$ 溶液、0.1 mol/L NaCl 溶液、0.1 mol/L KI 溶液、CaCO$_3$ 固体、2 mol/L HCl 溶液、0.1 mol/L K$_2$CrO$_4$ 溶液等。

二、实施过程

1. 强弱电解质溶液 pH 值的测定

先用酸后再用精密 pH 试纸与点滴板测定下列各溶液的 pH 值,并与计算值比较：0.1 mol/L HCl 溶液、0.1 mol/L HAc 溶液、0.1 mol/L NaOH 溶液、0.1 mol/L NH$_3$·H$_2$O。根据所测数据,将上述溶液 pH 值按由小到大的顺序排列。

2. 同离子效应

(1) 先在试管中加入 2 mL 0.1 mol/L HAc 溶液、2 滴溴甲酚绿指示剂,观察溶液颜色;再加入少量 NaAc 固体,振荡,观察溶液的颜色变化。

注：溴甲酚绿指示剂的变色范围是 pH 3.8～5.4,酸性显黄色,碱性显蓝色。

(2) 在试管中加入 2 mL 0.1 mol/L NH$_3$·H$_2$O 和 1 滴酚酞指示剂,观察溶液的颜色变化;然后加入少量 NH$_4$Cl 固体,振荡,观察溶液颜色的变化。

3. 缓冲溶液

(1) 2 支试管均同时加入 0.1 mol/L NaH$_2$PO$_4$ 溶液和 0.1 mol/L Na$_2$HPO$_4$ 溶液各 1.5 mL,混合均匀,用精密 pH 试纸测定其中任一支试管中溶液的 pH 值,并与计算值相比较。

(2) 取上述 2 支试管的溶液,1 支加入 2 滴 0.1 mol/L HCl 溶液,另 1 支加入 2 滴 0.1 mol/L NaOH 溶液,用精密 pH 试纸分别测其 pH 值,并与原溶液 pH 值进行比较。解释上述实验现象。

4. 盐类水解

(1) 先用酸后再用精密 pH 试纸与点滴板测定下列溶液的 pH 值并与计算值比较：0.1 mol/L NaAc 溶液、0.1 mol/L Na$_2$CO$_3$ 溶液、0.1 mol/L NaHCO$_3$ 溶液、0.1 mol/L NH$_4$Cl 溶液。

(2) 分别取 0.1 mol/L FeCl$_3$ 溶液 1 mL,置于 3 支试管中,观察溶液的颜色和状态;取其中 1 支试管,在酒精灯上加热,观察有什么变化;在另 2 支试管中分别加入 0.1 mol/L HCl 溶液和 0.1 mol/L NaOH 溶液,观察试管有什么变化。解释上面的实验现象。

5. 沉淀的生成与溶解

(1) 沉淀的生成与转化：在试管中加入 3 滴 0.1 mol/L AgNO$_3$ 溶液,稀释至 1 mL,逐滴加入 0.1 mol/L NaCl 溶液 3 滴,观察现象。再逐滴滴加 0.1 mol/L KI 溶液 3 滴,充分振荡,观察沉淀颜色有无变化。解释原因。

(2) 沉淀的溶解：取绿豆大小的 CaCO$_3$ 固体,放入试管中,加入 1 mL 蒸馏水,充分振荡,观察是否溶解。再滴加 2 mol/L HCl 溶液 8 滴,观察现象。

(3) 分步沉淀：取 1 支试管,加入 2 滴 0.1 mol/L NaCl 溶液和 1 滴 0.1 mol/L K$_2$CrO$_4$ 溶液,加水稀释到 4 mL,摇匀。逐滴加入 0.1 mol/L AgNO$_3$ 溶液 6 滴,每加一滴都要充分振荡,观察沉淀的生成及沉淀颜色的变化。解释原因。

 思考题

(1) 相同浓度的乙酸溶液和盐酸 pH 值是否相同？

(2) 配制 $FeCl_3$ 溶液为什么要加入少量的盐酸？

注意事项

(1) 测定溶液 pH 值时，切勿将 pH 试纸插入待测溶液中，以免污染待测溶液。应把 pH 试纸放到干净点滴板（或干净烧杯）上，用玻璃棒蘸取少量待测溶液，点滴到 pH 试纸中部，显色后与标准比色卡比较。

(2) 本实验需用到大量试管，如因试管不够而不得不重复使用时，则必须重新清洗以保证试管的洁净度。

(3) 进行沉淀转化和分步沉淀实验时，需小心操作，以免错过颜色转变的观察时机。

知识链接

(1) 强电解质在水溶液中发生完全解离，全部变成了相应的离子，强电解质的分子几乎不再存在。而弱电解质在水溶液中只发生部分解离，只有部分解离成相应离子，大部分还是以弱电解质分子的形式存在，一定条件下就形成了弱电解质的解离平衡。当外在条件发生改变时，其解离平衡也相应发生移动。

(2) 强碱弱酸盐、强酸弱碱盐和弱酸弱碱盐中的部分离子会与溶剂中的水分子发生反应，改变了水分子本身的解离平衡，使得溶液中的$[H^+]$或$[OH^-]$增大，从而显示一定的酸碱性，这就是盐类水解的原理。

(3) 组成缓冲溶液的缓冲对能与外加少量的酸或碱反应，导致原有的解离平衡发生移动，最终使得溶液中的$[H^+]$变化不大，从而使溶液的酸碱性变化不大，此即缓冲原理。

(4) 当溶液中的离子积(Q)≤溶度积(K_{sp})时，溶液处于不饱和或饱和状态，此时无沉淀析出。而当溶液中的离子积(Q)＞溶度积(K_{sp})时，溶液处于过饱和状态，固体溶解的趋势弱于形成固体的趋势，此时溶液会析出沉淀。此即为沉淀溶解平衡的原理。

同等条件下，溶解度越小的沉淀越容易先析出。对于分子组成类型相同的沉淀，则可转化成 K_{sp} 越小的沉淀越先析出。同样对于分子组成类型相同的沉淀，沉淀倾向于生成 K_{sp} 更小的另一种沉淀，此即沉淀的转化。

（蒙绍金）

任务四　氧化还原反应

任务目的

(1) 掌握原电池的组成及其电动势的粗略测定方法。

(2) 熟悉电极电势与氧化还原反应的关系以及浓度、介质的酸碱性对电极电势、氧化还原反应的影响。

（3）掌握一些氧化还原电对的氧化还原性。

实施步骤

一、实验准备

◆ 器材

烧杯（50 mL）、电位计、盐桥、铜电极、锌电极、试管、离心管等。

◆ 试剂

0.1 mol/L $CuSO_4$ 溶液、0.1 mol/L $ZnSO_4$ 溶液、锌粒、浓 HNO_3、0.5 mol/L HNO_3 溶液、0.2 mol/L $FeSO_4$ 溶液、碘水、0.1 mol/L $AgNO_3$ 溶液、100 g/L NH_4SCN 溶液、0.1 mol/L $KClO_3$ 溶液、0.1 mol/L KI 溶液、3 mol/L H_2SO_4 溶液、0.1 mol/L $KMnO_4$ 溶液、6 mol/L $NaOH$ 溶液、0.1 mol/L Na_2SO_3 溶液、0.1 mol/L KBr 溶液、0.1 mol/L $FeCl_3$ 溶液、CCl_4、0.1 mol/L $FeSO_4$ 溶液、溴水、0.1 mol/L $Pb(NO_3)_2$ 溶液、0.1 mol/L Na_2S 溶液、0.1 mol/L $KMnO_4$ 溶液、30 g/L H_2O_2 溶液、试液 A、试液 B、试液 C（试液 A、B、C 的配制及成分详见下文中的实施过程 3）等。

二、实施过程

1. 原电池的组成和电动势的测定 分别向两烧杯倒入适量 0.1 mol/L $CuSO_4$ 溶液和 0.1 mol/L $ZnSO_4$ 溶液，按图 3-2 装配成原电池。接上电位计，观察电位计指针偏转方向，并记录电位计读数。写出原电池的电池符号、电极反应式及原电池总反应式。

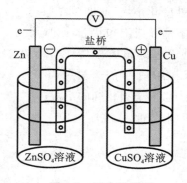

图 3-2　原电池装置

2. 浓度、介质对电极电势和氧化还原反应的影响

（1）浓度对电极电势的影响。

① 往 2 支试管中各投入一粒锌粒，并分别加入 3 mL 浓 HNO_3 和 0.5 mol/L HNO_3 溶液。观察它们的反应产物有无不同，观察气体产物的颜色，写出化学反应方程式。

② 取 1 支离心试管，加入 0.5 mL 0.2 mol/L $FeSO_4$ 溶液，加入 2 滴碘水。混合后观察碘水颜色是否褪去，然后滴加 0.1 mol/L $AgNO_3$ 溶液，边加边振摇，观察有何变化。离心分离后，向上层清液中加几滴 100 g/L NH_4SCN 溶液，观察颜色变化。

（2）介质对电极电势和氧化还原反应的影响。

① 介质对氯酸钾氧化性的影响：取 1 支试管，加入少量 0.1 mol/L $KClO_3$ 和 0.1 mol/L KI 溶液，混匀，观察现象。若将其加热，观察有无变化。若将其用 3 mol/L H_2SO_4 溶液酸化，观察其变化。

② 介质对高锰酸钾氧化性的影响：取 3 支试管，各加入 2 滴 0.1 mol/L $KMnO_4$ 溶液，向 3 支试管中分别加入相同量的 3 mol/L H_2SO_4 溶液、6 mol/L $NaOH$ 溶液和水。再

向 3 支试管中各加少量等量 0.1 mol/L Na_2SO_3 溶液。观察现象有何不同。写出有关的反应方程式。

3. 氧化还原电对的氧化还原性

(1) 卤素及其离子的氧化还原性。

取 2 支试管,向 1 支试管中加入少量 0.1 mol/L KI 溶液,向另 1 支试管中加入少量 0.1 mol/L KBr 溶液,再向 2 支试管中各加入少量 0.1 mol/L $FeCl_3$ 溶液,摇匀,观察有何现象。若再向 2 支试管中各加入少量 CCl_4,摇匀,观察有何现象,并进行解释。

另取 2 支试管,各加入少量 0.1 mol/L $FeSO_4$ 溶液,其中 1 支试管中加入碘水,向另 1 支试管加入溴水,观察现象。比较 I_2/I^-、Fe^{3+}/Fe^{2+} 和 Br_2/Br^- 三个电对的电极电势的大小,指出它们作为氧化剂、还原剂的相对强弱。

(2) 中间价态物质的氧化还原性。

① H_2O_2 的氧化还原性:取 1 支试管,加入少量 0.1 mol/L $Pb(NO_3)_2$ 溶液和 0.1 mol/L Na_2S 溶液,观察有何现象发生。另取 1 支试管,加入少量 0.1 mol/L $KMnO_4$ 溶液,并用 3 mol/L H_2SO_4 溶液将其酸化。然后往上述 2 支试管中各加入少量 30 g/L H_2O_2 溶液,摇匀。仔细观察现象,并作出解释。

② H_2O_2 与 KIO_3 溶液的摇摆反应:先取 10 mL 试液 A,倒入 50 mL 烧杯中,然后加入试液 B 和试液 C 各 10 mL,搅拌均匀,观察溶液颜色的变化。写出反应方程式,解释现象。

试液 A 的配制:量取 400 mL 30 g/L H_2O_2 溶液,加水稀释到 1000 mL。

试液 B 的配制:称取 40 g KIO_3 和量取 40 mL 2 mol/L H_2SO_4 溶液,加水,稀释到 1000 mL。此溶液相当于 HIO_3 溶液。

试液 C 的配制:称取 0.5 g 淀粉溶于热水,再把 15.5 g 丙二酸和 3.5 g $MnSO_4 \cdot 2H_2O$ 溶于其中,最后稀释到 1000 mL。

思考题

(1) 影响电极电势的因素有哪些?

(2) 氧化还原反应进行的方向是由什么因素决定的?

注意事项

(1) 测量原电池电动势时注意正、负极不要接反。

(2) 改变电对中某一离子浓度,电极电势也相应发生变化。硝酸浓度越大,其氧化性越强。观察颜色要迅速,因为 NO 容易被 O_2 氧化。

(3) 探究介质对高锰酸钾氧化性的影响时,注意在碱性条件下,0.1 mol/L Na_2SO_3 溶液的用量要尽量少,但同时碱溶液用量又不宜过少。

(4) 摇摆反应的周期取决于反应类型及各物质的浓度、催化剂、温度等因素,条件控制非常重要。

知识链接

氧化还原反应的实质是反应物之间发生了电子的转移或偏移。氧化剂在反应中得到电子，还原剂在反应中失去电子。氧化剂、还原剂的相对强弱，可用它们的氧化态及其共轭还原态所组成的电对的电极电势大小来衡量。根据电极电势的大小，还可以判断氧化还原反应进行的方向。

浓度、酸度、温度均影响电极电势的数值。常温（25 ℃）下，它们之间的关系可用能斯特方程表示：

$$\varphi = \varphi^\ominus + \frac{298R}{nF}\ln\frac{[Ox]}{[Red]} = \varphi^\ominus + \frac{0.05916}{n}\lg\frac{[Ox]}{[Red]}$$

其中，[Ox]和[Red]分别代表氧化剂和还原剂。

（蒙绍金）

任务五　配合物的生成和性质

 任务目的

（1）熟练掌握配离子的生成（组成）和解离等操作。
（2）掌握区别配离子和简单离子的方法，比较配离子的相对稳定性。

 实施步骤

一、实验准备

◆ **器材**

试管、试管架等。

◆ **试剂**

0.1 mol/L $CuSO_4$ 溶液、1 mol/L $BaCl_2$ 溶液、2 mol/L NaOH 溶液、6 mol/L 氨水、饱和 $CuSO_4$ 溶液、95％乙醇溶液、0.25 mol/L $HgCl_2$ 溶液、0.1 mol/L KI 溶液、0.1 mol/L $AgNO_3$ 溶液、2 mol/L 氨水、0.1 mol/L NaCl 溶液、6 mol/L HNO_3 溶液、0.1 mol/L $Na_2S_2O_3$ 溶液、0.1 mol/L NaBr 溶液等。

二、实施过程

1. 配合物的生成和组成

（1）取试管 2 支，各加入 5 滴 0.1 mol/L $CuSO_4$ 溶液，然后分别加入 1 滴 1 mol/L

$BaCl_2$ 溶液和 2 mol/L NaOH 溶液,观察现象。

(2) 另取 2 支试管,先分别加入 10 滴 0.1 mol/L $CuSO_4$ 溶液,再分别逐滴加入 6 mol/L 氨水至生成深蓝色溶液,然后多加数滴。最后分别加入 2 滴 1 mol/L $BaCl_2$ 溶液和 2 mol/L NaOH 溶液,观察现象,并分别与上述(1)实验现象进行对比,阐述变化情况且说明原因。

2. $[Cu(NH_3)_4]SO_4 \cdot H_2O$ 晶体的析出 取 1 支试管,加入 5 滴饱和 $CuSO_4$ 溶液,先逐滴滴加 6 mol/L 氨水直至最初生成的 $Cu_2(OH)_2SO_4$ 沉淀又溶解,再多加数滴,然后逐滴加入 95% 乙醇溶液直至析出结晶,溶液呈浑浊为止,静置数分钟,观察溶液底部析出的结晶。

3. 配离子与简单离子的区别

(1) 取 1 支试管,加入 2 滴 0.25 mol/L $HgCl_2$ 溶液,然后滴加 0.1 mol/L KI 溶液,观察生成沉淀的颜色,再继续滴入过量的 KI 溶液,观察现象并保留生成的溶液。

(2) 另取 2 支试管,1 支试管加入上述保留溶液 5 滴,另 1 支试管加入 5 滴 0.25 mol/L $HgCl_2$ 溶液。然后在 2 支试管中各加入 2 滴 0.1 mol/L KI 溶液,观察现象,并解释产生不同现象的原因。

4. 配离子的解离 取 2 支试管,各加入 2 滴 0.1 mol/L $AgNO_3$ 溶液,再各加入 5 滴 2 mol/L 氨水,即有 $[Ag(NH_3)_2]^+$ 生成,分别加入 2 滴 0.1 mol/L NaCl 溶液和 0.1 mol/L KI 溶液,观察现象,并解释产生不同现象的原因。

5. 配位平衡的移动 取 1 支试管,加入 2 滴 0.1 mol/L $AgNO_3$ 溶液和 8 滴 2 mol/L 氨水,即有 $[Ag(NH_3)_2]^+$ 生成,再加入 2 滴 0.1 mol/L NaCl 溶液,观察现象,然后加入 5 滴 6 mol/L HNO_3 溶液,观察现象,并进行解释。

6. 配离子稳定性的比较 取 2 支试管,各加入 3 滴 0.1 mol/L $AgNO_3$ 溶液,向其中 1 支试管中加入 0.1 mol/L $Na_2S_2O_3$ 溶液,直至生成的沉淀溶解后,再过量加入 2 滴,即有 $[Ag(S_2O_3)_2]^{3-}$ 生成;向另 1 支试管中逐滴加入 2 mol/L 氨水,直至生成的沉淀溶解后,再加入 2 滴使之过量,即有 $[Ag(NH_3)_2]^+$ 生成。然后向 2 支试管中各加入数滴 0.1 mol/L NaBr 溶液,观察是否都有沉淀生成,根据结果,比较 $[Ag(NH_3)_2]^+$ 和 $[Ag(S_2O_3)_2]^{3-}$ 配离子稳定性的相对大小,并进行解释。

思考题

(1) 配离子与简单离子的性质有什么区别?
(2) 影响配位平衡的因素有哪些?

注意事项

(1) 注意观察配合物的颜色、溶解性、稳定性等变化。
(2) $HgCl_2$ 有毒,请勿用手直接接触。
(3) 加入氨水等配位剂时,开始速度可以稍快,但沉淀开始溶解后应逐滴滴加,且边滴边摇,以免过量太多影响下面的实验操作。

知识链接

由中心原子与配体以配位键结合而成的复杂离子(或分子)通常称为配位单元(配离子或配位分子)。含有配位单元的化合物统称为配合物。

配合物在水中可解离出配位单元,而配位单元只能部分解离成中心原子和配体。如:

$$K_3[Fe(CN)_6] = 3K^+ + [Fe(CN)_6]^{3-}$$

$$[Fe(CN)_6]^{3-} \rightleftharpoons Fe^{3+} + 6CN^-$$

而形式上与配合物类似的复盐则完全解离成简单离子。如:

$$NH_4Fe(SO_4)_2 = NH_4^+ + Fe^{3+} + 2SO_4^{2-}$$

一定温度下,当溶液中配离子的生成和解离速率相等时,体系达到动态平衡,称为配位平衡。配位平衡与其他化学平衡一样,受外界条件的影响。当改变溶液的酸碱性或加入沉淀剂、氧化剂、还原剂时,中心原子或配体的浓度会发生变化,因而平衡将发生移动。中心原子与多齿配体形成的环状配合物称为螯合物。螯合物具有很高的稳定性,有的能呈现特征颜色。

(蒙绍金　李俊涛)

任务六　卤素和氧族元素相关性质

 任务目的

(1) 掌握卤素单质氧化性和卤离子还原性的比较方法。

(2) 验证次卤酸盐和卤酸盐的氧化性、过氧化氢的氧化性和还原性、不同氧化态硫的化合物的化学性质。

(3) 练习过氧化氢的鉴定操作技术。

 实施步骤

一、实验准备

◆ **器材**

试管、离心管、药匙、小铁锤、称量纸、水浴锅等。

◆ **试剂**

氯水、溴水、碘水、溴化钾、碘化钾、CCl_4、0.1 mol/L NaClO 溶液、0.1 mol/L KI 溶液、品红溶液、$KClO_3$ 晶体、硫粉、30 g/L H_2O_2 溶液、乙醚、1 mol/L H_2O_2 溶液、0.1 mol/L $K_2Cr_2O_7$ 溶液、0.1 mol/L $Pb(NO_3)_2$ 溶液、0.1 mol/L Na_2S 溶液、2 mol/L HCl 溶液、

6 mol/L HCl 溶液、0.1 mol/L $Na_2S_2O_3$ 溶液、3 mol/L H_2SO_4 溶液、1 mol/L H_2SO_4 溶液、0.002 mol/L $MnSO_4$ 溶液、0.2 mol/L $AgNO_3$ 溶液、$(NH_4)_2S_2O_8$ 固体等。

二、实施过程

（一）卤素单质的氧化性和卤离子的还原性

利用氯水、溴水、碘水、溴化钾、碘化钾和 CCl_4 等试剂，设计实验验证卤素单质的氧化性和卤离子的还原性强弱顺序。

（二）卤素含氧酸盐的氧化性

1. 次氯酸钠的氧化性

（1）取 1 支试管，依次加入 0.5 mL 0.1 mol/L NaClO 溶液、1 mL CCl_4 和 5 滴 0.1 mol/L KI 溶液，观察 CCl_4 层的颜色变化，写出反应方程式。

（2）另取 1 支试管，加入 0.5 mL 0.1 mol/L NaClO 溶液和品红溶液数滴，观察现象。

2. 氯酸钾的氧化性

（1）取 1 支试管，加入少量 $KClO_3$ 晶体，加入约 1 mL 水使之完全溶解，再加入几滴 0.1 mol/L KI 溶液和 1 mL CCl_4，观察 CCl_4 层有何变化。再加入几滴 3 mol/L H_2SO_4 溶液，观察有何变化。写出反应方程式。

（2）取黄豆大小的干燥 $KClO_3$ 晶体与硫粉（约 2∶1）混合，用纸包好，在指定地点用铁锤锤打，听其声音。

（三）过氧化氢的性质

1. 过氧化氢的氧化性和还原性　利用 H_2O_2、碘化钾、H_2SO_4、$KMnO_4$ 等试剂，设计实验验证过氧化氢的氧化性和还原性。

2. 过氧化氢的检验　取 1 支试管，依次加入 1 滴 30 g/L H_2O_2 溶液、2 mL 蒸馏水、0.5 mL 乙醚和 0.5 mL 1 mol/L H_2O_2 溶液，再加入 3 滴 0.1 mol/L $K_2Cr_2O_7$ 溶液，振摇后观察乙醚层的颜色。

（四）硫的化合物的性质

1. 硫化物的生成与溶解　取 2 支离心管，各加入 1 mL 0.1 mol/L $Pb(NO_3)_2$ 溶液和 1 mL 0.1 mol/L Na_2S 溶液，观察现象。离心分离并弃去溶液，再往第 1 支试管中加入 1 mL 2 mol/L HCl 溶液，往第 2 支试管中加入 1 mL 6 mol/L HCl 溶液，观察沉淀的溶解情况并说明原因。

2. 硫代硫酸钠的性质

（1）取 1 支试管，加入 0.5 mL 0.1 mol/L $Na_2S_2O_3$ 溶液和 1 mL 2 mol/L HCl 溶液，放置片刻，观察溶液是否浑浊，写出反应方程式。

（2）取 1 支试管，加入 5 滴碘水，再向试管中滴加 0.1 mol/L $Na_2S_2O_3$ 溶液，观察溶液的颜色变化，写出反应方程式。

3. 过二硫酸盐的氧化性　取 1 支试管，加入 1 mL 1 mol/L H_2SO_4 溶液、1 mL 蒸馏

水、1滴 0.002 mol/L $MnSO_4$ 溶液、1滴 0.2 mol/L $AgNO_3$ 溶液,摇匀后,加入少量 $(NH_4)_2S_2O_8$ 固体,水浴加热,观察现象,写出反应方程式。

 思考题

(1) 过氧化氢为什么既有氧化性,又有还原性?
(2) 在硫代硫酸钠与碘的反应中,能否加入酸?为什么?

 注意事项

本实验使用的溴水和 6 mol/L HCl 溶液具有强腐蚀性,四氯化碳蒸气和氯水挥发出来的氯气有毒,氯酸钾与硫粉反应有爆炸性,故应小心谨慎地进行相关操作。

 知识链接

(1) 卤素单质的氧化能力:$F_2 > Cl_2 > Br_2 > I_2$。卤离子的还原能力:$F^- < Cl^- < Br^- < I^-$。氧化性强的卤素单质能够把还原性强的卤离子从其卤化物中置换出来。通过卤素单质与卤化物之间的置换反应,可以验证卤素单质氧化性与卤离子还原性的相对强弱。

次卤酸盐和卤酸盐在酸性介质中均有较强的氧化性。

(2) 由于 O 的氧化数为 -1,介于 0 和 -2 之间,故 H_2O_2 既有氧化性又有还原性。通过 H_2O_2 与常用还原剂的反应可以验证其氧化性,与常用氧化剂的反应验证其还原性。

H_2O_2 在酸性溶液中与铬酸盐反应,生成过氧化铬 CrO_5,它能比较稳定地存在于乙醚中显蓝色,故常用于 H_2O_2 或 $Cr_2O_7^{2-}$、CrO_4^{2-} 的鉴定。

(3) 含 S^{2-} 的溶液与硝酸铅溶液作用生成黑色的 PbS 沉淀,PbS 溶于浓盐酸而不溶于稀盐酸。

$Na_2S_2O_3$ 是重要的还原剂,其氧化产物视反应条件不同而不同,例如,I_2 将其氧化为连四硫酸钠。但 $Na_2S_2O_3$ 在酸性溶液中生成 $H_2S_2O_3$ 而分解,最终生成 SO_2 和 S。

过二硫酸盐是强氧化剂,在 Ag^+ 的催化下,能将 Mn^{2+} 氧化为 MnO_4^{2-}。

(蒙绍金 石义林)

任务七 氮族元素和硼元素的相关性质

 任务目的

(1) 验证硝酸的氧化性、磷酸盐的溶解性和硼酸的酸性。
(2) 掌握 NH_4^+、PO_4^{3-}、硼酸及其盐的鉴定方法和硼砂珠试验的操作技术。

实施步骤

一、实验准备

◆ 器材

表面皿、红色石蕊试纸、试管、酒精灯、pH试纸、玻璃棒、点滴板、蒸发皿等。

◆ 试剂

0.1 mol/L NH_4Cl 溶液、6 mol/L NaOH 溶液、铜片、浓硝酸、2 mol/L 硝酸溶液、锌片、0.5 mol/L 硝酸溶液、0.1 mol/L Na_3PO_4 溶液、0.1 mol/L Na_2HPO_4 溶液、0.1 mol/L NaH_2PO_4 溶液、0.1 mol/L $CaCl_2$ 溶液、0.1 mol/L $AgNO_3$ 溶液、2 mol/L 氨水、2 mol/L 盐酸、钼酸铵溶液、饱和硼酸溶液、甲基橙指示剂、甘油、硼酸晶体、乙醇、浓硫酸、硼砂固体、硝酸钴固体、氧化铬固体等。

二、实施过程

（一）氮的化合物的性质

1. NH_4^+ 的鉴定 在一个干燥的表面皿内滴入 0.1 mol/L NH_4Cl 溶液和 6 mol/L NaOH 溶液各 2 滴，在另一个稍小的表面皿凹面上贴上湿润的红色石蕊试纸，并扣在前一个表面皿上，制成气室。将两个表面皿放在水浴上加热，观察现象，并写出反应方程式。

2. 硝酸的氧化性

（1）取 2 支试管，各加入一小块铜片，向 2 支试管中分别加入 1 mL 浓硝酸和 10 滴 2 mol/L 硝酸溶液，观察现象，写出反应方程式。

（2）取 1 支试管，加入一小块锌片，加入 1 mL 0.5 mol/L 硝酸溶液，微热，用气室法检验 NH_4^+ 的生成。写出反应方程式。

（二）磷酸盐的性质

1. 三级磷酸盐的溶解性 取 3 支试管，分别加入 0.1 mol/L Na_3PO_4 溶液、0.1 mol/L Na_2HPO_4 溶液、0.1 mol/L NaH_2PO_4 溶液各 5 滴，再各加入 10 滴 0.1 mol/L $CaCl_2$ 溶液，观察现象。然后各加入几滴 2 mol/L 盐酸，观察有何变化。比较三种钙盐的溶解性。

2. 磷酸银的生成与溶解 取 3 支试管，分别加入 0.1 mol/L Na_3PO_4 溶液、0.1 mol/L Na_2HPO_4 溶液、0.1 mol/L NaH_2PO_4 溶液各 3 滴，再各加入 8 滴 0.1 mol/L $AgNO_3$ 溶液，观察现象。将每支试管中的溶液分装成 2 支试管，3 支为一组。第一组试管中加入几滴 2 mol/L 氨水，第二组试管中加入几滴 2 mol/L 硝酸溶液，观察现象并解释实验现象。写出反应方程式。

3. PO_4^{3-} 的鉴定 取 1 支试管，依次加入 2 滴 0.1 mol/L Na_3PO_4 溶液、10 滴浓硝酸和 20 滴钼酸铵溶液，微热至 30～40 ℃，观察现象。写出反应方程式。

(三) 硼酸及其硼砂的性质

1. 硼酸的酸性　取 1 支试管，加入 1 mL 饱和硼酸溶液，用 pH 试纸测定其 pH 值，并加入 1 滴甲基橙指示剂，观察现象。再加入 5 滴甘油后，测定 pH 值，并观察溶液颜色的变化。解释原因。

2. 硼酸及其盐的鉴定反应　取一个蒸发皿，放入少量硼酸晶体、1 mL 乙醇和数滴浓硫酸，混合均匀后点燃，观察火焰的颜色。

3. 硼砂珠试验

（1）硼砂珠的制备：将顶端弯成小圈的铂丝用 2 mol/L 盐酸洗净并烧至无色，蘸上一些硼砂固体，在氧化焰中灼烧并熔融成圆珠，观察硼砂珠的颜色和状态。

（2）钴盐和铬盐的鉴定：用烧红的硼砂珠分别蘸上少量硝酸钴固体和氧化铬固体，熔融之，冷却后观察硼砂珠的颜色。

思考题

（1）不同浓度的硝酸与活泼性不同的金属反应时，其产物有何不同？

（2）要溶解磷酸银沉淀，在盐酸、硫酸、硝酸中，选用哪种最适宜？为什么？

注意事项

NH_4^+ 鉴定实验生成的 NH_3 对呼吸道有强烈的刺激作用，而浓硝酸有强腐蚀性，应小心谨慎地进行相关操作。

知识链接

（1）含 NH_4^+ 的溶液与强碱溶液混合并加热时，产生的 NH_3 使湿润的红色石蕊试纸变蓝。

硝酸具有强氧化性，还原产物视硝酸的浓度和还原剂的还原能力而定。例如，浓硝酸与金属铜作用，被还原为 NO_2；稀硝酸与金属铜作用，被还原为 NO；而极稀的硝酸与金属锌作用，则转化为铵盐。

（2）磷酸二氢盐均易溶于水，磷酸一氢盐和磷酸盐中仅有钠、钾、铵盐易溶于水。其中，磷酸银为浅黄色固体，溶于氨水或稀硝酸中。

（3）硼酸为一元弱酸，与甘油或其他多元醇作用后酸性增强。

硼酸在浓硫酸存在下，与醇作用生成挥发性的硼酸酯，硼酸酯燃烧时产生边沿显绿色的火焰。

一些金属氧化物或盐类与硼砂熔融后，显出其特征颜色。其中，钴的化合物显蓝色，镍的化合物显绿色。

（蒙绍金　陈志超）

任务八　醇和酚的性质

任务目的

（1）通过实验,加深对醇、酚化学性质的理解。
（2）掌握鉴别醇和酚的方法。
（3）进一步练习水浴加热的操作。

实施步骤

一、实验准备

◆ 器材

镊子、小刀、试管、试管夹、酒精灯、火柴、纸巾、pH 试纸等。

◆ 试剂

无水乙醇、异戊醇、甘油、乙二醇、金属钠、正丁醇、仲丁醇、叔丁醇、卢卡斯试剂、5% NaOH 溶液、0.5% $KMnO_4$ 溶液、2% $CuSO_4$ 溶液、饱和苯酚溶液、10% HCl 溶液、1%苯酚溶液、饱和溴水、1% α-萘酚溶液、1%间苯二酚溶液、1%乙醇溶液、1% $FeCl_3$ 溶液、酚酞指示剂等。

二、实施过程

1. 醇的性质

（1）比较醇的同系物在水中的溶解度：于 4 支试管中分别加入无水乙醇、异戊醇、甘油、乙二醇各 6 滴,并分别沿管壁加入 1 mL 水,振荡,观察溶解情况,解释原因。

（2）醇钠的生成及水解：在 1 支干燥的试管中加入 1 mL 无水乙醇,投入一小粒吸去煤油的洁净金属钠,观察现象,检验气体,是否为氢气待金属钠完全消失后,向试管中加入 2 mL 水振摇试管,再滴加酚酞指示剂 1 滴,观察并解释现象。

（3）醇与卢卡斯试剂的作用：在 3 支干燥的试管中,分别加入 10 滴约 0.5 mL 正丁醇、仲丁醇、叔丁醇,再加入 1 mL 卢卡斯试剂,振荡,观察各试管出现浑浊或分层的时间。

（4）醇的氧化：在 3 支试管中,先分别加入 5 滴正丁醇、仲丁醇、叔丁醇,再分别加入 5 滴 0.5% $KMnO_4$ 溶液、2 滴 5% NaOH 溶液,振荡,观察并解释现象。

（5）多元醇与 $Cu(OH)_2$ 作用：取 2 支试管加入 8 滴 5% NaOH 溶液,加入 6 滴 2% $CuSO_4$ 溶液,配制成新鲜的氢氧化铜溶液,然后分别加入 2 滴无水乙醇、甘油,振摇,观察并解释现象。

2. 酚的性质

（1）苯酚的酸性：取 1 滴饱和苯酚溶液润湿 pH 试纸,检验其酸性。取试管 2 支,分别加入 1 mL 饱和苯酚溶液,1 支作空白对照;往另 1 支中逐滴滴入 5% NaOH 溶液,边加边振荡,直到溶液澄清为止(解释溶液变清的理由),然后滴加 10% HCl 溶液至溶液呈酸性,观察并解释现象。

(2) 溴代反应:取 1% 苯酚溶液 4 滴,置于试管中,慢慢滴加饱和溴水 8 滴,振荡,观察并解释现象。

(3) 酚与 $FeCl_3$ 作用:取试管 4 支,分别加入 1% 苯酚溶液、1% α-萘酚溶液、1% 间苯二酚溶液、1% 乙醇溶液各 5 滴,并向各试管中加入 1 滴 1% $FeCl_3$ 溶液,观察颜色变化。

思考题

(1) 为什么可以用卢卡斯试剂区分 6 个碳以下的伯醇、仲醇、叔醇?
(2) 用什么方法可区别一元醇与邻二元醇?

注意事项

(1) 醇钠的生成及水解:反应物醇和试管都必须无水,若有水,则金属钠优先与水反应,对实验有干扰。醇与金属钠反应后,仍有残余的钠,应将钠取出后再加入水。乙醇钠难溶于乙醇,所以可见到乙醇钠呈胶冻状析出。

(2) 多元醇与 $Cu(OH)_2$ 作用:先制备氢氧化铜,并且加入的氢氧化钠应稍过量。应向氢氧化铜中加入邻二元醇,现象才明显。

(3) 苯酚有腐蚀性,使用时注意安全。

(4) 在苯酚与 $FeCl_3$ 的实验时所加的三氯化铁不宜过量,否则三氯化铁原本的颜色会干扰生成物颜色的判断。

解释与说明

醇的官能团是羟基(—OH),羟基与水相似,能与金属钠等活泼金属作用放出氢气。但醇与水相比,醇反应比较缓和,而水反应非常剧烈,故说明醇的酸性小于水。但醇钠的碱性大于氢氧化钠。

多元醇有其特性,羟基相邻的多元醇(如甘油)能与新制的浅蓝色氢氧化铜沉淀作用,生成深蓝色的配合物溶液。

酚有弱酸性,但酸性比碳酸弱。酚室温时在水中溶解度不大,加入碱(如氢氧化钠)后生成了易溶于水的酚钠。酚及有烯醇结构的物质,遇三氯化铁能产生颜色。不同的酚产生的颜色可以不同。

1. 醇钠的生成及水解 因为乙醇钠难溶于乙醇,所以见到的乙醇钠呈胶冻状析出。

2. 卢卡斯试剂的作用 6 个碳原子以下的醇溶于卢卡斯试剂并反应生成不溶于卢卡斯试剂的氯代烃。室温下,叔醇反应最快,仲醇几分钟后反应,伯醇几小时不反应,需加热才反应。由此可用卢卡斯试剂将 6 个碳原子以下的醇鉴别开来。

3. 醇的氧化 叔醇没有 α-H,所以不被碱性高锰酸钾氧化。

4. 苯酚与三氯化铁作用 大多数酚与烯醇类化合物都能与三氯化铁发生特征性显

色反应,所以遇三氯化铁呈特定颜色的不一定是酚,而不呈特定颜色的也不一定不是酚。

 试剂的配制

(1) 卢卡斯试剂的配制:取 34 g 无水氯化锌,置于蒸发皿中加热至熔融,稍冷后慢慢倒入 23 mL 浓盐酸中,边加边搅拌,并将容器置于冰水浴中冷却,以防氯化氢逸出。将得到的溶液冷却后存于玻璃瓶中,塞好塞子。一般于使用前配制。

(2) 酚酞试剂的配制:取 10 g 酚酞,溶于 1000 mL 95％乙醇溶液中。

(梁曼妮　黄丹云)

任务九　醛和酮的化学性质

 任务目的

(1) 进行醛和酮的主要化学性质实验。
(2) 掌握鉴别醛和酮的方法。
(3) 进一步练习水浴加热的操作。

 实施步骤

一、实验准备

◆ 器材

试管、烧杯、酒精灯、水浴锅、电炉、试管夹、石棉网等。

◆ 试剂

40％甲醛、乙醛、苯甲醛、丙酮、苯乙酮、乙醇、正丁醇、2,4-二硝基苯肼、碘液、5％氢氧化钠溶液、2％硝酸银溶液、2％氨水、希夫试剂、斐林试剂甲、斐林试剂乙等。

二、实施过程

1. 与 2,4-二硝基苯肼的反应　向 3 支试管中各加入 2,4-二硝基苯肼 10 滴,分别滴入 3 滴乙醛、苯甲醛、丙酮,振摇试管,将试管用少量棉花塞上放入 50 ℃左右的水浴中加热 1 min,冷却后观察并解释现象。若有油状物产生,可加入 1~2 滴无水乙醇后振摇试管观察。

2. 碘仿反应　向 6 支试管中分别加入 1 mL 水和 1 mL 碘液,然后分别加入 5 滴 40％甲醛、乙醛、丙酮、苯乙酮、乙醇、正丁醇,边摇边滴加 5％氢氧化钠溶液至碘液的颜色刚好褪去,放入 60 ℃左右的水并加热几分钟,冷却后观察并解释现象。

3. 与托伦试剂反应　向 3 支洁净的试管中分别加入 10 滴 2％硝酸银溶液和 2 滴 5％

氢氧化钠溶液,然后边摇试管边滴加2%氨水,直到沉淀刚好消失,再分别加入5滴40%甲醛、乙醛、丙酮、苯甲醛,摇匀,在80 ℃水浴中加热2~3分钟,观察并解释现象。

4. 与斐林试剂反应 取4支试管,分别加入斐林试剂甲和斐林试剂乙各10滴,然后分别加入3滴40%甲醛、乙醛、苯甲醛、丙酮,摇匀后放入沸水浴中加热几分钟,观察并解释现象。

5. 与希夫试剂反应 向4支试管中,各加入希夫试剂10滴,然后分别加入3滴40%甲醛、乙醛、苯甲醛、丙酮,摇匀,向显色的试管中加入浓硫酸,边滴边摇,观察现象并总结实验结论。

思考题

（1）鉴别醛和酮有哪些方法？
（2）银镜反应的注意事项有哪些？

注意事项

1. 与2,4-二硝基苯肼的反应 生成晶体的颜色为从黄色至红色,因为2,4-二硝基苯肼为橙红色,在一定程度上会影响观察的结果。

2. 碘仿反应 实验中醛、酮不宜过量,否则会使碘仿溶解。若碱过量,则会使碘仿分解,以溶液呈浅黄色为宜。若退为无色的消碘液呈浅黄色。

3. 与托伦试剂的反应 托伦试剂必须临时配制,配制时氨水不能过量。托伦试剂不能久置。试管必须干净,否则反应没有银镜生成或都生成黑色沉淀可依次用温热浓HNO_3水蒸馏。加热的方式为水浴加热。实验完毕,应用稀硝酸清洗试管。

4. 与希夫试剂的反应 反应时不能加热,因为溶液中不能含有酸性物质和氧化剂,否则易有二氧化硫挥发,导致实验出现假阳性结果,因此宜在低温、酸性条件下反应。

解释与说明

1. 与2,4-二硝基苯肼的反应 生成晶体的颜色与醛、酮的结构有关,非共轭酮生成黄色沉淀,共轭酮生成橙色至红色沉淀；有长共轭链的羰基化合物则生成红色沉淀。在个别情况下,强酸、强碱化合物会使未反应的试剂沉淀析出。

2. 碘仿反应 加碱后,溶液呈浅黄色是由于有少量碘,或加碱前溶液已呈现无色时可滴加碘至呈淡黄色。

3. 与斐林试剂的反应 脂肪醛、α-羟基酮（如多糖）、多元酚可与斐林试剂反应。芳香醛、酮则不能反应。反应结果由还原剂的种类、浓度、反应时间决定,可生成红色氧化亚铜、黄色氢氧化亚铜或暗红色金属铜。实验过程中,反应液颜色变化的情况常常为由绿色（同时含有浅蓝色的氢氧化铜与黄色的氢氧化亚铜）→黄色→红色沉淀。甲醛可将氢氧化亚铜还原为金属铜。斐林试剂加热时间长也可生成氧化亚铜。

4. 与希夫试剂的反应 某些酮、不饱和化合物可吸附二氧化硫,使希夫试剂恢复为品红原有的桃红色,表现为假阳性,如丙酮。溶液不能加热,否则为碱性氧化性物质。

试剂的配制

（1）2,4-二硝基苯肼试剂的配制：取 2,4-二硝基苯肼 3 g，溶于 15 mL 浓硫酸中，先将溶液慢慢加入 70 mL 95％乙醇溶液中，再加蒸馏水稀释到 100 mL，过滤。取滤液，保存于棕色试剂瓶中。

（2）碘液的配制：将 2 g 碘和 5 g 碘化钾，溶于 100 mL 水中。

（3）斐林试剂的配制：

① 斐林试剂甲：将 34.6 g 五水硫酸铜溶于 500 mL 蒸馏水中，浑浊时过滤。

② 斐林试剂乙：将 173 g 酒石酸钾钠 $KNaC_4H_4O_6 \cdot 4H_2O$ 和 70 g 氢氧化钠溶于 500 mL 蒸馏水中，混匀。

将上述两种溶液分别保存，临用时取等体积混合，便可得到斐林试剂。

（4）希夫试剂的配制：将 0.2 g 品红盐酸盐溶于 100 mL 热水中，冷却后，加入 2 g 亚硫酸氢钠及 2 mL 浓盐酸，用水稀释到 200 mL，红色消失后便可使用。若溶液呈粉红色，则可加入少量活性炭振荡过滤。将所得试剂密封于棕色试剂瓶中。

（黄丹云）

任务十　羧酸与取代羧酸的性质

 任务目的

（1）验证羧酸与取代羧酸的性质。
（2）掌握羧酸与取代羧酸的鉴别方法。
（3）比较羧酸与取代羧酸性质的差异。

 实施步骤

一、实验准备

◆ 器材

试管、点滴板、烧杯、酒精灯、试管夹、锥形瓶、恒温水浴锅、干燥硬质大试管、带有导管的塞子、铁架台、铁夹、火柴等。

◆ 试剂

甲酸、乙酸、乳酸、乙酰乙酸、草酸、硬脂酸、三氯乙酸、pH 试纸、苯甲酸、水杨酸、1 mol/L NaOH 溶液、1 mol/L 盐酸、无水碳酸钠、浓硫酸、$Ba(OH)_2$、乙醇、蒸馏水、饱和石灰水、3 mol/L 硫酸溶液、0.5％高锰酸钾溶液、丙酮酸、2％硝酸银溶液、5％ NaOH 溶液、2%氨水等。

二、实施过程

1. 酸性

(1) 分别将 1 滴甲酸、乙酸、乳酸、乙酰乙酸和少量的草酸、苯甲酸、硬脂酸、三氯乙酸放于点滴板的凹穴中,向每个凹穴加入 1~2 滴蒸馏水,用润湿的 pH 试纸测出这些酸的近似 pH 值,比较它们的酸性强弱顺序。

(2) 取 2 支试管,分别加入少量的苯甲酸、水杨酸和 1 mL 水观察溶解性,边振摇边滴加 1 mol/L NaOH 溶液至澄清,再滴加 1 mol/L 盐酸,记录并解释现象。

(3) 取 1 支试管,加入少量无水碳酸钠,再滴加数滴乙酸,观察并记录现象。

2. 酯化反应 在干燥的小锥形瓶中加入水杨酸 0.5 g 和 5 mL 乙醇,再加入 10 滴浓硫酸,振荡均匀,水浴加热约 5 min,然后将锥形瓶中的混合物倒入盛有 10 mL 水的小烧杯中,充分振摇,观察产物的状态、溶解性和气味,解释有关现象。

3. 脱羧反应 在装有导气管的干燥硬质大试管中,放入 1 g 草酸,将试管固定在铁架台上,试管口稍微向下倾斜,然后用酒精灯加热,导气管插入另一支盛有饱和石灰水的小试管或小烧杯中,观察石灰水的变化,解释发生的现象。

按同法取 1 mL 乙酰乙酸进行实验,将试管口稍向上倾斜,观察并解释现象。

4. 氧化反应

(1) 与高锰酸钾的反应:在 3 支试管中分别加入 5 滴甲酸、乳酸以及由少许草酸和 1 mL 水所配成的溶液,然后分别加入 10 滴 3 mol/L 硫酸溶液和 1 mL 0.5% 高锰酸钾溶液,水浴加热,观察并解释现象。

(2) 与托伦试剂的反应:向 1 支洁净的试管中加入 2% 硝酸银溶液 30 滴、5% NaOH 溶液 5 滴,然后边摇试管边滴加 2% 氨水,直到沉淀刚好消失,配得的溶液即为银氨溶液。另取 4 支洁净的试管,分别加入甲酸、乳酸、丙酮酸 5 滴及少量的草酸晶体,向 4 支试管中加入 1 mol/L NaOH 溶液至碱性。将银氨溶液平分于甲酸、乳酸、丙酮酸、草酸 4 支试管中,摇匀,放入 50~60 ℃ 的水浴中加热数分钟,观察并解释现象。

5. 水杨酸和乙酰水杨酸与 FeCl$_3$ 的反应 2 支试管加 1% FeCl$_3$ 与 1 mL 水。分别向 2 支试管加少许水杨酸、乙酰水杨酸,振摇,观察,加热含有乙酰水杨酸的试管,观察记录。

思考题

(1) 做脱羧实验时,若通入过量的二氧化碳到石灰水中将会出现什么现象?

(2) 为什么酯化反应要加硫酸?

注意事项

(1) 浓硫酸具有较强的腐蚀性,使用时应注意安全。

(2) 加热草酸时,试管口应稍向下倾斜,以避免草酸中的水分或石灰水倒吸入试管底部,从而引起试管炸裂。

(3) 甲酸的酸性较强,须将溶液碱化后,再加入银氨溶液,否则实验难以成功。

解释与说明

(1) 羧酸分子中由于羧基中羟基氧上的孤对电子和羰基形成 p-π 共轭体系,电子向羰基转移,增大了氢氧键的极性,氢易以质子形式解离,故显酸性。不同结构的羧酸其酸性强弱不同。

(2) 取代羧酸的酸性与取代基的吸电子效应、数量、离羧基的远近有关。离羧基越近、吸电子能力越强、数量越多,则酸性越强。

(3) 羧酸一般不能氧化,但有些羧酸,如甲酸、草酸,由于结构特殊,有还原性,易被高锰酸钾氧化,甲酸还能发生银镜反应。α-羟基酸、α-酮酸易被氧化,能发生银镜反应。

(4) 草酸、β-酮酸在加热到一定程度时容易发生脱羧反应,可用石灰水加以检验。

(梁曼妮 黄丹云)

任务十一 胺的化学性质

任务目的

(1) 进行胺的主要化学性质实验,掌握胺的性质。
(2) 掌握鉴别伯胺、仲胺、叔胺的简单方法。
(3) 进一步熟练使用试剂测试物质与溶液性质的操作。

实施步骤

一、实验准备

◆ 器材

普通试管、干燥大试管、点滴板、玻璃棒、小烧杯等。

◆ 试剂

甲胺、苯胺、浓盐酸、蒸馏水、冰水浴、乙酐、亚硝酸钠、N-甲基苯胺和 N,N-二甲基苯胺、pH 试纸、淀粉碘化钾试纸、β-萘酚碱液、10%NaOH 溶液、饱和重铬酸钾溶液、1 mol/L 硫酸溶液、饱和溴水等。

二、实施过程

1. 胺的碱性

(1) 比较甲胺与苯胺的碱性强弱:取两片 pH 试纸,分别放于点滴板的两凹穴中,分别用玻璃棒蘸取少量甲胺、苯胺,润湿两片试纸,观察并记录其 pH 值。

(2) 苯胺与酸的反应：向试管中加入 3 滴苯胺和 1 mL 蒸馏水，振摇，观察其溶解情况。边摇边滴加浓盐酸，观察现象。逐滴加入 10% NaOH 溶液，观察并解释现象。

2. 酰化反应　向 1 支干燥试管中加入 1 mL 苯胺，边摇边滴加乙酐 10 滴，将试管放入冷水中冷却。加入 5 mL 水，振摇试管，观察并解释现象。

3. 与亚硝酸反应　向 1 个洁净小烧杯中加入 1 g 亚硝酸钠，用 8 mL 蒸馏水将其溶解。取 3 支干燥而洁净的大试管并进行编号。分别加入苯胺、N-甲基苯胺和 N,N-二甲基苯胺各 5 滴，然后各加入 1 mL 浓盐酸和 2 mL 水。将 3 支试管与小烧杯放入冰水中冷却至 0～5 ℃。

1# 试管：慢慢边摇边滴加亚硝酸钠溶液，直到溶液使淀粉碘化钾试纸呈现蓝色为止（用洁净玻璃棒蘸出溶液润湿试纸）。加入数滴 β-萘酚碱液，观察并解释现象。

2# 试管：慢慢滴加亚硝酸钠溶液，直到出现黄色物质，加 10% NaOH 溶液到碱性而不变色，观察并解释现象。

3# 试管：慢慢滴加亚硝酸钠溶液，直到出现黄色物质，加 10% NaOH 溶液到碱性，固体变绿色，观察并解释现象。

4. 苯胺的氧化及苯胺与溴的反应

(1) 氧化反应：向 1 支试管中加入 1 滴苯胺和 2 mL 蒸馏水，再加 3 滴饱和重铬酸钾溶液和 1 mL 1 mol/L 硫酸溶液，振摇试管，观察并解释现象。

(2) 苯胺与溴的反应：向 1 支试管中加入 1 滴苯胺和 4 mL 蒸馏水，振摇，边摇边滴加饱和溴水 2～3 滴，观察、记录和解释现象。

5. 兴斯堡试验　3 支试管分别加入硝苯胺、N-甲基苯胺、N,N-二甲基苯胺，各加 2 mL 10% NaOH 3 滴苯磺酰氯。塞住管口，用力振摇试管 3～5 min 至无苯磺酰氯气味。检验是否呈碱性，若有需要则调为碱性，观察，各试管逐滴加浓 HCl 至酸性，观察结果。

思考题

(1) 通过此次实验可知，区别芳香族伯胺、仲胺、叔胺可用什么方法？
(2) 苯胺与苯酚的性质有何异同？

注意事项

(1) 与亚硝酸的反应：芳香伯胺与亚硝酸的重氮化反应、重氮盐与 β-萘酚碱液的反应，温度必须保持在 0～5 ℃。另外，在重氮化反应中，亚硝酸试剂不宜过量，否则生成的重氮盐易分解。盐酸需过量，以避免生成的重氮盐与尚未反应的芳香胺发生偶联反应。

(2) 苯胺、乙酐、溴水、β-萘酚均有一定的毒性，使用时应注意安全。

解释与说明

1. 与亚硝酸的反应　亚硝酸与碘化钾在酸性条件下可生成碘，因此可用淀粉碘化钾试纸检验亚硝酸的存在。

2. 苯胺与溴水的反应　苯胺与溴水进行反应，有时会呈现粉红色，这是因为溴水将苯胺氧化。

试剂的配制

β-萘酚碱液的配制:将 0.4 g β-萘酚溶于 4 mL 5％氢氧化钠溶液中即可。

（黄丹云）

任务十二　糖类化合物的性质

 任务目的

（1）进行糖类主要化学性质的实验操作。
（2）熟练进行糖类化合物的鉴别。
（3）进一步练习点滴板、试管、滴管和水浴加热等基本操作。

 实施步骤

一、实验准备

◆ 器材

试管、酒精灯、烧杯、显微镜、点滴板、吸管、试管夹、表面皿等。

◆ 试剂

0.5 mol/L 葡萄糖溶液、0.5 mol/L 果糖溶液、0.5 mol/L 麦芽糖溶液、0.5 mol/L 蔗糖溶液、20 g/L 淀粉溶液、10 g/L $AgNO_3$ 溶液、50 g/L NaOH 溶液、0.2 mol/L $NH_3 \cdot H_2O$ 溶液、托伦试剂、班氏试剂、莫立许试剂、塞利凡诺夫试剂、浓硫酸、浓盐酸、碘试剂等。

二、实施过程

（一）糖的还原性

1. 银镜反应　在 1 支试管内先加入 10 g/L $AgNO_3$ 溶液 2 mL 和 1 滴 50 g/L NaOH 溶液,再逐滴加入 0.2 mol/L $NH_3 \cdot H_2O$ 溶液使沉淀刚好消失为止,即得到托伦试剂。另取 5 支试管,分别加入 5 滴 0.5 mol/L 葡萄糖溶液、0.5 mol/L 果糖溶液、0.5 mol/L 麦芽糖溶液、0.5 mol/L 蔗糖溶液、20 g/L 淀粉溶液,然后各加入 10 滴托伦试剂,将混合好的溶液放在 60 ℃ 的热水浴中加热数分钟,观察并解释发生的变化。

2. 与班氏试剂的反应　取 5 支试管,各加入 1 mL 班氏试剂,放在沸水浴中微热 1 min,再分别加入 5 滴 0.5 mol/L 葡萄糖溶液、0.5 mol/L 果糖溶液、0.5 mol/L 麦芽糖溶液、0.5 mol/L蔗糖溶液和 20 g/L 淀粉溶液,摇匀,放在沸水浴中加热 2～3 min,观察并解释发生的变化。

（二）糖的颜色反应

1. 莫立许反应　取试管 5 支，分别加入 10 滴 0.5 mol/L 葡萄糖溶液、0.5 mol/L 果糖溶液、0.5 mol/L 麦芽糖溶液、0.5 mol/L 蔗糖溶液及 20 g/L 淀粉溶液，再各加入 2 滴莫立许试剂，摇匀，把试管倾斜成 45°角，沿试管壁慢慢加入 10 滴浓硫酸，勿摇动，观察两层之间有无颜色变化，如果数分钟内没有颜色出现，可在水浴上温热后再观察变化，并加以解释。

2. 塞利凡诺夫反应　取试管 5 支，各加入 10 滴塞利凡诺夫试剂，再分别加入上述的葡萄糖溶液、果糖溶液、麦芽糖溶液、蔗糖溶液和淀粉溶液各 5 滴，摇匀，沸水浴加热 2 min（直接加热），观察现象及快慢程度，并解释发生的变化。

3. 淀粉遇碘的反应　在试管里滴加 20 g/L 淀粉溶液 1 mL，继而往试管里滴入 1 滴碘试剂，振摇，观察颜色变化；再将此溶液稀释到淡蓝色，加热，再冷却，观察并解释现象。

（三）蔗糖和淀粉的水解

1. 蔗糖的水解　在 1 支洁净的大试管里加入 0.5 mol/L 蔗糖溶液 1 mL，再加入 1 滴浓盐酸。摇匀，放在沸水浴中加热 5~10 min，冷却后滴入 50 g/L NaOH 溶液至溶液呈碱性后，再加入 10 滴班氏试剂，加热，观察有何现象发生，并加以解释。

2. 淀粉的水解　取 1 支大试管，加入 20 g/L 淀粉溶液 3 mL，再加入 2 滴浓盐酸，振摇，置于沸水浴中加热 5 min。每隔 1~2 min 用玻璃棒蘸取少许溶液（每次需保证玻璃棒洁净），置于点滴板的凹穴里，滴入碘试剂 1 滴并注意观察，直至用碘试剂检验不再呈现颜色时停止加热。然后取出试管，滴加 50 g/L NaOH 溶液中和至溶液呈现碱性为止。取此溶液 2 mL 于另 1 支试管中，加入班氏试剂 1 mL，加热后观察有何现象发生。说明原因并写出有关的反应方程式。

思考题

（1）在糖的还原性实验中，若加热时间过长，蔗糖也可与托伦试剂或斐林试剂反应，为什么？

（2）怎样证明某淀粉溶液已经完全水解？淀粉水解后要用氢氧化钠溶液中和至碱性，再加班氏试剂，这是为什么？

注意事项

1. 莫立许反应　莫立许反应很灵敏，除了糖可发生这一反应外，还有一些物质如甲酸、草酸、乳酸、葡萄糖醛酸及糠醛的衍生物等也具备这一性质，所以显色的物质不一定是糖，但不显色的物质肯定不是糖。

2. 塞利凡诺夫反应　酮糖的反应比醛糖快 15~20 倍，在短时间内酮糖显红色而醛糖却没有这一现象。实验中盐酸和葡萄糖的浓度不要超过 12%。加热时间不要超过 20 min，否则醛糖也会呈现红色。

解释与说明

根据能否被托伦试剂、斐林试剂或班氏试剂等弱氧化剂所氧化,人们常把糖类化合物分成还原性糖和非还原性糖两大类。所有的单糖(如葡萄糖、果糖、核糖、2-脱氧核糖等)和麦芽糖、乳糖等少数双糖属于还原性糖;而蔗糖和所有的多糖(淀粉、糖原、纤维素)属于非还原性糖。

还原性糖具有还原性,既能被弱氧化剂所氧化(发生银镜反应、斐林反应、班氏反应),也能发生成苷反应、成脎反应等。非还原性糖没有还原性,也不能发生成苷反应、成脎反应。

糖类物质可与一些试剂显色。所有的糖在浓硫酸存在下,与莫立许试剂(α-萘酚乙醇试剂)显紫红色。酮糖能较快地与塞利凡诺夫试剂(间苯二酚盐酸试剂)显红色,而醛糖却不能。淀粉遇碘作用显蓝紫色,糖原遇碘作用显红棕色,这是两者的独特之处。

双糖和多糖在酸或酶催化下,均可发生水解反应,彻底水解的终产物都是单糖类化合物。

 试剂的配制

(1) 班氏试剂的配制:将 20 g 柠檬酸钠,11.5 g 无水碳酸钠,溶于 100 mL 热水中。在不断搅拌下把含 2 g 硫酸铜晶体的 20 mL 水溶液慢慢加到柠檬酸钠和碳酸钠的溶液中。溶液应澄清,否则需要过滤。

(2) 莫立许试剂(α-萘酚乙醇试剂)的配制:取 α-萘酚 10 g,溶于 95% 乙醇溶液中,再用 95% 乙醇将溶液稀释到 100 mL。将所得溶液放于棕色试剂瓶中,临用前配制。

(3) 塞利凡诺夫试剂(间苯二酚盐酸试剂)的配制:将 0.05 g 间苯二酚溶于 50 mL 浓盐酸中,用水稀释至 100 mL。将所得溶液放于棕色试剂瓶中。

(4) 淀粉溶液的配制:取 20 g 淀粉和少量冷水调成糊状,倒入 1000 mL 沸水中煮沸后冷却。

(5) 碘液的配制:取 1 g 碘、2.5 g 碘化钾,溶于 1000 mL 水即得。

(黄丹云)

任务十三 氨基酸和蛋白质的性质

 任务目的

(1) 进行蛋白质和氨基酸的性质实验操作。
(2) 学会鉴别氨基酸和蛋白质的方法。
(3) 观察并解释蛋白质的变性。

实施步骤

一、实验准备

◆ 器材

试管、酒精灯、试管夹、烧杯、滴管等。

◆ 试剂

0.2 mol/L 甘氨酸溶液、酪氨酸悬浊液、蛋白质溶液、茚三酮试剂、0.2 mol/L 苯酚溶液、100 g/L NaOH 溶液、浓硝酸、米伦试剂、蛋白质氯化钠溶液、10 g/L $CuSO_4$ 溶液、饱和硫酸铵溶液、硫酸铵晶体、0.015 mol/L 乙酸铅溶液、10 g/L $AgNO_3$ 溶液、2 mol/L 乙酸溶液、饱和鞣酸溶液、饱和苦味酸溶液、10%三氯乙酸溶液、2.5 mol/L HCl 溶液。

二、实施过程

(一) 颜色反应

1. 茚三酮反应　取 3 支试管，分别加入 1 mL 0.2 mol/L 甘氨酸溶液、酪氨酸悬浊液和蛋白质溶液，再各滴加 3 滴茚三酮试剂，放在沸水中加热 5～10 min 或直接加热，观察现象并得出结论。

2. 黄蛋白反应　取试管 4 支，分别加入 1 mL 0.2 mol/L 甘氨酸溶液、酪氨酸悬浊液、蛋白质溶液和 0.2 mol/L 苯酚溶液，再加入浓硝酸 6～8 滴，置于沸水浴中或用试管直接加热，观察现象；放冷后，再各加 100 g/L NaOH 溶液至溶液呈碱性，观察现象并得出结论。

3. 米伦反应　取试管 4 支，分别加入 1 mL 0.2 mol/L 甘氨酸溶液、酪氨酸悬浊液、蛋白质溶液和 0.2 mol/L 苯酚溶液，再各滴加 3 滴米伦试剂，在水浴中加热，观察现象并得出结论。

4. 缩二脲反应　取 3 支试管，分别加入 1 mL 0.2 mol/L 甘氨酸溶液、0.2 mol/L 苯酚溶液、蛋白质溶液，再各滴加 10 滴 100 g/L NaOH 溶液，振摇，各滴加 1～2 滴 10 g/L $CuSO_4$ 溶液。振摇，观察现象并得出结论。

(二) 蛋白质的盐析（可逆沉淀）

取 1 支试管，加入 1 mL 蛋白质氯化钠溶液和饱和硫酸铵溶液，摇匀后静置，观察球蛋白的析出。倾出浑浊液 1 mL，置于另 1 支试管中，加入 3 mL 蒸馏水，振摇，观察球蛋白能否重新溶解。

将剩下的浑浊液过滤，并在滤液中加入硫酸铵晶体至饱和，清蛋白沉淀析出，然后加入 2 倍水进行稀释，振摇，观察析出的清蛋白能否溶解。观察现象并得出结论。

(三) 蛋白质的变性（不可逆沉淀）

1. 重金属盐沉淀蛋白质　取 3 支试管，各加入 1 mL 蛋白质溶液，然后分别逐滴加入 5 滴 0.015 mol/L 乙酸铅溶液、10 g/L $CuSO_4$ 溶液、10 g/L $AgNO_3$ 溶液，振摇，观察并解释现象。

2. 生物碱沉淀蛋白质　取 3 支试管,各加入 1 mL 蛋白质溶液和 2 滴 2 mol/L 乙酸溶液,再分别加入 5 滴饱和鞣酸溶液、饱和苦味酸溶液、10％三氯乙酸溶液,观察并解释发生的变化。

3. 加热沉淀蛋白质　取 2 支试管,1 支加 1 mL 蛋白质溶液,另 1 支加 1 mL 蛋白质溶液和 1 滴 2 mol/L 乙酸溶液,在酒精灯上直接加热,观察并解释发生的变化。

(四) 蛋白质的两性

取 2 支试管,1 支试管中加 1 mL 蛋白质溶液,再加入 1 mL 2.5 mol/L HCl 溶液,然后沿试管壁慢慢加入 100 g/L NaOH 溶液 1 mL,不要振动,即分成上、下两层,观察两层交界处发生的现象。另 1 支试管中,滴入 1 mL 蛋白质溶液后,加入 100 g/L NaOH 溶液 1 mL,然后沿试管壁慢慢加入 1 mL 2.5 mol/L HCl 溶液,也不要振动,即分成上、下两层,观察两层交界处发生的现象。

思考题

(1) 为什么可用煮沸的方法来消毒医疗器械?
(2) 黄蛋白反应、米伦反应、缩二脲反应说明蛋白质有什么样的组成?

注意事项

1. 缩二脲反应　硫酸铜不能多加,否则将影响结果的观察。
2. 重金属盐沉淀蛋白质　硫酸铜不能多加,否则将影响结果的观察。

解释与说明

氨基酸分子中同时含有氨基和羧基,故它既具有类似胺的性质,又具有类似羧酸的性质,体现出氨基酸的两性性质。此外,氨基酸还具有成肽反应和特殊的颜色反应。

蛋白质由 α-氨基酸组成,所以蛋白质具有类似 α-氨基酸的两性、成肽反应和颜色反应。由于蛋白质是高分子化合物,所以蛋白质溶液具有胶体性质稳定、黏度大等性质。蛋白质结构具有高度的分化性和特殊性,故蛋白质还具有易变性、可水解和特殊颜色反应等性质。

1. 与茚三酮的反应　含有氨基的物质可与茚三酮反应生成蓝紫色物质。除脯氨酸、羟脯氨酸与茚三酮生成黄色物质外,其他氨基酸反应生成的产物均为蓝紫色。

2. 黄蛋白反应　含有单独苯环或稠合苯环的氨基酸或蛋白质中苯环与硝酸发生硝化反应,显黄色。生成物在碱性溶液中生成橙色的产物。

3. 米伦反应　含有羟苯基的氨基酸或蛋白质与米伦试剂反应生成白色沉淀,加热后沉淀变成暗红色。

4. 缩二脲反应　含有两个或两个以上肽键的物质与碱性硫酸铜反应显紫红色。

5. 蛋白质的盐析　硫酸铵具有显著的盐析作用。鸡蛋蛋白溶液含有清蛋白与球蛋白,加硫酸镁或氯化钠到饱和,或加硫酸铵到半饱和,则球蛋白沉淀析出。在等电点时,清蛋白可被饱和硫酸镁、氯化钠或饱和硫酸铵溶液所沉淀。

6. 重金属盐沉淀蛋白质 蛋白质与重金属盐生成难溶的盐而沉淀,同时蛋白质变性。用硫酸铜、乙酸铅沉淀蛋白质时,添加物不可过量,否则过多的金属离子会溶解沉淀。

7. 生物碱沉淀蛋白质 在弱酸性条件下,氨基酸以正离子的形式与某些生物碱的阴离子生成难溶的盐。生物碱不能多加,否则沉淀会发生溶解。

8. 加热沉淀蛋白质 在等电点时加热蛋白质,沉淀生成最完全且迅速。酸不能多加,否则酸性溶液中氨基酸带正电,加热不易凝固。

 试剂的配制

(1)酪氨酸悬浊液:将酪氨酸 1 g 加入 100 mL 蒸馏水中,振摇均匀,使用时必须摇匀。

(2)蛋白质溶液:将鸡蛋蛋白用蒸馏水稀释 30 倍,用三层纱布过滤,滤液冷藏备用。

(3)蛋白质氯化钠溶液:在两个鸡蛋的蛋白中加入 350 mL 蒸馏水和 150 mL 饱和食盐水,混匀,过滤。

(4)茚三酮试剂:将 0.1 g 茚三酮溶于 50 mL 水中。配制后不能久置,两天内用完。

(5)米伦试剂:将 1 g 汞溶于 2 mL 浓硝酸中,用 2 倍水稀释,放置过夜,过滤所得的滤液。主要含硝酸汞、亚硝酸汞、硝酸和少量亚硝酸。

(黄丹云)

任务十四　血清蛋白质醋酸纤维素薄膜电泳

 任务目的

(1)掌握电泳技术的原理和基本的操作。
(2)掌握血清蛋白质的正常电泳图谱。
(3)熟悉电泳仪的使用和操作。

 实施步骤

一、实验准备

◆ **器材**

电泳仪、电泳槽、醋酸纤维素薄膜(2 cm×8 cm)、培养皿、滤纸、镊子、点样器(或 X 光胶片)、铅笔、吸量管、洗耳球等。

◆ **试剂**

巴比妥-巴比妥钠缓冲溶液(pH 8.6±0.1,离子强度 0.06)、0.4 mol/L NaOH 溶液、

氨基黑 10B 染色液、漂洗液、洗脱液等。

二、实施过程

(1) 取巴比妥-巴比妥钠缓冲溶液 700~800 mL,倒入电泳槽内,调节两侧槽内缓冲溶液,使其在同一水平面。

(2) 准备:取出薄膜,先在薄膜无光泽面一端约 1.5 cm 处用铅笔画一条直线,作为点样标记。然后将薄膜浸入巴比妥-巴比妥钠缓冲溶液中约 10 min(盛于培养皿中),待充分浸透后,即用镊子取出,置于洁净滤纸中间以吸去多余的缓冲溶液。

(3) 点样:取少量血清,置于普通玻璃板上,用点样器(盖玻片或裁好大小的 X 光胶片均可)蘸取血清,用手固定好醋酸纤维素薄膜的边沿,然后平直"印"在无光泽面的点样线上,待血清渗入膜后移开点样器(图 3-3)。注意应使血清均匀分布在点样区,切不可用力过大、过猛而弄破薄膜。

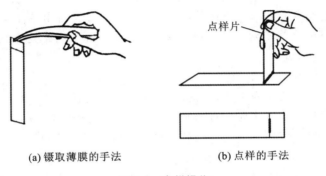

(a) 镊取薄膜的手法　　　　(b) 点样的手法

图 3-3　点样操作

(4) 电泳:将已点样的薄膜端靠近负极,无光泽面(点有样的面)向下(以防蒸干)平整地紧贴在电泳槽支架"纱布桥(四层纱布做成的盐桥)"上(图 3-4)。支架上事先放置好两端浸入缓冲溶液的纱布桥,平衡 5 min 后通电。一般电压为 120~150 V,电流为 0.4~0.6 mA/cm。通电 40~60 min,待电泳区带展开约 3.5 cm 时关闭电源。

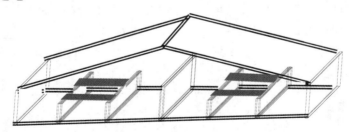

图 3-4　醋酸纤维素薄膜在电泳槽中的放置

(5) 漂洗:小心取出薄膜,直接浸入氨基黑 10B 染色液中 1~3 min,取出,用漂洗液连续浸洗数次,使底色漂净为止,即得五条区带,从正极到负极依次为 A(清蛋白)和 α_1 球蛋白、α_2 球蛋白、β 球蛋白、γ 球蛋白五条区带。

(6) 定量:将漂净的薄膜用滤纸吸干,蛋白质区带分段剪下,分别浸入 0.4 mol/L

NaOH 溶液中,清蛋白管为 6 mL(计算时吸光度需乘以 2),其余各管为 3 mL。振摇数次,置于 37 ℃恒温水浴箱中约 20 min,直至蓝色完全脱下为止。用分光光度计于 620 nm 波长处进行比色,以空白管调零,读取各管吸光度,按下式计算各部分蛋白质含量:

$$各组分蛋白质含量 = 各组分蛋白质吸光度 / 各组分蛋白质吸光度总和 \times 100\%$$

 思考题

(1) 正常的图谱是怎么样的?标明正、负极及各区带的名称。
(2) 点样端为什么放置在负极侧?

 注意事项

(1) 每次电泳时应交换电极或把缓冲溶液倒出,混匀后再加到电泳槽内,这样可使电泳槽内缓冲溶液的正、负极离子交换,使缓冲溶液的 pH 值维持在一定水平。

(2) 电泳槽缓冲溶液的液面要保持一定高度,过低可能会出现 γ 球蛋白的电渗现象(向阴极移动)。同时电泳槽两侧的液面应保持同一水平面,否则,通过薄膜时会产生虹吸现象,将会影响蛋白质分子泳动速度。

(3) 电泳实验失败常见的原因如下。

① 电泳图谱不整齐:点样不均匀、薄膜未完全浸透或温度过高致使膜表面局部干燥或水分蒸发、缓冲溶液变质;电泳时薄膜放置不正确使电流方向不平行。

② 蛋白质各组分分离不佳:由点样过多、电流过低、薄膜结构过分细密、透水性差、导电差等引起。

③ 染色后蛋白质中间着色浅:由于染色时间不足或染色液陈旧所致。

 知识链接

带电的颗粒在电场中向着极性相反的电极泳动的现象称为电泳。血清中各种蛋白质都有它特定的等电点,但大部分都在 pH 7.0 以下,若将血清置于 pH 8.6 的缓冲溶液中,则几乎所有的蛋白质均带负电荷,在电场中都向正极移动。由于各种蛋白质在同一 pH 值环境中所带电荷量以及分子大小和形状不同,所以在同一电场中泳动速度也不同,可将血清蛋白质区分出 5 条区带,从正极到负极依次为 A(清蛋白)和 α_1 球蛋白、α_2 球蛋白、β 球蛋白、γ 球蛋白(图 3-5)。

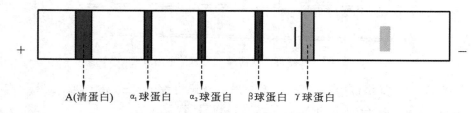

图 3-5 血清蛋白质电泳结果

电泳结束后,将醋酸纤维素薄膜置于染色液中,使蛋白质固定并染色,再脱色(洗去多余染料)。分别剪开染色后的区带,将其溶于碱液中,并进行比色测定,计算各区带的含量。

 参考范围

A 清蛋白:$(65.7\pm7.6)\%$　　　α_1 球蛋白:$(2.3\pm1.7)\%$
α_2 球蛋白:$(5.7\pm2.1)\%$　　　β 球蛋白:$(8.8\pm3.1)\%$
γ 球蛋白:$(17.5\pm4.2)\%$

 试剂的配制

(1) 巴比妥-巴比妥钠缓冲溶液(pH8.6±0.1,离子强度 0.06):称取巴比妥 2.21 g、巴比妥钠 12.36 g,置于 500 mL 蒸馏水中,加热溶解,待冷却至室温后,用蒸馏水补足至 1 L。

(2) 氨基黑 10B 染色液:称取 0.1 g 氨基黑 10B,溶于 20 mL 无水乙醇中。取冰乙酸 5 mL,溶于少量蒸馏水中,然后加入氨基黑 10B 乙醇溶液,再以蒸馏水补足至 100 mL。

(3) 漂洗液:甲醇 45 mL、冰乙酸 5 mL 和蒸馏水 50 mL,混匀。

(4) 洗脱液:0.4 mol/L 氢氧化钠溶液。

(李俊涛)

任务十五　酶的特异性与影响酶活性的因素

 任务目的

(1) 验证酶的特异性。
(2) 通过实验,观察温度、pH 值、激活剂与抑制剂对酶促反应速率的影响。
(3) 能分析并解释实验结果。

 实施步骤

一、实验准备

◆ 器材
试管、试管架、试管夹、恒温水浴箱、电炉、水浴锅、滴管、白瓷板、烧杯等。

◆ 试剂
1%淀粉溶液、1%蔗糖溶液、pH6.8 缓冲溶液、班氏试剂、pH3.0 缓冲溶液、pH8.0 缓冲溶液、碘液、0.9% NaCl 溶液、1% $CuSO_4$ 溶液、1% Na_2SO_4 溶液等。

二、实施过程

1. 稀释唾液制备　用水漱口,含蒸馏水咀嚼 3 min 后,把唾液吐进烧杯中备用。

2. 酶的特异性实验　取试管 3 支,编号后按表 3-5 操作。

表 3-5　酶的特异性实验

试　管	1	2	3
pH6.8 缓冲溶液/滴	20	20	20
1%淀粉溶液/滴	10	10	—
1%蔗糖溶液/滴	—	—	10
稀释唾液/滴	5	—	5
混匀各管,放入 37 ℃水浴中保温 10 min			
班氏试剂/滴	20	20	20
混匀,放入沸水浴中煮沸,观察结果			

煮沸唾液的制备:取上述稀释唾液约 5 mL,放入沸水浴中煮沸 5 min,取出备用。

3. 温度对酶促反应速率的影响　取 3 支试管,编号,按表 3-6 进行操作。

表 3-6　温度对酶促反应速率的影响

试　管	1	2	3
pH6.8 缓冲溶液/滴	20	20	20
1%淀粉溶液/滴	10	10	10
预热温度/℃	0	37	37
预热 5 min 后,取出			
稀释唾液/滴	10	10	—
煮沸唾液/滴	—	—	10
水浴温度/℃	0	37	37

取点滴板 1 块,向各凹穴中分别加入 1 滴碘液,每隔半分钟用玻璃棒从 2 号管中蘸取溶液 1 滴,加到已加有碘液的凹穴中,观察颜色变化,直至与碘不呈色时(即只显棕黄色时),向各管加入碘液 1 滴,摇匀并观察颜色变化。

4. pH 值对酶促反应速率的影响　取 3 支试管编号,按表 3-7 进行操作。

表 3-7　pH 值对酶促反应速率的影响

试　管	1	2	3
pH 3.0 缓冲溶液/滴	10	—	—
pH 6.8 缓冲溶液/滴	—	10	—
pH 8.0 缓冲溶液/滴	—	—	10

续表

试　　管	1	2	3
1%淀粉溶液/滴	10	10	10
稀释唾液/滴	5	5	5
将各管混匀,放入 37 ℃水浴箱中保温			

取点滴板 1 块,向各凹穴中分别加入 1 滴碘液,每隔半分钟用玻璃棒从 2 号管中蘸取溶液 1 滴,加到已加有碘液的凹穴中,观察颜色变化,直至与碘不呈色时(即只显棕黄色时),向各管加入碘液 1 滴,摇匀并观察颜色变化。

5. 激活剂与抑制剂对酶促反应速率的影响　取 4 支试管并进行编号,按表 3-8 配制。将各管摇匀,放进 37 ℃水浴箱中保温。取白瓷板 1 块,向各凹穴中分别加入 1 滴碘液,每隔半分钟用滴管或玻璃棒从 2 号管中蘸取溶液 1 滴,加到已加有碘液的凹穴中,观察颜色变化,直至与碘不呈色时(即只显棕黄色时),向各管加入碘液 1 滴,摇匀并观察颜色变化。

表 3-8　激活剂与抑制剂对酶促反应速率的影响

试　　管	1	2	3	4
1%淀粉溶液/滴	10	10	10	10
pH6.8 缓冲溶液/滴	10	10	10	10
蒸馏水/滴	2	—	—	—
0.9%NaCl 溶液/滴	—	2	—	—
1%$CuSO_4$ 溶液/滴	—	—	2	—
1%Na_2SO_4 溶液/滴	—	—	—	2
稀释唾液/滴	5	5	5	5

思考题

(1) 温度是如何影响酶促反应的?
(2) pH 值是如何影响酶促反应的?
(3) 在激活剂与抑制剂对酶促反应速率的影响实验中为什么设计加入 Na_2SO_4 溶液?

注意事项

(1) 所有试剂加入后,应充分混合均匀,混合后便开始计时。
(2) 用碘液进行检测的时间间隔可根据具体情况进行调整。

知识链接

淀粉酶能催化淀粉水解,水解产物麦芽糖和葡萄糖都有还原性,能使班氏试剂中二价铜离子还原成一价的亚铜离子,生成砖红色的氧化亚铜。淀粉酶不能催化蔗糖水解,所以不能产生具有还原性的葡萄糖和果糖,蔗糖本身又无还原性,故不与班氏试剂发生颜色反应。

低温时,酶活性降低,酶促反应较慢,甚至停止;随着温度升高,酶的活性恢复,反应加快;当达到最适温度时,酶的活性最大,酶促反应速率达到最大。人体内大多数的酶的最适温度在 37 ℃左右。温度过高,酶变性失活,酶促反应速率下降,甚至反应停止。

每种酶都有其最适的 pH 值,在最适 pH 值时,酶的活性最大,酶促反应速率最快;过酸或过碱均可引起酶蛋白变性而降低或失去活性。唾液淀粉酶的最适 pH 值为 6.8。

氯离子对唾液淀粉酶有激活作用;铜离子对唾液淀粉酶有抑制作用。

淀粉酶催化淀粉水解为若干相对分子质量不等的中间产物——糊精,最终生成麦芽糖和葡萄糖。由于淀粉遇碘显蓝色,糊精(按相对分子质量从大至小)遇碘后颜色依次为蓝色、紫色、红色、无色,麦芽糖和葡萄糖遇碘不显色(溶液显棕黄色,是碘液稀释后的颜色)。利用淀粉及其水解产物的颜色反应,来比较唾液淀粉酶在不同条件下催化淀粉水解的程度,从而判断温度、pH 值、激动剂和抑制剂对酶活性的影响。

试剂的配制

(1) 1% 淀粉溶液:取可溶性淀粉 1 g,加 5 mL 蒸馏水,调成糊状,再加 80 mL 蒸馏水,加热并不断搅拌,使其充分溶解,冷却,最后用蒸馏水稀释至 100 mL。

(2) pH 6.8 缓冲溶液:取 0.2 mol/L Na_2HPO_4 溶液 772 mL,0.1 mol/L 柠檬酸溶液 228 mL,混合。

(3) 班氏试剂。

① A 液:溶解结晶硫酸铜($CuSO_4 \cdot 5H_2O$)17.3 g 于 100 mL 热的蒸馏水中,冷却后,稀释至 150 mL。

② B 液:将 173 g 柠檬酸钠和 100 g 无水碳酸钠加入 600 mL 水中,加热溶解,冷却,稀释至 850 mL。

将 A 液慢慢倒入 B 液中,混匀后用细口瓶储存备用。

(4) pH 3.0 缓冲溶液:0.2 mol/L Na_2HPO_4 溶液 205 mL 与 0.1 mol/L 柠檬酸溶液 795 mL 混合。

(5) pH 8.0 缓冲溶液:0.2 mol/L Na_2HPO_4 溶液 972 mL 与 0.1 mol/L 柠檬酸溶液 28 mL 混合。

(6) 碘液:称取 I_2 4 g、KI 6 g,溶于 100 mL 蒸馏水中,储存于棕色试剂瓶中。

(尹　文　李俊涛)

第四篇

应用与综合设计型实验

任务一 硫酸亚铁铵的制备

任务目的

（1）熟悉复盐的一般特征和制备方法。
（2）掌握水浴加热、常压过滤与减压过滤、蒸发与结晶等基本操作。
（3）掌握用目测比色法检验产品质量的操作。

实施步骤

一、实验准备

◆ 器材

托盘天平、小烧杯、表面皿、低温电炉、玻璃漏斗、蒸发皿、三脚架、比色管（25 mL）、酒精灯、滤纸、吸水纸、水浴锅、玻璃棒、布氏漏斗、橡皮管、pH试纸等。

◆ 试剂

铁屑、100 g/L Na_2CO_3 溶液、3 mol/L H_2SO_4 溶液、$(NH_4)_2SO_4$（固体）、2 mol/L HCl 溶液、1 mol/L KSCN 溶液、Fe^{3+} 标准溶液（0.01000 mg/mL）、无水乙醇等。

二、实施过程

1. 除铁屑油污 称取 2.0 g 铁屑，放入小烧杯中，加入 10 mL 100 g/L Na_2CO_3 溶液。先用自来水冲洗，再用去离子水冲洗洁净（如果用纯净的铁屑，可省去这一步）。

2. 硫酸亚铁的制备 往盛有 2.0 g 洁净铁屑的小烧杯中加入 15 mL 3 mol/L H_2SO_4 溶液，盖上表面皿，放在低温电炉上加热。在加热过程中应不时加入少量去离子水，以补充被蒸发的水分，防止 $FeSO_4$ 结晶出来；同时要控制溶液的 pH<1，至反应不再冒气泡为止。趁热用普通漏斗过滤，滤液承接于洁净的蒸发皿中。将小烧杯中及滤纸上的残渣取出，用吸水纸吸干后称量。根据已发生反应的铁屑质量，计算出溶液中 $FeSO_4$ 的理论产量。

3. 硫酸亚铁铵的制备 根据 $FeSO_4$ 的理论产量，计算并称取所需 $(NH_4)_2SO_4$ 固体的用量。在室温下将称取的 $(NH_4)_2SO_4$ 加入上面所制得的 $FeSO_4$ 溶液中，水浴加热搅拌，使 $(NH_4)_2SO_4$ 全部溶解，调节 pH 值为 1～2，继续蒸发浓缩至溶液表面刚出现晶膜时为止。自水浴锅上取下蒸发皿，静置，冷却后即有硫酸亚铁铵晶体析出。待冷至室温后用布氏漏斗减压过滤，再用少量乙醇洗去晶体表面所附着的水分。将晶体取出，置于两张洁净的吸水纸之间，轻压以吸干母液，称量。计算理论产量和产率。产率计算公式为

$$产率 = 实际产量/理论产量 \times 100\%$$

4. 产品检验

（1）Fe^{3+} 标准溶液的配制：在 3 支 25 mL 比色管中分别加入 2 mL 2 mol/L HCl 溶液和 1 mL 1 mol/L KSCN 溶液，再用吸量管分别加入 5 mL、10 mL、20 mL Fe^{3+} 标准溶液 （0.01000 mg/mL），加不含氧的去离子水稀释到刻度并摇匀。

（2）Fe^{3+} 的分析：称取 1.0 g 产品，置于 25 mL 比色管中，加入 15 mL 不含氧气的去离子水溶解，加入 2 mL 2 mol/L HCl 溶液和 1 mL 1 mol/L KSCN 溶液，摇匀后继续加去离子水稀释至刻度，充分摇匀。将所呈现的红色与上述标准溶液进行目视比色，确定 Fe^{3+} 含量及产品标准。

（3）产品级数的确定：上述 3 支比色管中 Fe^{3+} 含量所对应的硫酸亚铁铵试剂规格分别如下：含 Fe^{3+} 为 0.05 mg 的符合一级品标准；含 Fe^{3+} 为 0.10 mg 的符合二级品标准；含 Fe^{3+} 为 0.20 mg 的符合三级品标准。

思考题

（1）为什么制备硫酸亚铁铵时要保持溶液有较强的酸性？
（2）如何证明所制备的产品中含有 NH_4^+、Fe^{2+} 和 SO_4^{2-}？请选用实验方法来证明。

注意事项

硫酸亚铁的制备过程中，在低温电炉上加热时，最好能在通风橱中进行，注意保持烧杯中的溶液只能处于微沸状态，不能使溶液暴沸。

知识链接

Fe^{2+} 在空气中易被氧化为 Fe^{3+}，利用 Fe^{2+} 的硫酸盐能和碱金属或铵的硫酸盐形成复盐的特点，可以使 Fe^{2+} 较稳定地保存在空气中。最重要的亚铁复盐是硫酸亚铁铵 $(NH_4)_2SO_4 \cdot FeSO_4 \cdot 6H_2O$，俗称莫尔盐，它溶于水，不溶于乙醇，是分析化学中常用的标准还原剂。通常情况下，复盐的溶解度比组成它的每一组分的溶解度要小。因此，从 $FeSO_4$ 和 $(NH_4)_2SO_4$ 溶于水所制得的混合物中很容易得到结晶的莫尔盐。反应步骤如下：

$$Fe + H_2SO_4 = FeSO_4 + H_2 \uparrow$$
$$FeSO_4 + (NH_4)_2SO_4 + 6H_2O = (NH_4)_2SO_4 \cdot FeSO_4 \cdot 6H_2O$$

（蒙绍金　石义林）

任务二　葡萄糖酸锌的制备

任务目的

（1）了解葡萄糖酸锌的制备方法。

(2) 练习热过滤的方法和减压过滤操作。

实施步骤

一、实验准备

◆ 器材

托盘天平、恒温水浴箱、抽滤装置、酸式滴定管、电炉、蒸发皿、烧杯、量筒（20 mL、100 mL）、电子天平等。

◆ 试剂

95％乙醇溶液、葡萄糖酸钙（固体）、$ZnSO_4 \cdot 7H_2O$（固体）等。

二、实施过程

(1) 量取 80 mL 水置于烧杯中，加热至 80～90 ℃，加入 13.4 g $ZnSO_4 \cdot 7H_2O$（固体），使之完全溶解。

(2) 将烧杯放在 90 ℃ 的恒温水浴箱中，再分批多次加入葡萄糖酸钙（固体）共 20 g，并不断搅拌。

(3) 在 90 ℃ 水浴上保温 20 min 后趁热抽滤，滤液移至蒸发皿中并在沸水浴上浓缩至黏稠状（体积约为 20 mL，如浓缩液有沉淀，需过滤掉）。

(4) 滤液冷至室温，加 95％乙醇溶液 20 mL 并不断搅拌，此时有大量的胶状葡萄糖酸锌析出。充分搅拌，静置，待胶状物沉淀后用倾析法去除上层的乙醇溶液。

(5) 在沉淀上加 95％乙醇溶液 20 mL，充分搅拌后，沉淀慢慢转变成晶体状，抽滤至干，即得粗品（母液回收）。

(6) 将粗品加水 20 mL，加热至溶解，趁热抽滤，滤液冷至室温，加 95％乙醇溶液 20 mL 充分搅拌，结晶析出后，抽滤至干，即得精制品，50 ℃烘干。称量精制品质量，并计算产率。

思考题

(1) 为什么制备葡萄糖酸锌粗品时需趁热过滤？

(2) 在沉淀与结晶葡萄糖酸锌时，都加入了 95％乙醇溶液，其作用是什么？

注意事项

(1) 充分搅拌以快速、完全地溶解，且避免过早发生黏稠。

(2) 因用到乙醇，加热时注意应该用热水浴，尽量不用明火，否则可能发生火灾。

知识链接

目前工业生产葡萄糖酸锌的制备方法主要有三种：电化学法、化学法、生物法与化学

法联合。本实验任务采用化学法,直接利用葡萄糖酸钙与等物质的量的硫酸锌反应,生成葡萄糖酸锌和硫酸钙的沉淀。其反应式如下:

$$Ca(C_6H_{11}O_7)_2 + ZnSO_4 \xlongequal{\quad\quad} Zn(C_6H_{11}O_7)_2 + CaSO_4 \downarrow$$

分离硫酸钙沉淀后,可得到葡萄糖酸锌粗品,再通过一系列的提纯精制步骤,最终可得到纯度较高的葡萄糖酸锌。

(蒙绍金　陈志超)

任务三　乙酸乙酯的制备

任务目的

(1) 掌握用醇和羧酸制备酯的方法。
(2) 练习分液漏斗的使用及蒸馏操作。
(3) 了解重结晶的原理与应用。

实施步骤

一、实验准备

◆ 器材

三口圆底烧瓶(100 mL)、温度计、滴液漏斗、分液漏斗、锥形瓶、直形冷凝管、蒸馏头、pH 试纸、加热系统、蒸馏瓶(60 mL)、沸石等。

◆ 试剂

95%乙醇溶液、乙酸、浓硫酸、饱和 Na_2CO_3 溶液、饱和食盐水、饱和 $CaCl_2$ 溶液、无水 $MgSO_4$ 等。

二、实施过程

1. 粗乙酸乙酯的制备

(1) 在干燥的 100 mL 三口圆底烧瓶中加入 10 mL 95%乙醇溶液,边摇边慢慢加入 10 mL 浓硫酸,加入沸石。在滴液漏斗中加入 20 mL 95%乙醇溶液和 20 mL 乙酸,摇匀。按图 4-1 组装仪器。滴液漏斗的末端和温度计的水银球必须浸到液面以下距三口圆底烧瓶底部 0.5~1 cm 处(图 4-1)。

(2) 加热,当温度计读数上升到 110 ℃时,从滴液漏斗中滴加乙醇和乙酸的混合液(速度为每分钟 30 滴为宜),并维持反应温度在 120 ℃左右。滴加完毕,继续加热数分钟,直到反应液温度升到 130 ℃,不再有馏出液为止。

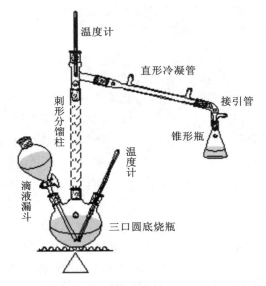

图 4-1 制备乙酸乙酯的装置

2. 洗涤 馏出液中含有乙酸乙酯及少量乙醇、乙醚、水和乙酸等,在摇动下,慢慢向粗品中加入饱和 Na_2CO_3 溶液(约 6 mL)至无二氧化碳气体放出,酯层用 pH 试纸检验呈中性。移入分液漏斗中,充分振摇(注意及时放气!)后静置,分去下层水相。酯层用 10 mL 饱和食盐水洗涤后,再用饱和 $CaCl_2$ 溶液洗涤两次,每次用 10 mL,弃去下层水相,酯层自分液漏斗上口倒入干燥的锥形瓶中,用无水 $MgSO_4$ 干燥。

将干燥好的粗乙酸乙酯小心倾入 60 mL 蒸馏瓶中(不要让干燥剂进入瓶中),加入沸石,在水浴上进行蒸馏,收集 73~80 ℃的馏液,称重。计算产率。

思考题

(1) 酯化反应有什么特点?本实验如何创造条件使酯化反应尽量向生成物方向进行?

(2) 本实验可能有哪些副反应?

(3) 如果采用乙酸过量是否可以,为什么?

注意事项

(1) 酯化反应所用仪器必须无水,包括量取乙醇和乙酸的量筒也要干燥。

(2) 加热之前一定要将反应物混合均匀,否则容易炭化。

(3) 注意分液漏斗的正确使用和维护。

(4) 用饱和 Na_2CO_3 溶液洗涤有机相时有二氧化碳产生,注意及时给分液漏斗放气,以免气体冲开分液漏斗的塞子而损失产品。

(5) 正确进行蒸馏操作,温度计的位置会影响馏出液的温度,温度计水银球的上沿与蒸馏头下沿平行。

(6) 有机相干燥要彻底，不要把干燥剂转移到蒸馏烧瓶中。

(7) 反应和蒸馏时不要忘记加沸石。

 知识链接

乙酸乙酯的合成方法很多，例如，可由乙酸或其衍生物与乙醇反应制取，也可由乙酸钠与卤乙烷反应来合成等。其中最常用的方法是在酸催化下由乙酸和乙醇直接酯化。常用浓硫酸、氯化氢、对甲苯磺酸或强酸性阳离子交换树脂等作催化剂。若用浓硫酸作催化剂，其用量是醇的 0.3% 即可。其反应如下。

主反应：$CH_3COOH + CH_3CH_2OH \underset{}{\overset{浓 H_2SO_4}{\rightleftharpoons}} CH_3COOCH_2CH_3 + H_2O$

副反应：$2CH_3CH_2OH \underset{}{\overset{浓 H_2SO_4}{\rightleftharpoons}} CH_3CH_2OCH_2CH_3 + H_2O$

$CH_3CH_2OH \xrightarrow{浓 H_2SO_4} CH_2 = CH_2 + H_2O$

酯化反应为可逆反应，提高产率的措施如下：一方面加入过量的乙醇，另一方面在反应过程中不断蒸出生成的产物和水，促进平衡向生成酯的方向移动。但是，酯和水或乙醇的共沸物沸点与乙醇接近，为了能蒸出生成的酯和水，又尽量使乙醇少蒸出来，本实验采用了较长的分馏柱进行分馏。

（梁曼妮）

任务四　乙酰水杨酸的制备

 任务目的

(1) 了解有机合成的基本方法。

(2) 进一步熟悉重结晶提纯有机化合物的方法。

 实施步骤

一、实验准备

◆ 器材

台秤、锥形瓶、烧杯、水浴锅、量筒、玻璃漏斗、布氏漏斗、抽滤瓶、滴管、玻璃棒、试管、药匙、圆形滤纸、吸水纸、电炉等。

◆ 试剂

水杨酸、乙酸酐、浓硫酸、饱和碳酸钠溶液、浓盐酸、95%乙醇溶液、1%三氯化铁溶液、冰块等。

二、实施过程

1. 粗品制备 取 50 mL 锥形瓶一个,加入水杨酸 2 g 和乙酸酐 5 mL,再加浓硫酸 5 滴,置于 80～90 ℃ 水浴中,轻轻摇动锥形瓶使水杨酸溶解。再在此温度下继续加热 10 min 并振摇。取出锥形瓶,将产物倒入装有 20 mL 蒸馏水的烧杯中,将烧杯放在冰水中冷却,待结晶完全析出后,抽滤。用少量冷水洗涤结晶 1～2 次,抽干,即得乙酰水杨酸粗品。

2. 产品精制 将抽干的乙酰水杨酸粗品移入一个干净的烧杯中,加入 25 mL 饱和碳酸钠溶液,搅拌直至无气泡产生,抽滤。用 5～10 mL 水洗布氏漏斗。合并洗涤液及滤液。倒入装有 4 mL 浓盐酸和 10 mL 蒸馏水的烧杯中,搅拌,直到有乙酰水杨酸析出。冰块冷却直到完全析出。减压过滤,用少量蒸馏水洗涤结晶 2～3 次,抽干,小心刮去结晶少许,干燥后即得纯品。

3. 纯度检查 分别取粗品及纯品少许,用 95% 乙醇溶液溶解,加 1% 三氯化铁溶液 1～2 滴,观察颜色变化。根据有无紫红色出现以及紫红色的深浅,判断纯度大小。

思考题

(1) 本实验如用冰乙酸进行乙酰化反应,其反应式应怎样书写?

(2) 反应中加浓硫酸的目的是什么?

注意事项

(1) 乙酰水杨酸容易水解,避免加热干燥。宜在 80 ℃ 下烘干。产品密封保存于干燥处。

(2) 制备的最终产物若遇三氯化铁显紫色,表示产品中有杂质,原因可能是储存不当,或制备时精制不完全。可用重结晶法进一步纯化。

知识链接

乙酰水杨酸又称阿司匹林,在浓硫酸的催化下将水杨酸与乙酸酐(过量约 1 倍)作用,使水杨酸分子中酚羟基上的氢原子被乙酰基取代而生成乙酰水杨酸。乙酸酐在反应中既作为酸化剂又作为反应溶剂。反应完成后,加水把乙酸酐分解成水溶性的乙酸,即可得到粗制品阿司匹林。反应式为

$$\underset{\text{水杨酸}}{\begin{array}{c}\text{COOH}\\\text{OH}\end{array}} + \underset{\text{乙酸酐}}{(CH_3CO)_2O} \xrightarrow[\triangle]{H^+} \underset{\text{乙酰水杨酸(阿司匹林)}}{\begin{array}{c}\text{COOH}\\\text{O—C—CH}_3\\\text{\quad\ \ \|}\\\text{\quad\ \ O}\end{array}} + \underset{\text{乙酸}}{CH_3COOH}$$

这样得到的粗制品阿司匹林,必须经过纯化处理。常用的纯化方法是重结晶法。其原理是选择适当的溶剂,利用混合物中各组分在不同的温度下溶解度的差异,以分离杂

质,达到纯化的目的。

重结晶的一般做法是先将粗制品溶于适当的热溶剂中制成饱和溶液,趁热过滤除去不溶性杂质(必要时须脱色)。再将滤液冷却或蒸发,使结晶慢慢析出,而杂质则留在母液中,抽滤,即得精制品。

(黄丹云　梁曼妮)

任务五　茶叶中咖啡碱的提取与分离

任务目的

(1) 练习提取咖啡碱的方法。
(2) 熟悉咖啡碱的性质。

实施步骤

一、实验准备

◆ 器材

台秤、烧杯、量筒、玻璃漏斗、热滤漏斗、玻璃棒、蒸发皿、酒精灯、铁架台、试管、小刀、药匙、圆形滤纸、棉花等。

◆ 试剂

绿茶、生石灰、5%硫酸溶液、硅钨酸试剂、碘化铋钾试剂等。

二、实施过程

1. 制备　取 8 g 绿茶置于 250 mL 烧杯中,加 100 mL 蒸馏水煮沸 15 min(其间加少量蒸馏水,以补充蒸发的水分),趁热过滤以除去茶叶渣。将滤液移入蒸发皿中,加热浓缩至 30～40 mL 时,加 4 g 生石灰,在不断搅拌下将水分蒸干,然后焙炒片刻除去全部水分。冷却后擦去蒸发皿边上的粉末,以免污染升华产物。

2. 升华　在蒸发皿上盖一张穿有很多小孔的圆形滤纸,然后将颈口塞有棉花的、大小合适的玻璃漏斗倒盖在上面(图 4-2)。将蒸发皿放在电炉中的沙浴上(边沿低于沙面,但底部不触及锅底),小火加热使溶液升华,温度控制在 180 ℃以下。缓慢升华上升的咖啡碱蒸气,通过滤纸孔,遇到漏斗内壁冷凝为晶

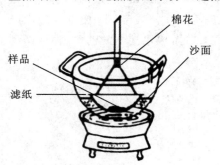

图 4-2　升华装置

体(必要时在漏斗外壁附以湿润的滤纸或湿布)。当发现有棕色烟雾,即升华完毕,停止加热。冷却后,揭开漏斗和滤纸,将残渣拌匀后用较高的温度再升华一次。

用小刀将滤纸和漏斗内壁的晶体刮下来,将晶体溶于 2 mL 5%硫酸溶液中,以备下面的实验所用。

3. 检验

(1) 取晶体的硫酸溶液 1 mL,加硅钨酸试剂 1~6 滴,若生成浅黄色或灰白色沉淀,表明有生物碱存在。

(2) 取晶体的硫酸溶液 1 mL,加碘化铋钾试剂 1~6 滴,若生成淡黄色或红棕色沉淀,表明有生物碱存在。

思考题

(1) 实验中怎样避免咖啡碱的损失?
(2) 酸性与碱性溶剂系统对氨基酸极性基团的解离各有何影响?

注意事项

进行升华操作时,样品与冷却面的距离应尽可能靠近。加热温度不可太高,可采用间歇加热法。温度过高可引起热分解,有色物质挥发,滤纸炭化,使产品含有杂质。

知识链接

植物中的生物碱常以能溶于水或醇的盐的形式或能溶于有机溶剂的游离碱形式存在,因此可用水、醇或其他有机溶剂提取。生物碱与提取液中其他杂质的分离,可根据生物碱与杂质的不同性质进行具体处理。

茶叶中所含的生物碱有多种,其中含量最多的是咖啡碱(又称咖啡因),为 1%~5%,少量的有茶碱、可可碱等,另外还含有丹宁酸(又称鞣酸)。

茶叶中含有的生物碱均为黄嘌呤衍生物,它们的结构式如下:

黄嘌呤 咖啡碱

茶碱 可可碱

咖啡碱是弱碱性化合物，为白色针状结晶，味苦，熔点为 238 ℃，易溶于氯仿、乙醇、热水等。

丹宁酸为酸性物质，易溶于水和乙醇，能与生物碱作用生成沉淀。为此可用氧化钙使丹宁酸或丹宁酸的水解产物与其反应生成盐，以消除丹宁酸对生物碱的作用。

升华是指物质自固态不经过液态直接变为蒸气的现象，是纯化固体有机物的一种方法。能用升华的方法纯化的物质必须满足以下几点：①在其熔点以下具有相当高的蒸气压(>2.67 kPa)；②杂质的蒸气压与被纯化的固体有机物的蒸气压之间有显著的差异。用升华法常可得到纯度较高的产物，但操作时间长，损失也较大，在实验室里只用于较少量(1～2 g)物质的纯化。

含结晶水的咖啡碱在 100 ℃时失去结晶水，并开始升华，178 ℃以上升华加快，但温度不能高于咖啡碱熔点 238 ℃。而茶碱和可可碱于 290～295 ℃升华，据此可纯化咖啡碱。

 试剂的配制

(1) 硅钨酸试剂的配制：称取 5 g 硅钨酸，溶于 100 mL 水中，加少量浓硝酸使其呈酸性(pH 值在 2.0 左右)。

(2) 碘化铋钾试剂的配制：取 8 g 次硝酸铋，溶于 17 mL 5.62 mol/L HNO_3 溶液中，于搅拌下慢慢滴加到含有 27.2 g 碘化钾的 20 mL 水溶液中。静置一夜，取上清液，加水稀释至 100 mL。

（梁曼妮）

任务六　盐酸滴定液的配制和标定

 任务目的

(1) 熟练应用间接法配制与标定盐酸滴定液。
(2) 熟练使用分析天平和酸式滴定管。
(3) 掌握用溴甲酚绿-甲基红混合指示剂确定终点的方法。

 实施步骤

一、实验准备

◆ 器材

分析天平(或电子分析天平)、托盘天平、称量瓶、酸式滴定管、量筒(10 mL、500 mL)、锥形瓶(250 mL)、烧杯、试剂瓶(500 mL)、电炉、标签等。

◆ 试剂

浓盐酸、基准物质 Na_2CO_3、溴甲酚绿-甲基红混合指示剂等。

二、实施过程

1. 0.1 mol/L 盐酸滴定液的配制　用洁净的小量筒取浓盐酸 4.5 mL，置于盛有少量蒸馏水的 500 mL 量筒中，加蒸馏水稀释至 500 mL，倒入试剂瓶中，盖上玻璃塞，摇匀，贴上标签备用。

2. 0.1 mol/L 盐酸滴定液的标定　用减重法精密称取三份在 270～300 ℃ 干燥至恒重的基准物质 Na_2CO_3 约 0.2 g（称量至 0.0001 g），分别置于 3 个 250 mL 锥形瓶中，加入 50 mL 蒸馏水溶解，再各加入溴甲酚绿-甲基红混合指示剂 10 滴，用待标定的盐酸滴定至溶液由绿色变为暗红（酒红）色，煮沸 2 min，冷却后继续滴定至暗红（酒红）色即为终点。记录消耗盐酸滴定液的体积。平行测定 3 次。

按下列公式计算盐酸滴定液的准确浓度：

$$c_{HCl}(mol/L) = 2 \times \frac{m_{Na_2CO_3}}{V_{HCl} M_{Na_2CO_3}} \times 10^3$$

思考题

（1）本实验中量取浓 HCl 和水的量器，为什么可以选用量筒？

（2）基准物质 Na_2CO_3 为什么应先在 270～300 ℃ 干燥至恒重？

注意事项

（1）称量多份试样时，所盛容器应做好记号，以免混淆。

（2）无水 Na_2CO_3 容易吸水，称量时动作要快。

（3）控制好临近终点时的 1 滴或半滴滴定液的加入，是实验成功的关键。

知识链接

由于市售的盐酸浓度不准，且盐酸具有挥发性，所以适合用间接法配制滴定液。Na_2CO_3 是强碱弱酸盐，水解后呈碱性，可被盐酸直接滴定至第二计量点，所以应选取在酸性区域变色的指示剂，例如：溴甲酚绿-甲基红混合指示剂，也可选用甲基橙指示剂（终点：由黄色变橙色）。反应如下：

$$Na_2CO_3 + 2HCl = 2NaCl + CO_2\uparrow + H_2O$$

试剂的配制

溴甲酚绿-甲基红混合指示剂：3 份 0.1% 溴甲酚绿乙醇溶液与 1 份 0.2% 甲基红乙醇溶液混合。

（潘沛玲）

任务七　硼砂含量的测定

任务目的

（1）熟练掌握应用盐酸测定硼砂含量的方法。
（2）熟练使用分析天平和酸式滴定管。
（3）掌握用甲基橙指示剂指示溶液酸度变化的方法。

实施步骤

一、实验准备

◆ 器材

分析天平（或电子分析天平）、托盘天平、称量瓶、酸式滴定管（50 mL）、量筒（50 mL）、锥形瓶（250 mL）、电炉等。

◆ 试剂

硼砂（$Na_2B_4O_7 \cdot 10H_2O$）固体试样、HCl 标准溶液（0.1 mol/L）、甲基橙指示剂等。

二、实施过程

准确称取硼砂 0.5 g 3 份，分别置于锥形瓶中，加 25 mL 蒸馏水后，加热溶解，冷却至室温，滴加甲基橙指示剂 1 滴，用 HCl 标准溶液滴定至溶液由黄色变为橙色，即为终点。记录消耗的 HCl 标准溶液的体积。平行测定 3 次。

按下列公式计算硼砂的含量：

$$\omega_{Na_2B_4O_7 \cdot 10H_2O} = \frac{\frac{1}{2}c_{HCl}V_{HCl}M_{Na_2B_4O_7 \cdot 10H_2O}}{m_s} \times 100\%$$

思考题

（1）若硼砂保存不当失去部分结晶水，将对测定结果造成什么影响？
（2）滴定至近终点时，见溶液刚变橙色，就停止滴定，对结果是否有影响？

注意事项

（1）硼砂不易溶解，必要时可加热溶解，但必须冷却后才进行滴定。
（2）终点为橙色，若偏红，则表明滴定过量。

知识链接

硼砂为消毒防腐药,可作为口腔感染的消毒防腐,毒性很低。硼砂($Na_2B_4O_7 \cdot 10H_2O$)为强碱弱酸盐,水解后碱性较强,可用 HCl 标准溶液直接滴定。甲基橙为指示剂,溶液由黄色变为橙色,橙色为终点。

盐酸与硼砂的反应:
$$2HCl + Na_2B_4O_7 + 5H_2O \Longrightarrow 4H_3BO_3 + 2NaCl$$

 试剂的配制

甲基橙指示剂:称取甲基橙 0.1 g,加蒸馏水 100 mL,溶解,过滤。

(潘沛玲)

任务八　氢氧化钠滴定液的配制和标定

 任务目的

(1) 熟练掌握配制和标定氢氧化钠溶液的方法。
(2) 熟练掌握使用分析天平进行减重法称量和碱式滴定管的操作。
(3) 掌握用酚酞指示剂确定终点的方法。

 实施步骤

一、实验准备

◆ 器材

分析天平(电子分析天平)、托盘天平、称量瓶、碱式滴定管、玻璃棒、聚乙烯塑料瓶、量筒(5 mL、50 mL)、锥形瓶(250 mL)、试剂瓶(500 mL)、烧杯、电热恒温干燥箱、标签等。

◆ 试剂

固体 NaOH、基准邻苯二甲酸氢钾($KHC_8H_4O_4$)、酚酞指示剂等。

二、实施过程

1. 0.1 mol/L NaOH 溶液的配制　用托盘天平称取固体 NaOH 120 g,加蒸馏水 100 mL,搅拌使之溶解成为饱和溶液,冷却后,置于聚乙烯塑料瓶中,静置数日,待溶液澄清后,吸取上清液 2.8 mL,置于聚乙烯塑料瓶中,加入新煮沸放冷的蒸馏水至 500 mL,摇匀,用橡皮塞密塞,备用。

2. 0.1 mol/L NaOH 溶液的标定　用减重称量法称取在 105～110 ℃干燥至恒重的基准邻苯二甲酸氢钾（$KHC_8H_4O_4$）约 0.5 g，共称 3 份，分别置于 250 mL 锥形瓶中，各加 50 mL 无 CO_2 的蒸馏水，待溶解完全后，加 1～2 滴酚酞指示剂。用待标定的 NaOH 滴定液滴定至溶液呈粉红色，且 30 s 内不褪色，即为终点。记录消耗 NaOH 滴定液的体积。平行测定 3 次。根据消耗 NaOH 滴定液的体积和基准邻苯二甲酸氢钾的质量，计算 NaOH 滴定液的浓度。

按下列公式计算 NaOH 滴定液的浓度：

$$c_{NaOH} = \frac{m_{KHC_8H_4O_4}}{V_{NaOH} M_{KHC_8H_4O_4} \times 10^{-3}}$$

 思考题

(1) 为什么要先配制饱和 NaOH 溶液？
(2) 为什么要用新鲜蒸馏水稀释饱和 NaOH 溶液？
(3) 滴定至终点时，若粉红色在 30 s 前或后褪色，各说明什么？对结果是否有影响？
(4) 饱和 NaOH 溶液为什么应置于塑料瓶中储存？

 注意事项

标定 NaOH 滴定液时，以酚酞作为指示剂，滴定至微红色，30 s 不褪色即为终点。时间长红色会褪去，是因为溶液吸收了空气中的 CO_2，使溶液的酸度增加。

 知识链接

由于固体 NaOH 易吸收空气中的 CO_2 生成 Na_2CO_3，因此只能用间接法配制。为了除去 NaOH 中的 Na_2CO_3，通常将 NaOH 配成饱和溶液，因为 Na_2CO_3 在饱和 NaOH 溶液中溶解度很小，可沉淀于塑料瓶底部。将饱和 NaOH 溶液静置数日，待上层溶液澄清后，取一定量的上清液，用新煮沸过的冷的蒸馏水稀释至一定体积，摇匀即可。

标定的 NaOH 标准溶液所用的基准物质是邻苯二甲酸氢钾（$KHC_8H_4O_4$），由于在化学计量点时邻苯二甲酸氢钾完全被中和生成邻苯二甲酸钠钾（$KNaC_8H_4O_4$），其水溶液呈碱性，故用酚酞指示剂指示终点。其标定反应为

$$KHC_8H_4O_4 + NaOH \Longrightarrow KNaC_8H_4O_4 + H_2O$$

 试剂的配制

酚酞指示剂：称取酚酞 1 g，加 100 mL 95% 乙醇溶液溶解。

（潘沛玲）

任务九　苯甲酸的含量测定

任务目的

（1）熟练掌握苯甲酸含量测定的方法。
（2）熟练掌握使用分析天平进行减重法称量与酸式滴定管的操作。
（3）熟练掌握使用酚酞指示剂确定终点的方法。

实施步骤

一、实验准备

◆ 器材

分析天平（电子分析天平）、托盘天平、称量瓶、滴定管、量筒（50 mL）、锥形瓶（250 mL）等。

◆ 试剂

NaOH 滴定液（0.1 mol/L）、固体苯甲酸、中性乙醇、酚酞指示剂等。

二、实施过程

精密称取固体苯甲酸约 0.27 g，置于 250 mL 锥形瓶中，加中性乙醇（对酚酞显中性）25 mL，当苯甲酸完全溶解后，加酚酞指示剂 1～2 滴，用 NaOH 滴定液（0.1 mol/L）滴定至溶液呈淡红色，且 30 s 不褪色，即为终点，记录消耗 NaOH 滴定液的体积。平行测定 3 次。

按下列公式计算苯甲酸的含量：

$$\omega_{C_7H_6O_2} = \frac{c_{NaOH} V_{NaOH} M_{C_7H_6O_2}}{m_s \times 1000} \times 100\%$$

思考题

（1）本次实验为何滴定至酚酞指示剂变成淡红色且持续 30 s 不褪色才为滴定终点？
（2）溶解苯甲酸为什么要用中性乙醇？量取中性乙醇应选用什么量器？

注意事项

如果 NaOH 滴定液吸收了空气中的 CO_2，等于把 NaOH 滴定液酸化了一部分，消耗 NaOH 滴定液的体积就多了，导致测定结果偏高。

知识链接

苯甲酸的 $K_a=6.2\times10^{-5}$，所以可用碱直接测定。苯甲酸与氢氧化钠反应如下：
$$C_6H_5COOH+NaOH \Longrightarrow C_6H_5COONa+H_2O$$

苯甲酸难溶于水，却易溶于乙醇，所以用中性乙醇作溶剂。反应产物苯甲酸钠呈碱性，所以选择酚酞为指示剂。

（潘沛玲）

任务十　硝酸银滴定液的配制和标定

 任务目的

（1）掌握硝酸银滴定液的配制与标定方法。
（2）熟悉荧光黄指示剂法的测定条件。
（3）掌握用荧光黄指示剂确定滴定终点的方法。

 实施步骤

一、实验准备

◆ 器材

分析天平（电子分析天平）、托盘天平、称量瓶、酸式滴定管（棕色）、量筒（500 mL、100 mL、10 mL）、锥形瓶（250 mL）、烧杯（100 mL）、棕色试剂瓶、标签等。

◆ 试剂

$AgNO_3$（AR）、基准物质 NaCl、10 g/L 淀粉溶液、5 g/L 荧光黄指示剂等。

二、实施过程

1. 0.1 mol/L $AgNO_3$ 溶液的配制　准确称取分析纯 $AgNO_3$ 晶体 4.3 g，在烧杯中加蒸馏水 50 mL 溶解，转移到 500 mL 量筒并稀释至 250 mL，搅匀，置于棕色试剂瓶密封保存，待标定。

2. 0.1 mol/L $AgNO_3$ 溶液的标定　准确称取 3 份置于 500～600 ℃ 干燥至恒重的基准物质 NaCl 1.5 g，1 份置于 1 个小烧杯中，加 50 mL 蒸馏水使其溶解转入 250 mL 容量瓶，洗烧杯 3 次，洗液入容量瓶，加 10 g/L 淀粉液 10 mL，在不断振摇下，用待标定的 $AgNO_3$ 溶液滴定，接近终点时，加 5 g/L 荧光黄指示剂 3 滴，继续滴定至溶液呈粉红色，即为终点。记录消耗 $AgNO_3$ 溶液的体积。做空白试验。平行测定三次，计算相对平均偏差。

按下列公式计算 $AgNO_3$ 溶液的准确浓度：

$$c_{AgNO_3} = \frac{m_{NaCl}}{(V - V_{空白})M_{NaCl} \times 10^{-3}}$$

思考题

(1) 本次为何需做空白试验？
(2) 实验完毕后为什么盛装 $AgNO_3$ 溶液的仪器不能直接用自来水冲洗？

注意事项

(1) 不论是固体 $AgNO_3$，还是 $AgNO_3$ 溶液，都应在棕色试剂瓶中避光保存。
(2) $AgNO_3$ 溶液与有机物接触容易被还原，所以 $AgNO_3$ 溶液应储存于玻璃试剂瓶中，滴定时也必须用酸式滴定管。
(3) $AgNO_3$ 溶液具有腐蚀性，使用时应注意勿与皮肤接触。

知识链接

在中性或弱碱性(pH＝7～10)条件下，以荧光黄（HFIn）为指示剂，用基准物质 NaCl 标定 $AgNO_3$ 溶液，反应如下：

$$Ag^+ + Cl^- =\!\!=\!\!= AgCl \downarrow$$
（白色）

终点前，$AgCl \cdot Cl^-$ 胶粒带负电，不吸附 FIn^-，溶液为黄绿色。
终点时，$AgCl \cdot Ag^+ + FIn^- =\!\!=\!\!= AgCl \cdot Ag^+ \cdot FIn^-$
　　　　　（黄绿色）　　　　　　　　（微红色）

因为 $AgCl\downarrow$ 对 Cl^- 的吸附强于对 FIn^- 的吸附，所以终点前溶液呈黄绿色，终点时由于吸附了 Ag^+，从而吸附 FIn^-，所以溶液呈微红色。

试剂的配制

(1) 荧光黄指示剂：称取荧光黄 0.50 g，加乙醇溶解并稀释至 100 mL。
(2) 10 g/L 淀粉溶液：取 1 g 可溶性淀粉，加 10 mL 水搅拌成浆状，在搅拌下缓慢注入 100 mL 沸水中，微沸 2 min 左右至溶液呈半透明，静置，取上层溶液（若要保持稳定，可在研磨淀粉时加入 1 mg HgI_2）。

（黄丹云）

任务十一　溴化钠的含量测定（铁铵矾指示剂法）

任务目的

(1) 掌握用剩余滴定法测定物质含量的方法。

(2) 掌握 NH_4SCN 滴定液的配制与标定方法。

(3) 依据铁铵矾指示剂法的原理正确判断滴定终点。

 实施步骤

一、实验准备

◆ 器材

托盘天平、分析天平(电子分析天平)、称量瓶、滴定管(50 mL)、移液管(25 mL)、洗耳球、锥形瓶(250 mL)、烧杯(100 mL)、试剂瓶(500 mL)、量筒(500 mL、50 mL、10 mL)等。

◆ 试剂

NH_4SCN(AR)、$AgNO_3$ 滴定液(0.1 mol/L)、NaBr(试样)、铁铵矾指示剂、稀 HNO_3(1∶1)等。

二、实施过程

1. 配制 NH_4SCN 滴定液 在托盘天平上称取 4.2 g NH_4SCN(AR),置于 100 mL 烧杯中,加蒸馏水 50 mL,溶解后定量转移到 500 mL 量筒中,再加蒸馏水稀释至 500 mL,搅拌均匀,转移到 500 mL 试剂瓶中待标定。

2. 标定 用移液管精密吸取 $AgNO_3$ 滴定液(0.1 mol/L)25.0 mL 放于 250 mL 锥形瓶中,加蒸馏水 50 mL、稀 HNO_3(1∶1)2 mL、铁铵矾指示剂 2 mL,用待标定的 NH_4SCN 滴定液滴定至溶液显淡棕红色,经振摇后仍不褪色即为终点。平行滴定 3 次,计算 NH_4SCN 滴定液的浓度。

3. 测定试样中 NaBr 的含量 精密称取 NaBr(试样)0.2 g(0.18~0.22 g)3 份,分别置于锥形瓶中,各加蒸馏水 50 mL 溶解后,再加稀 HNO_3(1∶1)2 mL、$AgNO_3$ 滴定液(0.1 mol/L)25.0 mL,充分振摇使沉淀完全后,加入铁铵矾指示剂 2 mL,用 NH_4SCN 滴定液(0.1 mol/L)滴定剩余的 $AgNO_3$ 至溶液显淡红色,经振摇后仍不褪色即为终点。平行操作 3 次。

计算公式为

$$c_{NH_4SCN} = \frac{c_{AgNO_3} V_{AgNO_3}}{V_{NH_4SCN}}$$

$$\omega_{NaBr} = \frac{(c_{AgNO_3} V_{AgNO_3} - c_{NH_4SCN} V_{NH_4SCN}) M_{NaBr} \times 10^{-3}}{m_S} \times 100\%$$

 思考题

(1) NH_4SCN 滴定液能否采用直接法配制?为什么?

(2) 测定 NaBr 含量时若采用吸附指示剂法则应选择哪种指示剂?

(3) 用铁铵矾指示剂滴定为什么要在稀 HNO_3 中进行?

注意事项

用铁铵矾指示剂法(反滴定法)测定 Br^-、I^- 时不能剧烈摇动。

知识链接

将样品用硝酸溶解后,以铁铵矾为指示剂,先加入定量过量的 $AgNO_3$ 滴定液,沉淀被测离子,过量的 $AgNO_3$ 再用 NH_4SCN 滴定液反滴定至溶液呈红色,即达到终点。

其反应式为

$$Ag^+ + Br^- = AgBr \downarrow$$
（定量过量）
$$Ag^+ + SCN^- = AgSCN \downarrow$$
（剩余量）
$$Fe^{3+} + SCN^- = [FeSCN]^{2+}$$
（红色）

试剂的配制

铁铵矾指示剂:称取铁铵矾 8 g,加蒸馏水溶解,稀释至 100 mL。

（潘沛玲）

任务十二　碘化钾的含量测定(吸附指示剂法)

任务目的

(1) 掌握用吸附指示剂法测定碘化物含量的方法。
(2) 掌握根据沉淀颜色变化确定滴定终点的方法。
(3) 进一步练习滴定分析的基本操作。

实施步骤

一、实验准备

◆ 器材

分析天平(电子分析天平)、托盘天平、称量瓶、棕色酸式滴定管、锥形瓶(250 mL)、烧杯、量筒(50 mL、10 mL)等。

◆ 试剂

$AgNO_3$ 滴定液(0.1 mol/L)、KI(试样)、曙红指示剂、2 mol/L 乙酸溶液、5 g/L 淀粉

溶液等。

二、实施过程

精密称取 0.3 g KI 试样 3 份,分别置于锥形瓶中,各加蒸馏水 50 mL 溶解后,再加 2 mol/L 乙酸溶液 10 mL,8～10 滴曙红指示剂,5 g/L 淀粉溶液 5 mL,用 0.1 mol/L $AgNO_3$ 滴定液滴定至沉淀由橙色变为深红色,经振摇后仍不褪色即为终点。记录消耗 $AgNO_3$ 滴定液的体积。平行测定 3 次。

计算公式为

$$\omega_{KI} = \frac{c_{AgNO_3} V_{AgNO_3} M_{KI} \times 10^{-3}}{m_s} \times 100\%$$

思考题

(1) 实验中为什么加入稀乙酸?

(2) 测定 I^- 时,除了曙红指示剂以外,还可以选择哪些吸附指示剂指示终点?

(3) 到达滴定终点后,不要立即将滴定的溶液倒掉,而是将它静置一段时间后,观察出现了什么现象。该现象说明什么问题?

注意事项

由于吸附指示剂的颜色变化发生在沉淀微粒的表面,因此应在滴定前加入淀粉溶液,尽可能使卤化银沉淀保持胶体状态,使之具有较大的表面积,以利于吸附,便于终点观察。

知识链接

根据沉淀对离子吸附的选择性,在等量点前后吸附的离子不同,引起带电性不同,因而可以根据在等量点前后对指示剂离子的吸附与否而产生的颜色变化来确定终点。

例如,用 $AgNO_3$ 滴定液滴定 I^-,用曙红(HFIn)作为指示剂,反应方程式如下:

$$Ag^+ + I^- \Longrightarrow AgI\downarrow$$
$$AgI \cdot Ag^+ + FIn^- \Longrightarrow AgI \cdot Ag^+ \cdot FIn^-$$
　　　　　　(橙黄色)　　　　　　　(玫瑰红色)

试剂的配制

(1) 曙红指示剂:称取曙红 0.50 g,加水溶解,用水稀释至 100 mL。

(2) 5 g/L 淀粉溶液:称取淀粉 0.5 g,加冷的蒸馏水 5 mL,搅拌均匀后,缓慢加入 100 mL 沸腾的蒸馏水中,随加随搅拌,煮沸,至溶液呈半透明,放置,取上层清液备用。本试剂应临用前制备,若要保持稳定,可在研磨淀粉时加入 1 mg HgI_2。

(潘沛玲)

任务十三　EDTA 滴定液的配制和标定

任务目的

（1）掌握 EDTA 滴定液的配制和标定方法。
（2）掌握用铬黑 T 指示剂判断终点的方法。

实施步骤

一、实验准备

◆ 器材

分析天平（电子分析天平）、托盘天平、称量瓶、量筒（250 mL、50 mL、10 mL）、容量瓶（500 mL）、烧杯（250 mL）、玻璃棒、试剂瓶、酸式滴定管、锥形瓶（250 mL）、电炉、药匙等。

◆ 试剂

$Na_2H_2Y \cdot 2H_2O$（AR）、基准物质 ZnO、6 mol/L HCl 溶液、0.025％甲基红指示剂、2 mol/L 氨水、氨-氯化铵缓冲溶液（pH＝10）、铬黑 T 指示剂等。

二、实施过程

1. 0.05 mol/L EDTA 滴定液的配制　称取 $Na_2H_2Y \cdot 2H_2O$ 约 9.5 g，置于 250 mL 烧杯中，加 150 mL 蒸馏水，微热，搅拌使之溶解，冷却后定量转移至 500 mL 容量瓶中，稀释至标线后摇匀，备用。

2. 0.05 mol/L EDTA 滴定液的标定　精密称取 0.12 g 基准物质 ZnO 3 份，分别置于 3 个 250 mL 锥形瓶中，加 6 mol/L HCl 溶液 3 mL，使之溶解，再加蒸馏水 25 mL、0.025％甲基红指示剂 1 滴，滴加 2 mol/L 氨水至溶液显微黄色，再加蒸馏水 25 mL、氨-氯化铵缓冲溶液 10 mL，加铬黑 T 指示剂少量，用待标定的 EDTA 溶液滴定至溶液由酒红色变为纯蓝色即为终点。按下式计算 EDTA 滴定液的浓度。

$$c_{EDTA} = \frac{m_{ZnO}}{V_{EDTA} M_{ZnO} \times 10^{-3}}$$

思考题

（1）本标定应控制 pH 值在 10，若将试液的 pH 值提高至 12 或降低到 6，则对结果有何影响？
（2）ZnO 溶解后加甲基红指示剂，再加入氨水至溶液呈微黄色，目的是什么？
（3）滴定过程中为什么要加入氨-氯化铵缓冲溶液？

注意事项

(1) 短时间储存 EDTA 溶液可选硬质玻璃瓶,如有条件应用聚乙烯塑料瓶储存。

(2) 用稀盐酸溶解 ZnO 必须完全,然后才能加水稀释,否则溶液会浑浊。

(3) 甲基红指示剂不宜加得太多,否则加氨水后溶液呈较深的黄色,至终点时颜色发绿。

(4) 配位反应进行得较慢,滴入 EDTA 溶液的速度不宜太快,特别是接近终点时应逐滴加入,并不断振摇。

 知识链接

标定 EDTA 的基准物质较多,本实验采用 ZnO 为基准物质标定其浓度,滴定在 pH 10 左右的条件下进行,以铬黑 T 为指示剂,滴定至终点时溶液颜色由紫红色变为纯蓝色。标定原理为

滴定前 $\quad Zn^{2+} + HIn^{2-} \rightleftharpoons ZnIn^- + H^+$
(紫红色)

终点前 $\quad Zn^{2+} + H_2Y^{2-} \rightleftharpoons ZnY^{2-} + 2H^+$

终点时 $\quad ZnIn^- + H_2Y^{2-} \rightleftharpoons ZnY^{2-} + HIn^{2-} + H^+$
(紫红色) (纯蓝色)

 试剂的配制

(1) 6 mol/L HCl 溶液:取浓盐酸 500 mL,加水稀释至 1000 mL。

(2) 0.025% 甲基红指示剂:取 0.25 g 甲基红,溶于 1000 mL 乙醇中。

(3) 2 mol/L 氨水:取浓氨水 133 mL,加水稀释至 1000 mL。

(4) 氨-氯化铵缓冲溶液(pH=10):称取 54 g 氯化铵,溶于适量水中,加 15 mol/L 氨水(浓氨水)294 mL,稀释至 1 L。

(5) 铬黑 T 指示剂:称取 0.1 g 铬黑 T,加入 10 g 氯化钠,研磨混匀,储存于磨口试剂瓶中,置于干燥器中保存。

(潘沛玲 吴文奇)

任务十四 水的硬度测定

 任务目的

(1) 掌握用配位滴定法测定水硬度的方法和操作技能。

（2）熟练水硬度的计算方法。
（3）掌握控制滴定条件和用铬黑 T 指示剂确定终点的方法。

一、实验准备

◆ 器材

酸式滴定管、移液管、量筒（10 mL）、锥形瓶（250 mL）、药匙等。

◆ 试剂

EDTA 滴定液（0.01 mol/L）、铬黑 T 指示剂、氨-氯化铵缓冲溶液（pH＝10）、水样等。

二、实施过程

用移液管准确量取 100 mL 自来水 3 份，分别置于 250 mL 锥形瓶中，加氨-氯化铵缓冲溶液（pH＝10）10 mL，铬黑 T 指示剂少许，用 EDTA 滴定液（0.01 mol/L）滴定，并用力旋摇溶液，滴定速度为 3～4 滴/秒，直至溶液由酒红色变为纯蓝色，15 s 不褪色，即为终点。记录所消耗 EDTA 滴定液的体积，平行测定 3 次。根据下列公式计算水的硬度：

$$总硬度(mg/L，以 CaCO_3 计)=\frac{c_{EDTA}V_{EDTA}\dfrac{M_{CaCO_3}}{1000}}{V_{H_2O}}\times 10^6$$

（1）能否用量筒量取水样？为什么？
（2）若测定水中的 Ca^{2+}，应选择何种指示剂？在什么条件下测定？
（3）自来水经加热煮沸后，硬度会发生什么变化？为什么？
（4）为什么在硬度较大（含 Ca^{2+}、Mg^{2+} 较多）的水样中加酸酸化后，振摇 2 min，能防止 Ca^{2+}、Mg^{2+} 生成碳酸盐沉淀？

（1）水样中若含有 Fe^{3+}、Al^{3+}、Cu^{2+}、Pb^{2+} 等金属离子会使指示剂褪色，或终点不明显。可加入盐酸羟胺及硫化钠或氰化钾进行掩蔽。
（2）氨-氯化铵缓冲溶液放置时间过久，氨水浓度将降低，应重新配制。使用时防止反复开盖，使氨水浓度降低而影响 pH 值。
（3）控制滴定时间，从加入缓冲溶液起，整个滴定过程不超过 5 min，以防止沉淀的产生。在临近终点前，两次滴定时间应间隔 3～5 s，或半滴半滴地加入，并用洗瓶吹入少量蒸馏水冲洗锥形瓶内壁。
（4）滴定应在自然光或日光灯下进行，否则，将影响滴定终点的判断。

（5）滴定时如果室温过低，终点会延长或终点不明显，可将溶液加热至30~40 ℃。

知识链接

在pH＝10的条件下，虽然水样中Ca^{2+}、Mg^{2+}都可以与铬黑T(EBT)指示剂形成酒红色配合物，但CaY^{2-}、MgY^{2-}的稳定性大于$MgIn^-$、$CaIn^-$的稳定性，因此在终点前生成$MgIn^-$、$CaIn^-$，溶液显酒红色，达到化学计量点时，H_2Y^{2-}置换出$MgIn^-$、$CaIn^-$中的EBT指示剂，使溶液的颜色由酒红色变为纯蓝色，指示终点到达。根据消耗EDTA滴定液的体积，可计算水中Ca^{2+}、Mg^{2+}的量，再换算成$CaCO_3$的量来表示水的总硬度，其单位为mg/L。反应式如下：

终点前　　$Ca^{2+}+EBT \Longrightarrow Ca\text{-}EBT$　　　　$Mg^{2+}+EBT \Longrightarrow Mg\text{-}EBT$
　　　　　　　　　　　（酒红色）　　　　　　　　　　　　　　（酒红色）

　　　　　$Mg^{2+}+H_2Y^{2-} \Longrightarrow MgY^{2-}+2H^+$　　$Ca^{2+}+H_2Y^{2-} \Longrightarrow CaY^{2-}+2H^+$

终点时　　$Mg\text{-}EBT+H_2Y^{2-} \Longrightarrow MgY^{2-}+EBT+2H^+$
　　　　　（酒红色）　　　　　　　（纯蓝色）

　　　　　$Ca\text{-}EBT+H_2Y^{2-} \Longrightarrow CaY^{2-}+EBT+2H^+$
　　　　　（酒红色）　　　　　　　（纯蓝色）

我国《生活饮用水卫生标准》规定，总硬度以1 L水中含有$CaCO_3$的量（mg）表示，并不得超过450 mg/L。

（潘沛玲）

任务十五　硫代硫酸钠标准溶液的配制和标定

任务目的

（1）熟练掌握$Na_2S_2O_3$滴定液的配制与标定方法。
（2）熟练使用分析天平（电子分析天平）、滴定管和碘量瓶。
（3）掌握用淀粉指示剂确定滴定终点的方法。

实施步骤

一、实验准备

◆ 器材

碱式滴定管、碘量瓶（250 mL）、电子分析天平、百分之一电子天平、烧杯（500 mL）、试剂瓶、标签等。

◆ 试剂

$Na_2S_2O_3 \cdot 5H_2O$(AR)、$K_2Cr_2O_7$(基准物质)、KI、6 mol/L HCl 溶液、Na_2CO_3、5 g/L 淀粉指示剂等。

二、实施过程

1. 0.1 mol/L $Na_2S_2O_3$ 滴定液的配制 称取 0.1 g Na_2CO_3，置于 500 mL 烧杯中，加新煮沸并放冷的蒸馏水约 200 mL，搅拌使之溶解，加入 13 g $Na_2S_2O_3 \cdot 5H_2O$，搅拌使之完全溶解，用新煮沸并放冷的蒸馏水稀释至 500 mL，搅匀，储存于试剂瓶中可放置 7~14 天。

2. 0.1 mol/L $Na_2S_2O_3$ 滴定液的标定 精密称取在 120 ℃ 干燥至恒重的基准物质 $K_2Cr_2O_7$ 0.12 g 3 份，置于碘量瓶中，加入蒸馏水 50 mL 溶解，加 1.2 g KI、6 mol/L HCl 溶液 5 mL，密塞，摇匀，水封，在暗处放置 10 min。加纯化水 50 mL，用 0.1 mol/L $Na_2S_2O_3$ 溶液滴定至近终点时(浅黄绿色)，加 5 g/L 淀粉指示剂 2 mL，继续滴定至蓝色消失，溶液呈亮绿色即为终点。读取消耗 $Na_2S_2O_3$ 滴定液的体积。平行测定 3 份。

根据下列公式计算 $Na_2S_2O_3$ 滴定液的准确浓度：

$$c_{Na_2S_2O_3} = \frac{6 m_{K_2Cr_2O_7}}{V_{Na_2S_2O_3} M_{K_2Cr_2O_7} \times 10^{-3}}$$

思考题

(1) 用 $K_2Cr_2O_7$ 作基准物质标定 $Na_2S_2O_3$ 溶液时，为什么加入过量的 KI 与盐酸后还要放置一段时间？

(2) 为什么要在滴定至近终点时才加入淀粉指示剂？过早加入淀粉指示剂会造成什么后果？

注意事项

(1) 滴定开始时要快滴慢摇，以减少 I_2 的挥发，近终点时，要慢滴用力旋摇，以减少淀粉对 I_2 的吸附。

(2) 滴定结束后，放置 5 min 左右，溶液会有蓝色出现，是由于空气中的 O_2 将 I^- 氧化成 I_2 引起的。如果滴定至终点后又迅速变蓝，说明 $K_2Cr_2O_7$ 与 I_2 反应不完全，应重新滴定。

(3) 3 份溶液在暗处放置的时间应该一致。

知识链接

本实验采用 $Na_2S_2O_3 \cdot 5H_2O$ 配制 $Na_2S_2O_3$ 标准溶液(滴定液)，由于 $Na_2S_2O_3 \cdot 5H_2O$ 纯品不易得到，而且在空气中容易风化和潮解，故不能直接用其配制标准溶液。

配制 $Na_2S_2O_3$ 溶液应用新煮沸并放冷的蒸馏水，这样既可驱除水中残留的 CO_2 和

O_2,以防止硫的生成而使溶液浑浊,又可杀死能分解 $Na_2S_2O_3$ 的嗜硫菌等微生物。配制时还须加入少量 Na_2CO_3 作稳定剂,使溶液 pH 值保持在 9~10。

标定 $Na_2S_2O_3$ 的基准物质有 $K_2Cr_2O_7$、$KMnO_4$、$KBrO_3$、KIO_3 等,本实验选用 $K_2Cr_2O_7$。在酸性溶液中 $K_2Cr_2O_7$ 与过量的 KI 作用析出化学计量的 I_2,然后用 $Na_2S_2O_3$ 溶液加以滴定,从而求出 $Na_2S_2O_3$ 的浓度。反应式为

$$Cr_2O_7^{2-} + 6I^- + 14H^+ \Longrightarrow 2Cr^{3+} + 3I_2 + 7H_2O \quad (置换反应)$$
$$I_2 + 2S_2O_3^{2-} \Longrightarrow 2I^- + S_4O_6^{2-} \quad (滴定反应)$$

为使 I_2 定量快速析出,在置换反应中,应使溶液中的$[H^+]$接近 1 mol/L,若酸度太高易使 I^- 氧化成 I_2,使 I_2 的析出量增加,若酸度太低,反应太慢,使 I_2 析出不完全。KI 的加入量应适当,含量应不低于 2%,若加入量太少,则反应不完全,若加入量太多又会使淀粉指示剂变色不敏锐,并应避光放置 10 min,使反应进行完全。$Na_2S_2O_3$ 滴定 I_2 反应只能在中性或弱酸性溶液中进行,为此,滴定前溶液应稀释,一是为了降低酸度,二是为了使终点时溶液中的 Cr^{3+} 不致颜色太深,从而影响终点观察,淀粉指示剂在滴定至近终点时加入,为防止 I_2 的挥发,滴定反应应该较快进行但不要剧烈摇动。

试剂的配制

5 g/L 淀粉指示剂:称取淀粉 0.5 g,加冷的蒸馏水 5 mL,搅拌均匀后,缓慢加入 100 mL 沸腾的蒸馏水中,随加随搅拌,煮沸,至溶液呈半透明,放置,取上层清液使用。本试剂应临用前配制。

(黄丹云　吴文奇)

任务十六　碘滴定液的配制和标定

任务目的

(1) 掌握碘滴定液的配制与标定方法。
(2) 熟练使用分析天平和滴定管。
(3) 掌握用淀粉指示剂确定滴定终点的方法。

实施步骤

一、实验准备

◆ 器材

分析天平(电子分析天平)、酸式滴定管(50 mL)、烧杯、锥形瓶(250 mL)、垂熔玻璃滤

器等。

◆ 试剂

KI(AR)、I_2、As_2O_3（基准物质）、$NaHCO_3$（AR）、1 mol/L NaOH 溶液、1 mol/L H_2SO_4 溶液、6 mol/L HCl 溶液、0.1 mol/L $Na_2S_2O_3$ 滴定液、酚酞指示剂、5 g/L 淀粉溶液等。

二、实施过程

1. 0.05 mol/L I_2 滴定液的配制　称取 KI 10.8 g 置于烧杯中，加水约 15 mL，搅拌使其溶解。再称取 I_2 3.9 g，加入上述 KI 溶液中，搅拌至 I_2 完全溶解后，再加盐酸 1 滴，转移至棕色试剂瓶中，用蒸馏水稀释至 300 mL，摇匀，用垂熔玻璃滤器过滤。

2. 0.05 mol/L I_2 滴定液的标定

（1）用基准物质 As_2O_3 标定：精密称取在 105 ℃ 干燥至恒重的基准物质 As_2O_3 约 0.12 g，共称取 3 份，分别置于 3 个锥形瓶中，各加 1 mol/L NaOH 溶液 4 mL 使之溶解。加蒸馏水 20 mL 与酚酞指示剂 1 滴，滴加 1 mol/L H_2SO_4 溶液至粉红色褪去，再加 $NaHCO_3$ 2 g、蒸馏水 30 mL 及 5 g/L 淀粉溶液 2 mL，用 I_2 溶液滴定至溶液显浅蓝紫色，即为终点。记录消耗 I_2 滴定液的体积，并进行数据处理。

根据下列公式计算 I_2 滴定液的准确浓度：

$$c_{I_2} = \frac{2m_{As_2O_3}}{V_{I_2} M_{As_2O_3} \times 10^{-3}}$$

（2）用 $Na_2S_2O_3$ 滴定液标定：用滴定管准确量取 30 mL 碘液，置于碘量瓶中，加入 150 mL 蒸馏水、6 mol/L HCl 溶液 5 mL，用 0.1 mol/L $Na_2S_2O_3$ 滴定液滴定至临近终点时，加入 5 g/L 淀粉溶液 3 mL，继续滴定至蓝色消失。

根据下列公式计算 I_2 滴定液的准确浓度：

$$c_{I_2} = \frac{c_{Na_2S_2O_3} V_{Na_2S_2O_3}}{2V_{I_2}}$$

思考题

（1）配制 I_2 溶液时为什么要加 KI？是否可以将称得的 I_2 和 KI 一次加入 300 mL 水中再搅拌？

（2）将棕红色 I_2 溶液装入滴定管中，凹液面看不清，应如何读数？

注意事项

（1）在配制 I_2 溶液时，将 I_2 加入 KI 溶液后，必须搅拌至 I_2 完全溶解后，才能加水稀释。若过早稀释，I_2 极难完全溶解。

（2）碘有腐蚀性，应在洁净的表面皿上称取。

（3）用 $Na_2S_2O_3$ 滴定液标定 I_2 溶液，滴定时不宜剧烈摇动碘量瓶。

知识链接

1. 配制 I_2 液 I_2 在水中的溶解度很小，且容易挥发，通常利用 I_2 可与 I^- 生成 I_3^- 配离子，将 I_2 溶解在 KI 浓溶液里，使 I_2 的溶解度提高，挥发性降低。I_2 易溶于 KI 浓溶液，在 KI 稀溶液中溶解得很慢，因此，在配制 I_2 溶液时，不能过早加水稀释，应使 I_2 在 KI 浓溶液中完全溶解后，再加水稀释。

2. 用 As_2O_3 作基准物质标定 I_2 溶液 由于 As_2O_3 难溶于水，易溶于碱性溶液而生成亚砷酸盐，因此常用 NaOH 溶液溶解 As_2O_3。

$$As_2O_3 + 6NaOH = 2Na_3AsO_3 + 3H_2O$$

标定常在 $NaHCO_3$ 溶液中进行，溶液的 pH 值约为 8，滴定反应为

$$I_2 + AsO_3^{3-} + 2HCO_3^- = 2I^- + AsO_4^{3-} + 2CO_2\uparrow + H_2O$$

由以上反应可知，1 mol 的 As_2O_3 生成 2 mol Na_3AsO_3，1 mol AsO_3^{3-} 与 1 mol I_2 反应。

3. 用 $Na_2S_2O_3$ 滴定液标定 I_2 溶液 滴定反应：

$$2S_2O_3^{2-} + I_2 = S_4O_6^{2-} + 2I^-$$

可用淀粉溶液指示终点，终点以蓝色消失为准。

（黄丹云　吴文奇）

任务十七　维生素 C 的含量测定

任务目的

（1）熟悉直接碘量法的基本原理和淀粉指示剂的使用方法。
（2）熟练应用直接碘量法测定维生素 C 的含量。

实施步骤

一、实验准备

◆ 器材

分析天平（电子分析天平）、量筒（100 mL）、碱式滴定管、锥形瓶等。

◆ 试剂

维生素 C（药用）、I_2 滴定液（0.05 mol/L）、稀乙酸、5 g/L 淀粉溶液等。

二、实施过程

精密称取维生素 C(药用)样品约 0.2 g,共称取 3 份,分别置于 3 个锥形瓶中,各加新煮沸并放冷至室温的蒸馏水 100 mL 与稀乙酸 10 mL 使之溶解。加 5 g/L 淀粉溶液 1 mL,立即用 I_2 滴定液(0.05 mol/L)滴定至溶液显蓝色且 30 s 不褪色,即为终点,记录所消耗的 I_2 滴定液的体积。逐份滴定。

根据下列公式计算维生素 C 的含量:

$$\omega_{\text{维生素C}} = \frac{c_{I_2} V_{I_2} M_{\text{维生素C}} \times 10^{-3}}{m_s} \times 100\%$$

 思考题

(1) 测定维生素 C 含量时,为何用新煮沸并放冷的蒸馏水溶解样品?为何要逐份滴定?

(2) 本实验若在碱性条件下测定,分析结果是偏低还是偏高?

 注意事项

(1) 加新煮沸并放冷的蒸馏水是为了减少溶解氧的影响。

(2) 维生素 C 在碱性溶液中易被空气中的 O_2 氧化,故溶解时应先加入稀乙酸再加纯化水,使溶液保持酸性。

(3) I_2 具有挥发性,量取 I_2 滴定液后应立即盖好瓶塞。

(4) 滴定至接近终点时应充分振荡,并放慢滴定速度。

 知识链接

维生素 C 分子中的烯二醇结构易被氧化成二酮基,所以维生素 C 具有还原性。可用直接碘量法测定维生素 C 的含量。以 I_2 标准溶液直接滴定。

1 分子维生素 C 与 1 分子 I_2 完全反应,即反应的物质的量之比为 1∶1。维生素 C 易被空气氧化,在碱性溶液中氧化更快,所以滴定常在弱酸性条件下进行。

直接碘量法只能在酸性、中性及弱碱性溶液中进行,若在强碱性溶液(pH>9)中进行,就会发生下列副反应:

$$3I_2 + 6OH^- = IO_3^- + 5I^- + 3H_2O$$

维生素 C 为微黄色或白色粉末结晶,在空气中易被氧化,颜色变深,遇光变化更快,高温或遇碱被迅速破坏,故不宜烘干。可分装于称量瓶中,放入干燥器内保存,医药用的纯度为 98%~99%。

(潘沛玲 吴文奇)

任务十八　高锰酸钾滴定液的配制和标定

 任务目的

（1）掌握高锰酸钾滴定液的配制方法和以草酸钠为基准物质滴定高锰酸钾的方法。
（2）掌握对高锰酸钾法反应条件的控制及使用自身指示剂指示终点的方法。

 实施步骤

一、实验准备

◆ **器材**

电子分析天平、台秤、酸式滴定管、锥形瓶、量筒（500 mL、10 mL）、烧杯（250 mL）、容量瓶（250 mL）、移液管（25 mL）、电炉、棕色试剂瓶（500 mL）、标签、漏斗等。

◆ **试剂**

高锰酸钾、基准物质（$Na_2C_2O_4$）、6 mol/L 稀硫酸等。

二、实施过程

1. 0.2 mol/L $KMnO_4$ 滴定液的配制　在台秤上称取 $KMnO_4$ 1.6～1.7 g，在烧杯中加少量蒸馏水溶解，将上清液转入 500 mL 棕色试剂瓶中，未溶的 $KMnO_4$ 用少量蒸馏水多次分步溶解、转入，直至全部溶解，加蒸馏水稀释至 500 mL，转入棕色试剂瓶中，摇匀。静置 7～10 天，过滤后备用。

2. 0.02 mol/L $KMnO_4$ 滴定液的标定　用电子分析天平精确称取已于 105～110 ℃ 烘干至恒重的基准物质草酸钠 $Na_2C_2O_4$ 1.5～2.0 g（称量至 0.0001 g），置于烧杯中，加 80 mL 左右的蒸馏水，搅拌溶解后全部转入 250 mL 容量瓶中，再加蒸馏水稀释至刻度，摇匀。用移液管吸取草酸钠 $Na_2C_2O_4$ 滴定液 25.00 mL，置于 250 mL 锥形瓶中，加 6 mol/L 稀硫酸 8.5 mL，摇匀。从滴定管中加入 $KMnO_4$ 滴定液 2 滴，85 ℃ 加热至溶液褪色后，继续滴定至溶液显淡粉红色并保持 30 s 不褪色，即为终点。记录消耗 $KMnO_4$ 滴定液的体积。平行测定 3 次。

按下列公式计算 $KMnO_4$ 滴定液的浓度：

$$c_{KMnO_4} = \frac{m_{Na_2C_2O_4} \times \dfrac{25.00}{250.0}}{\dfrac{5}{2} V_{KMnO_4} M_{Na_2C_2O_4} \times 10^{-3}}$$

思考题

（1）用 $Na_2C_2O_4$ 标定 $KMnO_4$ 溶液时，能否用 HCl 或 HNO_3 酸化溶液？

（2）过滤 $KMnO_4$ 溶液时，能否使用滤纸？为什么？

 注意事项

（1）标定开始反应很慢，为加速反应需将 $Na_2C_2O_4$ 溶液在水浴中加热到 75～85 ℃。但温度不宜过高，否则会使 $Na_2C_2O_4$ 发生分解。

（2）标定时应使溶液保持一定的酸度。酸度过高会促使 $Na_2C_2O_4$ 发生分解，酸度过低则会使部分 $KMnO_4$ 还原为 MnO_2。

（3）滴定刚开始时即使加热，第 1 滴 $KMnO_4$ 溶液加入后红色仍然很难褪去，这时需等待红色消失后再滴加第 2 滴。这是因为反应中产生的 Mn^{2+} 对反应具有催化作用，随着 $KMnO_4$ 溶液的加入，反应明显加速，这时才可以适当地加快滴定速度。这种催化现象是由反应过程中产生的催化剂引起的，称为自动催化现象。

 知识链接

标定 $KMnO_4$ 溶液的基准物质很多，有 $Na_2C_2O_4$、$H_2C_2O_4$、$H_2C_2O_4 \cdot 2H_2O$、$(NH_4)_2Fe(SO_4)_2 \cdot 6H_2O$ 等，其中常用的是 $Na_2C_2O_4$，因为它易提纯、稳定而且不含结晶水。

用 $Na_2C_2O_4$ 标定 $KMnO_4$ 溶液在酸性条件下进行如下反应：

$$2MnO_4^- + 5C_2O_4^{2-} + 16H^+ =\!=\!= 2Mn^{2+} + 10CO_2\uparrow + 8H_2O$$

 试剂的配制

6 mol/L 稀硫酸：将浓硫酸 334 mL 慢慢倒入 500 mL 蒸馏水中，并不断搅拌，最后加水稀释至 1000 mL。

（潘沛玲　吴文奇）

任务十九　双氧水的含量测定

 任务目的

（1）掌握用高锰酸钾法测定双氧水含量的方法。

（2）熟练使用移液管和滴定管。

（3）熟练使用自身指示剂指示终点的方法。

实施步骤

一、实验准备

◆ 器材

分析天平(电子分析天平)、台秤、酸式滴定管、锥形瓶(250 mL)、量筒(500 mL、10 mL)、烧杯(250 mL)、容量瓶(250 mL)、移液管(25 mL)、电炉、棕色试剂瓶(500 mL)、标签、漏斗等。

◆ 试剂

$KMnO_4$滴定液(浓度已知)、H_2O_2试样、6 mol/L 稀硫酸等。

二、实施过程

用移液管吸取 H_2O_2 试样 10.00 mL,置于 250 mL 容量瓶中,加蒸馏水稀释至刻度,充分摇匀。再用移液管吸取 25.00 mL 稀释后的 H_2O_2 3 份,分别置于 3 个 250 mL 锥形瓶中,各加入 6 mol/L 稀硫酸 2.5 mL,用 $KMnO_4$ 滴定液滴定至溶液显微红色,且保持 30 s 不褪色,即为终点。记录消耗的 $KMnO_4$ 滴定液的体积。平行测定 3 次,计算相对平均偏差。

计算公式如下:

$$\rho_{H_2O_2} = \frac{\frac{5}{2} c_{KMnO_4} V_{KMnO_4} M_{H_2O_2}}{V_{试样} \times \frac{25.00}{250}}$$

 思考题

(1) 用 $KMnO_4$ 法测定 H_2O_2 含量时,能否通过加热来加速反应?

(2) 若用碘量法测定 H_2O_2 的含量,应该怎样做?这种方法有什么优点?

 注意事项

(1) $KMnO_4$ 为深色溶液,凹液面不易看清,读数时眼睛应与液面最上沿齐平。

(2) 实验结束后,应立即用自来水冲洗滴定管,避免 MnO_2 沉淀堵塞滴定管管尖。

(3) 为了减小 H_2O_2 因为挥发、分解所带来的误差,每份 H_2O_2 样品溶液应在测定前量取。

 知识链接

$KMnO_4$ 具有很强的氧化性,在室温下与过氧化氢(H_2O_2)在酸性介质中反应生成氧气。故可以用 $KMnO_4$ 法测定 H_2O_2 的含量。其反应式为

$$2KMnO_4 + 5H_2O_2 + 3H_2SO_4 \!=\!\!=\! K_2SO_4 + 2MnSO_4 + 5O_2 \uparrow + 8H_2O$$

开始反应时较慢，滴入第 1 滴溶液不易褪色，待 Mn^{2+} 生成之后，由于 Mn^{2+} 的自动催化作用，加快了反应进行，故能顺利地滴定至终点。

（潘沛玲　吴文奇）

任务二十　吸收光谱曲线的绘制

任务目的

（1）掌握 721 型分光光度计的使用方法。
（2）掌握绘制吸收光谱曲线的一般方法。
（3）掌握正确选择测定波长的方法。

实施步骤

一、实验准备

◆ 器材

721 型分光光度计、烧杯（100 mL）、容量瓶（100 mL、50 mL）、玻璃棒、量筒（20 mL）、移液管（20 mL）、分析天平、洗耳球等。

◆ 试剂

基准物质 $KMnO_4$ 等。

二、实施过程

（1）$KMnO_4$ 标准溶液的配制：精密称取基准物质 $KMnO_4$ 0.0125 g，置于 100 mL 烧杯中，加 20 mL 蒸馏水溶解后转入 100 mL 容量瓶中，用蒸馏水稀释至标线，摇匀（$KMnO_4$ 溶液的浓度为 0.125 mg/L）。精密吸取上述 $KMnO_4$ 溶液 20.00 mL，置于 50 mL 容量瓶中，加蒸馏水至标线，摇匀，备用。

（2）测定 $KMnO_4$ 标准溶液的吸光度。

① 将此溶液与空白溶液（蒸馏水）分别置于 1 cm 厚的比色皿中，并将其放在分光光度计的比色皿架上，按 721 型分光光度计的正确使用方法进行操作。

② 从仪器波长 420 nm 或 680 nm 开始，每隔 20 nm 测量一次吸光度，每变换一次波长，都需用蒸馏水作为空白，调节透光率为 100% 后，再测定溶液的吸光度。在 520～540 nm 处，每隔 5 nm 测定一次，记录溶液在不同波长处的吸光度。

（3）绘制吸收光谱曲线：以波长为横坐标，吸光度为纵坐标，将测得的吸光度数值逐点描绘在坐标纸上,然后将各点连成光滑的曲线,即得吸收光谱曲线。

(4) 从吸收光谱曲线上找出最大吸收波长 λ_{max}。

思考题

(1) 如何正确使用 721 型分光光度计?

(2) λ_{max} 与浓度是否有关?为什么定量分析时波长一般选择在 λ_{max} 处?

注意事项

(1) 仪器灵敏度挡的选用原则是使参比溶液的透光率能顺利地调到"100％"。在此前提下,尽可能选用较低挡。

(2) 溶液转移至比色皿前,应用待盛放的溶液洗比色皿 3 次。不能用手拿比色皿的透光玻璃面。

知识链接

物质呈现的颜色与光有着密切的关系,在日常生活中溶液之所以呈现不同的颜色,是由于该溶液对光具有选择性吸收。

当一束白光(混合光)通过某溶液时,如果该溶液对可见光区各种波长的光都没有吸收,即入射光全部通过溶液,则该溶液呈无色透明状;当溶液对可见光区各种波长的光全部吸收时,则该溶液呈黑色;当溶液对可见光区某种波长的光选择性地吸收,则该溶液呈现被吸收光的互补色光的颜色。

通常用光吸收光谱曲线来描述物质对不同波长范围光的选择性吸收。其方法是将不同波长的光依次通过一定浓度和厚度的有色溶液,分别测出它们对各种波长光的吸收程度(用吸光度 A 表示),以波长为横坐标,吸光度 A 为纵坐标,绘制的曲线即为光的吸收光谱曲线。光吸收程度最大处的波长,称为最大吸收波长,用 λ_{max} 表示。同一物质的不同浓度溶液,其最大吸收波长相同,但浓度越大,光的吸收程度越大,吸收峰就越高。溶液对光的吸收规律——光的吸收定律(朗伯-比尔定律),为分光光度法提供了理论依据。

(潘沛玲　张土秀)

任务二十一　高锰酸钾的比色测定(可见分光光度法)

任务目的

(1) 熟悉 721 型分光光度计的使用方法。

(2) 掌握绘制吸收光谱曲线的一般方法。

(3) 掌握正确选择测定波长的方法。

 实施步骤

一、实验准备

◆ 器材

721 型分光光度计、比色管(25 mL)、吸量管、洗耳球等。

◆ 试剂

0.125 mg/L $KMnO_4$ 溶液、$KMnO_4$ 样品溶液等。

二、实施过程

(1) 将测量波长调节至 λ_{max} 处(由实验二十测得)。

(2) 标准系列的配制：取 5 支 25 mL 的比色管，用吸量管分别依次加入 0.125 mg/L $KMnO_4$ 溶液 1.00 mL、2.00 mL、3.00 mL、4.00 mL、5.00 mL，用蒸馏水稀释至 25 mL 标线处，摇匀。所得标准系列的浓度依次为每毫升含 $KMnO_4$ 5 μg、10 μg、15 μg、20 μg、25 μg。

(3) 待测样品溶液的配制：另取 1 支比色管(与前 5 支配套)，编号为 6，用吸量管准确加入 5.00 mL $KMnO_4$ 样品溶液，用蒸馏水稀释至 25 mL 标线处，摇匀。

(4) 测定：将蒸馏水和 1、2、3 管中的溶液依次装入 4 个比色皿中，并按顺序放入仪器比色皿架上，用蒸馏水作空白溶液，调节透光率为 100%，依次测出 1、2、3 管中溶液的吸光度。依此类推，测出 4、5、6(样品)管中溶液的吸光度。

(5) 绘制标准曲线：以浓度为横坐标，吸光度为纵坐标，绘制标准曲线。从标准曲线上查出待测样品溶液吸光度相对应的浓度即为样品比色液的浓度。

(6) 计算出 $KMnO_4$ 样品溶液的含量，计算公式如下：

$$\rho_{原样} = 样品比色液的浓度 \times 样品稀释的倍数$$

 思考题

(1) 是否可用量筒量取标准溶液和样品溶液？为什么？

(2) 吸收光谱曲线与标准曲线各有何意义？

 注意事项

(1) 仪器灵敏度挡的选用原则是使参比溶液的透光率能顺利地调到"100%"。在此前提下，尽可能选用较低挡。

(2) 溶液转移至比色皿前，应用待盛放的溶液洗比色皿 3 次。不能用手拿比色皿的透光玻璃面。

知识链接

高锰酸钾溶液中的 MnO_4^- 本身是紫红色。当每毫升 $KMnO_4$ 溶液中含有 1 μg 高锰酸钾时，溶液也能呈现显著的紫红色，在 525 nm 波长处有最大吸收，因此高锰酸钾可以直接通过比色来测定其含量。

物质对光的吸收定律： $$A = KLc$$

若将高锰酸钾配制成一系列浓度大小不同的标准溶液（浓度大小已知），用分光光度计分别测定各标准溶液的吸光度。以各标准溶液的浓度为横坐标，吸光度为纵坐标，绘制 A-c 曲线，即标准曲线，见图 1-82。

在相同条件下，测定被测溶液的吸光度，从标准曲线上可找出其相应的浓度。标准曲线制作与测定管的测定应在同一分光光度计上进行。

（潘沛玲　张土秀）

任务二十二　血清总蛋白的定量测定——双缩脲法

 任务目的

（1）掌握正确使用吸量管和微量可调吸量管的方法。
（2）掌握使用分光光度计测量吸光度的方法。
（3）了解双缩脲法测定蛋白质的实验原理。

 实施步骤

一、实验准备

◆ 器材

试管、试管架、吸量管、微量可调吸量管、洗耳球、恒温水浴箱、分光光度计等。

◆ 试剂

双缩脲试剂、10 g/L 标准酪蛋白溶液、待测蛋白质溶液（人血清稀释 10 倍）等。

二、实施过程

取试管 3 支，标号后按表 4-1 进行操作。

表 4-1　双缩脲法实验步骤

试　　剂	空白管	标准管	测定管
10 g/L 标准酪蛋白溶液/mL	—	0.5	—
待测蛋白质溶液/mL	—	—	0.5
蒸馏水/mL	0.5	0.5	0.5
双缩脲试剂/mL	4.0	4.0	4.0

混匀各管，室温(20～25 ℃)下放置 20 min，在 540 nm 波长处测吸光度 A。

计算公式：

$$c_{测} = \frac{A_{测}}{A_{标}} c_{标}$$

思考题

(1) 使用微量可调吸量管应注意哪些事项？

(2) 使用分光光度计时应注意哪些事项？

注意事项

(1) 必须于显色后 30 min 内进行比色测定。30 min 后，可有雾状沉淀发生。各管由显色到比色的时间应尽可能一致。

(2) 有大量脂肪性物质同时存在时，会产生浑浊的反应混合物，这时可用乙醇或石油醚使溶液澄清后离心，取上清液再测定。

知识链接

具有两个或两个以上肽键的化合物皆有双缩脲反应，因此蛋白质在碱性溶液中，也能与 Cu^{2+} 形成紫红色配合物，颜色深浅与蛋白质浓度成正比，故可以用来测定蛋白质的浓度。

紫红色铜双缩脲复合物分子结构如图 4-3 所示。

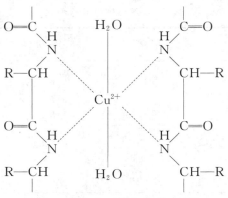

图 4-3 铜双缩脲复合物分子结构

参考范围

正常成人参考范围为 60~80 g/L。

试剂的配制

(1) 双缩脲试剂:将 0.175 g 硫酸铜($CuSO_4 \cdot 5H_2O$)溶于约 15 mL 蒸馏水,置于 100 mL 容量瓶中,加入 30 mL 浓氨水、30 mL 冰冷的蒸馏水和 20 mL 饱和 NaOH 溶液,摇匀,室温放置 1~2 h,再以蒸馏水定容至 100 mL 后,摇匀,备用。

(2) 10 g/L 标准酪蛋白溶液:作为标准用的蛋白质要预先用微量克氏定氮法测定蛋白质含量,根据其纯度称量,配制成标准溶液。

(3) 待测蛋白质溶液:取人血清稀释 10 倍。测定其他蛋白质样品应稀释适当倍数,使其浓度在标准曲线测试范围内。

临床意义

1. 血清总蛋白浓度降低

(1) 蛋白质合成障碍:当肝功能严重受损时,蛋白质合成减少,以白蛋白降低最为显著。

(2) 蛋白质丢失增加:严重烧伤,大量血浆渗出;大出血;肾病综合征可从尿中长期丢失蛋白质;溃疡性结肠炎可从粪便中长期丢失一定量的蛋白质。

(3) 营养不良或消耗增加:营养失调、低蛋白质饮食、维生素缺乏症或慢性肠道疾病所引起的吸收不良使体内缺乏合成蛋白质的原料;长期患消耗性疾病,如严重结核病、恶性肿瘤和甲状腺功能亢进症等,均可导致血清总蛋白浓度降低。

(4) 血浆稀释:如静脉注射过多低渗溶液或各种原因引起的水、钠潴留。

2. 血清总蛋白浓度增高

(1) 蛋白质合成增加:多见于多发性骨髓瘤患者,主要是异常球蛋白增加,使血清总蛋白增加。

(2)血浆浓缩:如急性脱水(如呕吐、腹泻、高烧等),外伤性休克(毛细血管通透性增大),慢性肾上腺皮质功能减退(尿排钠增多引起继发性失水)。

(尹 文)

任务二十三　血糖浓度测定(GOD-POD法)

任务目的

(1)进一步练习吸量管与微量可调吸量管的使用。
(2)进一步练习分光光度计的使用。
(3)了解用酶法测定血糖的实验原理。
(4)了解血糖测定的临床意义和正常参考范围。

实施步骤

一、实验准备

◆ 器材

试管、试管架、吸量管、微量可调吸量管、洗耳球、恒温水浴箱、分光光度计等。

◆ 试剂

0.1 mol/L 磷酸盐缓冲溶液(pH=7.0)、酶试剂、酚溶液、酶酚混合试剂、12 mmol/L 苯甲酸溶液、100 mmol/L 葡萄糖标准储存液、5 mmol/L 葡萄糖标准应用液等。

二、实施过程

取试管 3 支,标号后按表 4-2 操作。

表 4-2　血糖浓度测定实验步骤

试　剂	空白管	标准管	测定管
5 mmol/L 葡萄糖标准应用液/mL	—	0.02	—
血清/mL	—	—	0.02
蒸馏水/mL	0.02	—	—
酶酚混合试剂/mL	3.0	3.0	3.0

混匀各管,置于 37 ℃水浴中 15 min,在 505 nm 波长处测吸光度 A。

计算公式:

$$血清葡萄糖(mmol/L)=\frac{测定管吸光度}{标准管吸光度}\times 5$$

思考题

(1) 实验中的标准管与测定管是湿的,对实验结果有什么影响?

(2) 空白溶液在实验中有何作用?

注意事项

(1) 葡萄糖氧化酶对 β-D-葡萄糖高度特异,溶液中的葡萄糖约 36% 为 α 型,64% 为 β 型。葡萄糖的完全氧化需要 α 型到 β 型的变旋反应。新配制的葡萄糖标准溶液主要是 α 型,故必须放置 2 h 以上(最好过夜),待变旋平衡后方可应用。

(2) GOD-POD 法可直接测定脑脊液葡萄糖含量,但不能直接测定尿液葡萄糖含量。因为尿液中尿酸等干扰物质浓度过高,可干扰过氧化物酶反应,造成结果假性偏低。

(3) 测定标本以草酸钾-氟化钠为抗凝剂的血浆较好。取草酸钾 6 g、氟化钠 4 g,加水溶解至 100 mL。吸取 0.1 mL 到试管内,在 80 ℃ 下烤干后使用,可使 2~3 mL 血液在 3~4 天内不凝固并抑制糖分解。

(4) 本法用血量甚微,操作中应直接加标本至试剂中,再吸取试剂反复冲洗吸管,以保证结果可靠。

(5) 严重黄疸、溶血及乳糜样血清应先制备无蛋白血清液,然后进行测定。

知识链接

葡萄糖氧化酶(GOD)利用氧和水将葡萄糖氧化为葡萄糖酸,并产生过氧化氢。过氧化物酶(POD)在色原性氧受体存在时将过氧化氢分解为水和氧,并使色原性氧受体 4-氨基安替比林和酚脱氢缩合生成红色醌类化合物,红色醌类化合物的量与葡萄糖含量成正比。

$$\text{葡萄糖} + O_2 + H_2O \xrightarrow{\text{GOD}} \text{葡萄糖酸} + H_2O_2$$

$$H_2O_2 + \text{酚} + \text{4-氨基安替比林} \xrightarrow{\text{POD}} \text{红色醌亚胺} + H_2O$$

参考范围

空腹血清葡萄糖为 3.9~6.1 mmol/L。

试剂的配制

(1) 0.1 mol/L 磷酸盐缓冲溶液(pH=7.0):称取无水磷酸氢二钠 8.67 g 及无水磷酸二氢钾 5.3 g,溶于蒸馏水 800 mL 中,用 1 mol/L NaOH 溶液(或 1 mol/L 盐酸)调 pH 值至 7.0,用蒸馏水定容至 1 L。

(2) 酶试剂:称取过氧化物酶 1200 U(国际单位)、葡萄糖氧化酶 1200 U、4-氨基安替比林 10 mg、叠氮钠 100 mg,溶于上述磷酸盐缓冲溶液 80 mL 中,用 1 mol/L NaOH 溶液调 pH 值至 7.0,用上述磷酸盐缓冲溶液定容至 100 mL,置于 4 ℃环境下保存,可稳定 3 个月。

(3) 酚溶液:称取重蒸馏酚 100 mg,溶于蒸馏水 100 mL 中,用棕色试剂瓶储存。

(4) 酶酚混合试剂:酶试剂及酚溶液等量混合,4 ℃下可以存放 1 个月。

(5) 12 mmol/L 苯甲酸溶液:溶解苯甲酸 1.4 g 于蒸馏水约 800 mL 中,加温助溶,冷却后加蒸馏水定容至 1 L。

(6) 100 mmol/L 葡萄糖标准储存液:称取已干燥至恒重的无水葡萄糖 1.802 g,溶于 12 mmol/L 苯甲酸溶液约 70 mL 中,以 12 mmol/L 苯甲酸溶液定容至 100 mL。2 h 后方可使用。

(7) 5 mmol/L 葡萄糖标准应用液:吸取葡萄糖标准储存液 5.0 mL 放于 100 mL 容量瓶中,用 12 mmol/L 苯甲酸溶液稀释至刻度,混匀。

临床意义

1. 生理性高血糖 见于摄入高糖食物后,或情绪紧张肾上腺分泌增加时。

2. 病理性高血糖

(1) 糖尿病:病理性高血糖常见于胰岛素绝对或相对不足的糖尿病患者。

(2) 内分泌腺功能障碍:常见于甲状腺功能亢进症、肾上腺皮质功能及髓质功能亢进症。各种对抗胰岛素的激素分泌过多时也会出现高血糖。注意升高血糖的激素增多引起的高血糖,现已归入特异性糖尿病中。

(3) 颅内压增高:颅内压增高刺激血糖中枢,如颅外伤、颅内出血、脑膜炎等,从而引起血糖升高。

(4) 脱水引起的高血糖:如呕吐、腹泻和高热等也可使血糖轻度增高。

3. 生理性低血糖 见于饥饿和剧烈运动。

4. 病理性低血糖 特发性功能性低血糖最多见,依次是药源性、肝源性、胰岛素瘤等。

(1) 胰岛 β 细胞增生或胰岛 β 细胞瘤等,使胰岛素分泌过多。

(2) 对抗胰岛素的激素分泌不足,如垂体前叶功能减退、肾上腺皮质功能减退和甲状腺功能减退而使生长素、肾上腺皮质激素分泌减少。

(3) 严重肝病患者,由于肝脏储存糖原及糖异生等功能低下,肝脏不能有效地调节血糖。

(尹 文)

任务二十四　血清甘油三酯测定(GK-GPO-POD 法)

任务目的

(1) 掌握 GK-GPO-POD 法测定血清甘油三酯的实验原理。

(2)了解 GK-GPO-POD 测定血清甘油三酯的临床意义和正常参考范围。

实施步骤

一、实验准备

◆ 器材

分光光度计、离心机、试管、微量加样器、吸量管、洗耳球、电热恒温水浴箱、试管架等。

◆ 试剂

甘油三酯标准溶液、酶试剂、市售甘油三酯测定试剂盒等。

二、实施过程

取试管 3 支,标号后按表 4-3 操作。

表 4-3　GK-GPO-POD 法实验步骤

试　剂	空白管	标准管	测定管
甘油三酯标准溶液/mL	—	0.03	—
血清/mL	—	—	0.03
蒸馏水/mL	0.03	—	—
酶试剂/mL	3.0	3.0	3.0

混匀各管,置于 37 ℃ 水浴中 10 min,在 510 nm 波长处测吸光度 A,计算出结果。
计算公式:

$$血清甘油三酯(mmol/L) = \frac{测定管吸光度}{标准管吸光度} c_{标准}$$

思考题

实验中测定甘油三酯的方法与 GOD-POD 法有何异同点?

注意事项

(1)标本要新鲜,若血清放置时间过长,可使游离甘油升高。
(2)本法线性范围一般在 0～11.3 mmol/L。
(3)注意酶试剂的选择和保存,对较易失活的 GK,可酌情增加用量。

知识链接

血清中的甘油三酯在脂蛋白脂肪酶(LPL)作用下水解为甘油和脂肪酸。甘油在甘油激酶(GK)作用下,在 ATP 参与下,生成 1-磷酸甘油,后者在 1-磷酸甘油氧化酶(GPO)作用下生成过氧化氢(H_2O_2)。过氧化氢含量与甘油三酯含量成正比。过氧化氢与 4-氨基安替比林(4-AAP)和酚再经过氧化物酶(POD)催化,生成红色醌亚胺,其颜色深浅与过氧化氢的含量成正比。将用同样处理的甘油三酯标准溶液,在 500 nm 波长处比色,即可求得甘油三酯含量。

$$甘油三酯 \xrightarrow{LPL} 甘油 + 脂肪酸$$

$$甘油 + ATP \xrightarrow{GK} 1\text{-磷酸甘油} + ADP$$

$$1\text{-磷酸甘油} + O_2 + H_2O \xrightarrow{GPO} 磷酸二羟丙酮 + H_2O_2$$

$$H_2O_2 + 酚 + 4\text{-氨基安替比林} \xrightarrow{POD} 红色醌亚胺 + H_2O$$

参考范围

空腹甘油三酯为 0.56~1.7 mmol/L。

临床意义

1. 甘油三酯升高

(1) 家族性高甘油三酯血病,家族性混合型高脂血症。

(2) 继发性疾病常见于:糖尿病、糖原累积症、甲状腺功能不足、肾病综合征、妊娠等。

(3) 急性胰岛炎高危状态时,甘油三酯>11.3 mmol/L。高血压、脑血管病、冠心病、糖尿病、肥胖与高脂蛋白血症常有家庭性集聚现象。

2. 甘油三酯降低 如甲状腺功能亢进症,肾上腺皮质机能减退,肝功能严重低下等。

(尹 文)

任务二十五 血清丙氨酸氨基转移酶(ALT)的活性测定(改良赖氏法)

任务目的

(1) 掌握用改良赖氏法测定血清 ALT 活性的实验方法。

(2) 进一步熟悉分光光度计的使用。

(3) 了解改良赖氏法测定血清 ALT 活性的实验原理。

(4) 了解血清 ALT 测定的临床意义及酶单位定义。

实施步骤

一、实验准备

◆ **器材**

试管、试管架、吸量管、微量可调吸量管、洗耳球、恒温水浴箱、分光光度计等。

◆ **试剂**

0.1 mol/L 磷酸盐缓冲溶液（pH＝7.4）、血清、基质液、1 mmol/L 2,4-二硝基苯肼溶液、0.4 mol/L 氢氧化钠溶液、2 mmol/L 丙酮酸标准溶液等。

二、实施过程

1. 标准曲线制作

取 5 支洁净试管，标号后按表 4-4 操作。

表 4-4 标准曲线制作

试 剂	0	1	2	3	4
0.1 mol/L 磷酸盐缓冲溶液（pH＝7.4）/mL	0.10	0.10	0.10	0.10	0.10
2 mmol/L 丙酮酸标准溶液/mL	0	0.05	0.10	0.15	0.20
基质液/mL	0.50	0.45	0.40	0.35	0.30
相当于酶活性单位	0	28	57	97	150
混匀，37 ℃水浴中预热 5 min					
1 mmol/L 2,4-二硝基苯肼溶液/mL	0.50	0.50	0.50	0.50	0.50
混匀，37 ℃水浴中预热 20 min					
0.4 mol/L 氢氧化钠溶液/mL	5.0	5.0	5.0	5.0	5.0

混匀，放置 10 min 后，在 505 nm 波长处测吸光度（A），以蒸馏水调零。以各管吸光度减去"0 号管"的吸光度所得的差值作为纵坐标，对应的酶活性单位作为横坐标作图。

2. 血清 ALT 活性的测定

取 2 支洁净试管，标号后按表 4-5 操作。

表 4-5 ALT 活性的测定

试 剂	0	1
血清/mL	0.10	0.10
基质液/mL	0.5	—
混匀后，37 ℃水浴中预热 30 min		
1 mmol/L 2,4-二硝基苯肼溶液/mL	0.5	0.5
基质液/mL	—	0.5

续表

试 剂	0	1
混匀后,37 ℃水浴中预热 20 min		
0.4 mol/L 氢氧化钠溶液/mL	5.0	5.0

混匀,室温下放置 10 min 后,在 505 nm 波长处以蒸馏水调零,读取各管的吸光度。用测定管吸光度减去对照管吸光度后,从标准曲线查得 ALT 活性。

思考题

实验中两次 37 ℃水浴加热的目的各是什么?

注意事项

(1) 严重高脂血症、黄疸或溶血血清会引起吸光度增加,因此,检测此类标本时,应作血清标本对照管。

(2) 一般血清标本内源性酮酸很少,血清标本对照管吸光度接近试剂空白管。

(3) 加入 2,4-二硝基苯肼溶液后,应充分混匀,使反应完全,加氢氧化钠溶液的方法要一致,不同方法会导致吸光度读数差异。

(4) 基质中的 α-酮戊二酸和 2,4-二硝基苯肼均为呈色物质,称量必须很准确。

知识链接

ALT 催化 L-丙氨酸与 α-酮戊二酸生成丙酮酸和 L-谷氨酸,丙酮酸能与 2,4-二硝基苯肼生成丙酮酸-2,4-二硝基苯腙,它在碱性条件下显红棕色,根据颜色深浅,经比色后求得酶活性。

参考范围

正常参考值:<40 U。

试剂的配制

(1) 0.1 mol/L 磷酸盐缓冲溶液(pH=7.4):

① 0.1 mol/L 磷酸氢二钠溶液:称取磷酸氢二钠(Na_2HPO_4)14.2 g,加少量蒸馏水溶解并稀释到 1000 mL,置于冰箱中保存。

② 0.1 mol/L 磷酸二氢钾溶液:称取磷酸二氢钾(KH_2PO_4)13.61 g,加少量蒸馏水溶解并稀释到 1000 mL,置于冰箱中保存。

将 0.1 mol/L 磷酸氢二钠溶液 420 mL 与 0.1 mol/L 磷酸二氢钾溶液 80 mL 混匀,置于冰箱中保存。

(2) 基质液:称取 L-丙氨酸 1.79 g,α-酮戊二酸 29.2 mg,加少量 0.1 mol/L 磷酸盐缓

冲溶液（pH=7.4）溶解，再加此磷酸盐缓冲溶液稀释至 100 mL，用 1 mol/L NaOH 溶液或 1 mol/L HCl 溶液调节 pH 值至 7.4，加入麝香草酚（每升基质加入 0.9 g）防腐。置于冰箱中可用 1 个月。

（3）1 mmol/L 2,4-二硝基苯肼溶液：称取 19.8 mg 2,4-二硝基苯肼，溶解于 100 mL 1 mol/L HCl 溶液中，置于棕色试剂瓶内，于冰箱中可保存半个月。

（4）0.4 mol/L 氢氧化钠溶液：将 16.0 g 氢氧化钠溶解于蒸馏水中，并加至 1000 mL，置于带有塞子的塑料试剂瓶中，室温中可长期稳定。

（5）2 mmol/L 丙酮酸标准溶液：准确称取丙酮酸钠（AR）22.0 mg，将其溶解于少量 0.1 mol/L 磷酸盐缓冲溶液（pH=7.4）中，移入 100 mL 容量瓶内，用此磷酸盐缓冲溶液稀释至刻度。（临用前配制）

 临床意义

1. ALT 活性升高可见于下列疾病 ①肝胆疾病：传染性肝炎、肝癌、肝硬化活动期、中毒性肝炎、脂肪肝、胆管炎和胆囊炎等。②心血管疾病：心肌梗死、心肌炎、心力衰竭时的肝脏淤血及脑出血等。③骨骼疾病、多发性肌炎、肌营养不良等。

2. 一些药物和毒物可引起 ALT 活性升高 如氯丙嗪、异烟肼、奎宁、水杨酸制剂及酒精、铅、汞、四氯化碳和有机磷等。

（尹　文）

任务二十六　原子吸收分光光度法测定锌

 任务目的

（1）熟悉原子吸收分光光度计的结构及使用方法。
（2）掌握标准加入法测定锌。

 实施步骤

一、实验准备

◆ **器材**
原子吸收分光光度计、空气压缩泵、乙炔钢瓶、容量瓶（10mL、100 mL）、吸量管等。

◆ **试剂**
锌标准储备液：精确称取高纯度金属锌 100.0mg，溶解于 HCl 溶液（1∶1）中，用去离子水稀释到 100 mL，摇匀。此液 10 mL 相当于 10 mg。

二、实施过程

1. 锌标准工作液的配制　准确吸取锌标准储备液 1.0 mL,置于 100 mL 容量瓶中,用去离子水稀释至刻度,摇匀。此液 1 mL 相当于 10 μg。

2. 工作液的配制　用 5mL 吸量管在 5 支 10 mL 容量瓶中各加入样品溶液 5.00 mL,然后分别加入 10 μg/mL 的锌标准工作液 0.00 mL、0.10 mL、0.20 mL、0.40 mL、0.60 mL,用去离子水稀释至刻度,摇匀。

3. 实验条件

波长 213.8 nm　　灯电流 6 mA　　狭缝宽度 0.1 mm　　高压 600 V
空气流量 400 L/h　　乙炔流量 75 L/h　　燃烧器高度 5 mm

4. 数据记录　记录相关实验数据。

5. 作图　以吸光度对锌的标准加入量作图。

6. 计算　将上述标准曲线外推至与浓度轴相交,交点至坐标原点的距离即是稀释后样品溶液锌的含量。

$$样品溶液锌的含量(\mu g/mL) = c_x \times 10 \times 1/5$$

式中:c_x 为试样稀释后锌的含量,μg/mL。

思考题

(1) 在使用原子吸收分光光度计时,应从哪些方面考虑建立最佳实验条件?

(2) 测定样品溶液时采用标准加入法有何优点?

注意事项

(1) 实验中所使用试剂的纯度应符合要求,玻璃仪器应严格洗涤并用重蒸馏的去离子水充分冲洗,保证洁净。

(2) 气体导管、雾化器和燃烧器均应保持洁净,气体导管的所有接头应保持严密不漏,同时应保持气体压力恒定。

知识链接

溶液的 pH 值对锌的吸收有影响,在 pH 值为 2~5 时锌的吸收为一定值,在 pH 值为 5~10 时锌的吸收随 pH 值增高而降低。这是由于 pH 值为 5~10 时,$Zn(OH)_2$ 逐步沉淀,所以,测定时要保持 pH 值为 2~5。

(石义林　许慧鹊)

任务二十七　火焰原子吸收分光光度法测定矿泉水中的钙

 任务目的

（1）了解原子吸收分光光度计的结构与工作原理。
（2）练习原子吸收分光光度计的操作。
（3）学会用火焰原子吸收分光光度法测定矿泉水中的钙。

 实施步骤

一、实验准备

◆ 器材

原子吸收分光光度计、钙空心阴极灯、容量瓶（250 mL）等。

◆ 试剂

钙标准溶液（10.0 μg/mL）、矿泉水试样等。

二、实施过程

（1）测量条件：
① 钙吸收线波长 422.7 nm。
② 灯电流 4 mA。
③ 狭缝宽度 0.1 mm。
④ 空气流量 250 L/h。
⑤ 乙炔流量 1.4 L/min。
⑥ 燃烧器高度 8 mm。

（2）吸取 5 份 10.00 mL 试样溶液，分别置于 250 mL 容量瓶中，各加入 10.0 μg/mL 钙标准溶液 0.0 mL、1.0 mL、2.0 mL、3.0 mL、4.0 mL，以去离子水稀释至刻度，配制成一组标准溶液。

（3）以去离子水为空白，测定上述溶液的吸光度。

（4）数据处理：
① 绘制吸光度与浓度的标准曲线。
② 将标准曲线延长至与横坐标轴相交，则交点至原点间的距离对应于 10.00 mL 试样中钙的含量。
③ 换算成水样中钙的含量（μg/mL）。

思考题

（1）原子吸收分光光度计的工作流程如何？
（2）火焰原子吸收分光光度法具有哪些特点？

 注意事项

（1）实验中所用试剂的纯度应符合要求，玻璃仪器先用硫酸-重铬酸钾洗涤液浸泡数小时，再用洗衣粉充分洗刷后用水反复冲洗，最后用去离子水冲洗，晒干或烘干。

（2）使用过程中，如果废液管道的水封圈破损、漏气，或燃烧器明显变宽，或助燃气与燃气流量比过大，都容易引起回火。

 知识链接

原子吸收分光光度法是基于物质所产生的原子蒸气对特定谱线的吸收作用来进行定量分析的一种方法。气态基态原子外层的电子对共振线有吸收且气态基态原子数与物质的含量成正比，故可用于进行定量分析。利用火焰的热能使样品转化为气态基态原子的方法称为火焰原子吸收分光光度法。

原子吸收分光光度计工作流程如图 4-4 所示。

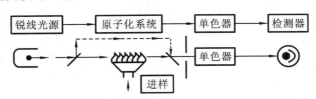

图 4-4　原子吸收分光光度计工作流程图

当试样组成复杂，配制的标准溶液与试样组成之间存在较大差别时，常采用标准加入法。该法是取若干份体积相同的试液（c_x），依次按比例加入不同量（倍增）的待测物质的标准溶液（c_0），定容后浓度依次为 c_x，c_x+c_0，c_x+2c_0，c_x+3c_0 等；分别测得吸光度为 A_x，A_1，A_2，A_3 等。以加入标样的浓度为横坐标，相应的吸光度为纵坐标，绘出标准曲线，如图 4-5 所示。图中标准曲线延长线与横坐标的交点至原点的距离即为容量瓶中所含试样的浓度（c_x），从而求得试样的含量。

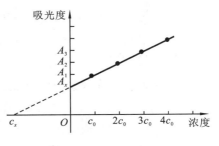

图 4-5　标准曲线

标准加入法

$$A_x = kc_x$$
$$A_0 = k(c_0 + c_x)$$

$$c_x = \frac{A_x}{A_0 - A_x} c_0$$

原子吸收分光光度法是特效性、准确度和灵敏度都很好的一种成分分析法,常用于测定易挥发元素,可消除基体干扰和某些化学干扰,但不能消除背景干扰,精密度较高。

(石义林 许慧鹊)

任务二十八　测定生理盐水的pH值

任务目的

(1) 了解用酸度计测定溶液 pH 值的原理。
(2) 学会用酸度计测定溶液的 pH 值。

实施步骤

一、实验准备

◆ **器材**

pHS-3C 型酸度计、玻璃电极、饱和甘汞电极(或复合 pH 玻璃电极)、小烧杯(50 mL)等。

◆ **试剂**

0.025 mol/L KH_2PO_4 与 Na_2HPO_4 混合磷酸盐缓冲溶液(pH=6.86)、0.01 mol/L 四硼酸钠缓冲溶液(pH=9.18)、生理盐水等。

二、实施过程

1. 仪器使用前准备　将浸泡好的玻璃电极与甘汞电极夹在电极夹上,接上导线。用纯化水清洗两电极头,用滤纸吸干电极外壁上的水。

2. 预热仪器　测定前打开电源预热 20 min 左右。

3. 校准仪器　使用仪器前需要对其进行校准,操作如下。

(1) 将仪器功能选择旋钮设置于"pH"挡。
(2) 将两个电极插入用于校准的 0.025 mol/L KH_2PO_4 与 Na_2HPO_4 混合磷酸盐缓冲溶液中(pH=6.86,298.15 K)。
(3) 调节"温度"补偿旋钮,使所指示的温度与标准缓冲溶液的温度相同。
(4) 将"斜率"调节器顺时针转到底(100%)。

(5) 把清洗过的电极插入已知 pH 值的标准缓冲溶液中,轻摇装有缓冲溶液的烧杯,直至电极反应达到平衡。

(6) 调节"定位"旋钮,使仪器上显示的数字与标准缓冲溶液的 pH 值相同(如 pH=6.86)。

(7) 取出电极,用水清洗后,插入另一 pH 值接近被测溶液 pH 值的标准缓冲溶液(0.01 mol/L 四硼酸钠缓冲溶液)中,进行校正,操作同前。

4. 测定溶液的 pH 值 把电极从标准缓冲溶液中取出,用纯化水清洗后,再用被测溶液清洗一次,然后插入测定溶液中,轻摇烧杯,待电极反应达到平衡后,读取 pH 值。

5. 结束工作 测量完毕,取出电极,清洗干净。用滤纸吸干甘汞电极外壁上的水,塞上橡皮塞后放回电极盒中。将玻璃电极浸泡在饱和氯化钾溶液中。切断电源。

思考题

(1) 一种缓冲溶液是一个共轭酸碱的混合物,那么为什么四硼酸钠可作为缓冲溶液?

(2) 酸度计为什么要用已知 pH 值的标准缓冲溶液校正?

注意事项

1. 玻璃电极使用

(1) 使用前,将玻璃电极的球泡部位浸泡在蒸馏水中 24 h 以上。如果在 50 ℃ 蒸馏水中浸泡 2 h,冷却至室温后可当天使用。不用时也必须浸泡在蒸馏水中。

(2) 安装:要用手指夹住电极导线插头安装,切勿使球泡与硬物接触。玻璃电极下端要比饱和甘汞电极高 2~3 mm,防止触及杯底而损坏。

(3) 玻璃电极测定碱性水样或溶液时,应尽快测定。测量胶体溶液、蛋白质和染料溶液时,用后必须用棉花或软纸蘸乙醚小心地擦拭,再用酒精清洗,最后用蒸馏水洗净。

2. 饱和甘汞电极使用

(1) 使用饱和甘汞电极前,应先将电极管侧面小橡皮塞及弯管下端的橡皮套轻轻取下,不用时再装上。

(2) 使用饱和甘汞电极时,应经常补充管内的饱和氯化钾溶液,溶液中应有少许氯化钾晶体,不得有气泡。补充后应等几小时再用。

(3) 饱和甘汞电极不能长时间浸泡在被测水样中,不能在 60 ℃ 以上的环境中使用。

3. 仪器校正

(1) 应选择与待测水样 pH 值接近的标准缓冲溶液校正仪器。

(2) 标准缓冲溶液。

① pH 标准缓冲溶液的配制,见表 4-6。

② 试剂商店购买的 pH 基准试剂,按说明书配制。

表 4-6 pH 标准缓冲溶液的配制

	标准溶液浓度	pH 值 (25 ℃)	1000 mL 蒸馏水中基准物质的质量/g
1	0.05 mol/L 二草酸三氢钾	1.679	12.61
2	饱和酒石酸氢钾(25 ℃)	3.559	6.4①
3	0.05 mol/L 柠檬酸二氢钾	3.776	11.41
4	0.05 mol/L 邻苯二甲酸氢钾	4.008	10.12
5	0.025 mol/L 磷酸二氢钾-0.025 mol/L 磷酸氢二钠	6.86	3.388②+3.533②③
6	0.008695 mol/L 磷酸二氢钾-0.03043 mol/L 磷酸氢二钠	7.413	1.179②+4.302②③
7	0.01 mol/L 四硼酸钠	9.180	3.80③
8	0.025 mol/L 碳酸氢钠-0.025 mol/L 碳酸钠	10.012	2.029+2.640
9	饱和氢氧化钙(25 ℃)	12.454	1.5①

注:①近似溶解度。
②110~130 ℃烘干 2 h。
③用新煮沸并冷却的无 CO_2 蒸馏水。

(3) 定位。

① 将电极浸入第 1 份标准缓冲溶液中,调节"温度"旋钮,使与溶液温度一致。然后调节"定位"旋钮,使 pH 值读数与已知 pH 值一致。注意,校正后,切勿再动"定位"旋钮。

② 将电极取出,洗净、吸干,再浸入第 2 份标准缓冲溶液中,测定 pH 值。如果测定值与第 2 份标准缓冲溶液已知 pH 值之差小于 0.1,则说明仪器正常,否则需检查仪器、电极或标准溶液是否有问题。

知识链接

电位法测定溶液的 pH 值,是以玻璃电极为指示电极(一),饱和甘汞电极为参比电极(+),将它们插入试液组成下列电池:

$$Ag, AgCl \mid 内参比溶液 \mid 玻璃膜 \mid 试液 \parallel 饱和 KCl 溶液 \mid Hg_2Cl_2, Hg$$

$$\underbrace{}_{E_{玻璃}} \quad \underbrace{}_{E_{液接}} \quad \underbrace{}_{E_{SCE}}$$

$$E_{电池} = E_{SCE} - E_{玻璃} + E_{液接}$$

在一定条件下,$E_{液接}$ 和 E_{SCE} 为一常数,因此,电动势可写为

$$E_{电池} = K + 0.059 \text{pH} (25 ℃)$$

若上式中 K 值已知,则由测得的 $E_{电池}$ 就能计算出被测溶液的 pH 值,但实际上由于 K 值不易求得,因此,在实际工作中,用已知的标准缓冲溶液作为基准,比较待测溶液和标准溶液两个电池的电动势来确定待测溶液的 pH 值。所以在测定 pH 值时,先用标准缓冲溶液校正酸度计(亦称定位),以消除 K 值的影响。

实际测量中,选用 pH 值与水样 pH 值接近的标准缓冲溶液校正 pH 计,并保持溶液温度恒定,以减少由于液接电位、不对称电位及温度等变化而引起的误差,测定水样之前,

用两种不同 pH 值的缓冲溶液校正,如用一种 pH 值的缓冲溶液定位后,再测定相差约 3 个 pH 单位的另一种缓冲溶液的 pH 值时,误差应在±0.1pH 值之内。

校正后的 pH 计,可以直接测定水样或溶液的 pH 值。

（张土秀　黄丹云）

任务二十九　几种金属离子的柱色谱

任务目的

（1）熟悉液相色谱干法装柱的操作方法。
（2）应用吸附柱色谱法对几种金属离子进行分离。

实施步骤

一、实验准备

◆ 器材

色谱柱(1 cm×20 cm)、铁架台、滴管、玻璃棒、锥形瓶、脱脂棉、玻璃漏斗等。

◆ 试剂

活性氧化铝(80～120 目)，Fe^{3+}、Cu^{2+} 和 Co^{2+} 混合溶液(各离子的浓度均为 5 mg/mL)等。

二、实施过程

1. 装柱　取一支色谱柱(1 cm×20 cm)，从上端塞入一小团脱脂棉，用玻璃棒将其轻轻压平于色谱柱下端，将其固定于铁架台上。在色谱柱上口放置一玻璃漏斗，将 80～120 目色谱用活性氧化铝由此漏斗加入色谱柱中，边装边轻轻敲击色谱柱，使之填充均匀，达 10 cm 高度时，在氧化铝上面塞入一小团脱脂棉，用玻璃棒将其压平。

2. 加样　用滴管滴加适量(约 10 滴)含 Fe^{3+}、Cu^{2+} 和 Co^{2+} 的混合溶液。

3. 洗脱　待混合溶液全部渗入氧化铝后，加蒸馏水进行洗脱，同时打开色谱柱下端的活塞，连续洗脱一段时间(约半小时)后，即可观察到色谱柱呈现出三种色带，记录结果。

思考题

（1）装柱时为什么要力求填装均匀,并且要拍实?
（2）离子的电荷与它在色谱柱上的保留时间有何关系?
（3）氧化铝的含水量与其活性之间有何关系?

注意事项

(1) 装柱时,加入氧化铝要缓慢而均匀,尽量填装均匀。
(2) Fe^{3+}、Cu^{2+} 和 Co^{2+} 混合溶液不适宜加入过量,否则色层分离不明显。

 知识链接

氧化铝色谱柱的作用机制属于吸附色谱,即利用氧化铝对 Fe^{3+}、Cu^{2+}、Co^{2+} 具有不同吸附能力,洗脱时三种离子随流动相移动的速度不同而分离。

(潘沛玲)

任务三十　两种混合染料的薄层色谱

 任务目的

(1) 熟练掌握制作硅胶薄层板的方法。
(2) 熟悉薄层色谱法分离鉴定混合物的原理。
(3) 掌握比移值(R_f)的计算方法。

 实施步骤

一、实验准备

◆ 器材

玻璃片(5 cm×10 cm)、研钵、平口毛细管、铅笔、色谱缸、直尺、铅笔等。

◆ 试剂

硅胶、0.5%羧甲基纤维素钠溶液、罗明丹 B 和甲基黄两种染料的混合溶液、95%乙醇溶液等。

二、实施过程

1. 硅胶薄层板的制备　将 5 g 硅胶和 15 mL 0.5%羧甲基纤维素钠溶液混合,在研钵中研磨 2 min 左右,直至其均匀,将适量的吸附剂放在洁净的玻璃片上,用手轻轻摇动玻璃片,使糊状物均匀分布在板上,将板置于水平台上,室温下干燥后置于 110 ℃烘箱中活化 30 min,取出制备好的硅胶薄层板,放于干燥器中备用。

2. 点样　在硬板上距离一端 1.5 cm 处用铅笔轻轻画一条起始线,起始线中间打一个"×"作为原点,用毛细管吸取罗明丹 B 和甲基黄两种染料的混合溶液,在原点处点 2~3 次样品溶液,原点扩散直径不能超过 3 mm。将薄层板放入盛有 95% 乙醇溶液的密闭色谱缸内,饱和 10 min,然后进行展开,展开剂浸没下端的高度不宜超过 0.5 cm,薄层板上的原点不能浸入展开剂,展开到板的 3/4 高度后取出,用铅笔记下溶剂前沿线,观察板上的斑点颜色,并测定各斑点的 R_f 值。

$$R_f = \frac{样品原点中心到斑点中心的距离}{样品原点中心到溶剂前沿的距离}$$

思考题

(1) 薄层色谱法的操作方法可分为哪几步?每一步应注意什么?
(2) 展开前为什么要在色谱缸中饱和?

注意事项

(1) 点样时每点一次,一定要吹干后再点第二次。
(2) 展开剂不宜过多,只需浸没薄层板 0.3~0.5 cm 即可。
(3) 色谱缸必须密闭,否则会影响分离效果。
(4) 展开剂要回收。

知识链接

利用薄层色谱对物质进行定量和定性分析,一般采用标准对照品,用显色剂对斑点进行鉴定。显色可以用喷雾、浸泡或碘蒸气熏蒸等多种方法。也可以用荧光板,对有紫外吸收的物质在荧光板上产生的暗斑进行定性。

利用硅胶对罗明丹 B 和甲基黄两种染料具有不同的吸附能力,流动相(展开剂)对两者具有不同的溶解能力而达到分离。

(潘沛玲)

任务三十一　磺胺类药物分离及鉴定的薄层色谱

任务目的

(1) 熟练掌握制作硅胶薄层板的方法。
(2) 了解薄层色谱法分离鉴定混合物的原理。
(3) 掌握薄层色谱法分离鉴定混合物的实验方法。

实施步骤

一、实验准备

◆ 器材

色谱槽(或矮形色谱缸)、玻璃片(5 cm×10 cm)、研钵、平口毛细管、显色用喷雾器、电吹风、直尺、铅笔等。

◆ 试剂

0.1%的磺胺嘧啶、磺胺甲嘧啶、磺胺二甲嘧啶的甲醇溶液(对照品溶液)、2%的对二甲氨基苯甲醛的 1 mol/L HCl 溶液(显色剂)、三种磺胺类药物的混合甲醇溶液(样品溶液)、薄层色谱用硅胶 H 或硅胶 G(200~400 目)、1%羧甲基纤维素钠(CMC-Na)水溶液、氯仿-甲醇-水(体积比 32∶8∶5)混合溶液等。

二、实施过程

1. 硅胶薄层板的制备 称取硅胶 H 或硅胶 G(200~400 目)5 g,置于研钵中,加入 15 mL 1%羧甲基纤维素钠水溶液,研磨成糊,置于 3 块洁净的玻璃片上,将糊状物涂铺于整个玻璃片,再在实验台上轻轻地振动玻璃片,使糊状物形成均匀的薄层,然后置于水平台上自然晾干,再放入烘箱中于 110 ℃活化 12 h,取出,置于干燥器中储存备用。

2. 点样 在距活化后的薄层板一边 1.5~2 cm 处,用铅笔轻轻画出一条起始线,用平口毛细管或微量注射器分别将磺胺嘧啶、磺胺甲嘧啶、磺胺二甲嘧啶的甲醇溶液和样品溶液点于相应位置。

3. 展开 将点好样的薄层板置于已被展开剂饱和的密闭色谱槽中,待展开至 3/4~4/5 高度时取出,立即用铅笔标出溶剂的前沿,晾干。

4. 显色 用喷雾器将显色剂均匀地喷洒在薄层板上,即可见斑点,记录斑点的颜色。

5. 定性鉴别 用铅笔框出各斑点,用直尺量出各斑点中心到原点的距离、溶剂前沿到原点的距离,计算各种磺胺类药物的 R_f 值,通过比较样品与对照品的 R_f 值进行定性鉴别。

$$R_f = \frac{样品原点中心到斑点中心的距离}{样品原点中心到溶剂前沿的距离}$$

 ## 思考题

(1) 将薄层板放入展开剂中时,为何样点不能浸入展开剂中?

(2) 在实验过程中为什么要保护好薄层板的表面?它是否会影响展开的结果?

 ## 注意事项

(1) 样点的大小要适宜,样点直径不要超过 3 mm,样点与样点的间隔在 0.5 cm 以上,样品溶液的浓度也不宜太大,否则容易出现拖尾、无法分开等现象。

(2) 展开剂不宜过多,只需浸没薄层板 0.3~0.5 cm 即可。太多则移行速度过快而影响分离效果,太少则分析时间会过长。

 知识链接

利用磺胺嘧啶、磺胺甲嘧啶、磺胺二甲嘧啶在固定相与流动相间分配系数的差异,随流动相(展开剂)向前迁移的速率不同,而将三者分离开来。

(潘沛玲)

任务三十二　两种混合指示剂的纸色谱

 任务目的

(1) 练习纸色谱分离物质操作。
(2) 熟悉纸色谱法分离鉴定混合物的原理。
(3) 熟练掌握 R_f 的计算方法。

 实施步骤

一、实验准备

◆ 器材

色谱滤纸、铅笔、平口毛细管、直尺、色谱缸等。

◆ 试剂

氨试液(1∶1)、酚酞和甲基橙的混合试液等。

二、实施过程

(1) 取长约 17 cm、宽约 1.5 cm 的色谱滤纸一张,距离一端 2 cm 处用铅笔画一条起始线,在起始线的中点做一记号"×",以备点样作为原点。

(2) 用平口毛细管吸取酚酞和甲基橙的混合试液,在原点处轻轻点样,如样品浓度太稀,干后可再点 2~3 次,点样后原点扩散直径不要超过 3 mm,待干后,将滤纸悬挂在盛有展开剂的大试管中,饱和 10 min。

(3) 饱和后,将滤纸条点有样品的一端浸入展开剂中约 1 cm(勿使样点浸入展开剂中),进行展开,当展开剂扩散上升到距滤纸顶端 2 cm 处时,取出滤纸条,用铅笔在展开剂前沿处画一条前沿线,在空气中晾干。

(4) 分别计算两种斑点的 R_f 值。

$$R_f = \frac{样品原点中心到斑点中心的距离}{样品原点中心到溶剂前沿的距离}$$

思考题

在纸色谱法中,为什么要借助对照品来进行定性鉴别?

注意事项

(1) 注意保持色谱纸的平整与洁净。点样时每点一次,一定先要吹干,然后点第二次。
(2) 展开剂不宜过多,只需要浸没色谱纸点样侧的 0.3~0.5 cm 即可。
(3) 色谱缸必须密闭,否则会影响分离效果。

知识链接

纸色谱法是以纸为载体,固定相为结合于滤纸纤维中的 20%~25% 的水,其中 6% 左右的水通过氢键与纤维素上的羟基相结合,形成液-液分离色谱的固定相,流动相为与水不相混溶的有机溶剂,但是在实际工作中也常用与水相混溶的有机溶剂。分离由组分在流动相和固定相中的分配系数不同所致。

(潘沛玲)

任务三十三 气相色谱定性分析苯、甲苯、乙苯

任务目的

(1) 了解气相色谱仪的组成。
(2) 练习气相色谱仪的操作。
(3) 学习利用纯物质对照法、加入纯物质增加峰高法的定性方法。

实施步骤

一、实验准备

◆ 器材

气相色谱仪(带氢火焰离子化检测器)、色谱工作站、色谱柱(不锈钢柱,内径 2 mm,长 0.5 m,内装 3%OV-101/Chromosorb W AW DMCS 80~100 目)、氮气钢瓶、空气压缩

机、氢气发生器、1 μL 微量进样器等。

◆ 试剂

苯（AR）、甲苯（AR）、乙苯（AR）等。

二、实施过程

（一）实验条件

1. 固定相　不锈钢柱，内径 2 mm，长 0.5 m，内装 3% OV-101/Chromosorb W AW DMCS 80～100 目。

2. 温度　进样温度 150 ℃，柱温 60 ℃左右，检测器温度 150 ℃。

3. 气体流量　氮气 22.3 mL/min，空气 200 mL/min，氢气 24 mL/min。

4. 检测器　氢火焰离子化检测器。

5. 进样量　1 μL 微量进样器。

（二）仪器操作

1. 仪器调节　将色谱仪按仪器操作步骤调至可进样状态，待仪器电路和气路系统达到平衡，基线平稳后可进样。

2. 纯物质对照法

（1）进标样：分别吸取苯、甲苯、乙苯各 0.02 μL，依次进样，准确记录保留时间，然后往色谱仪内注射 0.1 μL 标样。

（2）进待测样：用待测样将 1 μL 微量进样器洗 3～5 次，然后往色谱仪内注射 0.1 μL 标样，准确记录保留时间。

（3）将苯、甲苯、乙苯标样的保留时间与待测样的保留时间对比定性。

3. 加入纯物质增加峰高

（1）进待测样：用待测样将 1 μL 微量进样器洗 3～5 次，然后往色谱仪内注射 0.1 μL 标样，准确记录保留时间。

（2）取上述待测样三份，加入适量苯、甲苯、乙苯标样，分别吸取配制的混合样品 0.1 μL，依次进样，观察色谱峰变化。

（3）根据色谱峰峰高变化定性。

思考题

（1）除了可以用绝对保留时间定性外，还可用哪些参数定性？

（2）实验条件不稳定对实验结果有什么影响？

注意事项

（1）液体进样是用注射器刺入胶垫而注入温度较高的汽化室，针头内液体会因受热膨胀挤入汽化室中，所以每次进样操作时，注射器的插入、拔出胶垫应迅速，并尽量保持留针时间的一致性,以保证进样的准确性和重现性。

(2) 氢火焰离子化检测器离子头内的喷嘴和收集极,在使用一段时间后应进行清洗,否则燃烧后的灰烬会沾污喷嘴和收集极,从而降低灵敏度。方法是卸下喷嘴和收集极,先用通针通喷嘴,必要时用金相砂纸打磨,然后将喷嘴用5%硝酸溶液清洗,再用水超声1~2 h,在100~120 ℃烘干。收集极采用同法处理。

 知识链接

在一定的色谱条件下,某一未知物只有一个确定的保留时间。因此,对于较简单的、组分已知的多组分混合物,并且它们的色谱峰都能分开,那么就可以用已知纯物质在相同色谱条件下的保留时间与未知物质的保留时间进行比较,以定性鉴定未知物质。纯物质对照法定性只适用于组分性质已知、组成比较简单且有纯物质的未知物质。

当未知样品中组分较多,色谱峰过密,用上述方法不易辨认时,或仅作未知样品指定项目分析时均可用此法。首先作出未知样品的色谱图,然后在未知样品中加入某已知物质,又得到一个色谱图。峰高增加的组分则可能为这种已知物质。

(石义林　陈志超)

任务三十四　苯系混合物的气相色谱分析
(归一化法定量)

 任务目的

(1) 熟悉气相色谱仪的组成。
(2) 练习气相色谱仪的操作。
(3) 学习归一化法定量的基本原理及测定方法。

 实施步骤

一、实验准备

◆ **器材**

气相色谱仪(带 FID 检测器)、色谱工作站、色谱柱(不锈钢柱,内径 2 mm,长 0.5 m,内装 3%OV-101/Chromosorb W AW DMCS 80~100 目)、氮气钢瓶、空气压缩机、氢气发生器、1 μL 微量进样器等。

◆ **试剂**

苯(AR)、甲苯(AR)、乙苯(AR)等。

二、实施过程

（一）实验条件

1. 固定相 不锈钢柱，内径 2 mm，长 0.5 m，内装 3％OV-101/Chromosorb W AW DMCS 80～100 目。

2. 温度 进样温度 150 ℃，柱温 60 ℃左右，检测器温度 150 ℃。

3. 气体流量 氮气 22.3 mL/min，空气 200 mL/min，氢气 24 mL/min。

4. 检测器 氢火焰离子化检测器。

5. 进样量 1 μL 微量进样器。

（二）配制样品

准确称取一个称量瓶，分别滴入苯、甲苯、乙苯各 0.5 g，每加一种试剂后准确称重，记下各组分的重量，算出各组分的含量。

（三）仪器操作

1. 进标样 用标样将 1 μL 微量进样器洗 3～5 次，然后往色谱仪内注射 0.1 μL 标样。

2. 进待测样 用待测样将 1 μL 微量进样器洗 3～5 次，然后往色谱仪内注射 0.1 μL 标样。

3. 结果计算

(1) 以苯为内标，计算苯、甲苯、乙苯的相对较正因子。

(2) 计算待测样品中苯、甲苯、乙苯的含量。

(3) 计算苯和甲苯、甲苯和乙苯的分离度。

思考题

(1) 定量的方法除了归一化法外，还有哪些方法？

(2) 氢火焰离子化检测器的灵敏度与哪些因素有关？

注意事项

氢火焰离子化检测器的使用温度应大于 100 ℃（常用 150 ℃），此时氢气在空气中燃烧生成的水，以水蒸气形式逸出检测器。若温度太低，则水冷凝后在离子化室会造成漏电并使记录仪基线不稳。

知识链接

把所有出峰组分的含量之和按 100％计算的定量方法称为归一化法。使用归一化法定量，要求试样中的各个组分均流出，且在检测器上有信号响应。计算公式如下：

$$W_i = \frac{m_i}{m} \times 100\% = \frac{A_i f_i}{A_1 f_1 + A_2 f_2 + \cdots + A_m f_m} \times 100\%$$

式中:W_i 为被测组分 i 的百分含量;$A_1,A_2,\cdots,A_m$ 为组分 1~m 的峰面积;$f_1,f_2,\cdots,f_m$ 为组分 1~m 的相对校正因子。

归一化法的特点是定量结果与进样量无关,不受操作条件影响;要求组分全部出峰,某些不需要定量的组分也必须测出其峰面积及 f_i 值,计算比较麻烦;不需要标准样;测量低含量尤其是微量杂质时,误差较大。

(陈志超　石义林)

任务三十五　高效液相色谱柱效能的测定

任务目的

(1) 掌握高效液相色谱柱效能的测定方法。
(2) 了解高效液相色谱仪的基本结构和工作原理并初步掌握其操作技能。

实施步骤

一、实验准备

◆ 器材

高效液相色谱仪(任一型号)、紫外检测器、恒流泵或恒压泵、溶剂过滤系统、高压六通进样阀、微量进样器(100 μL)、超声波发生器等。

◆ 试剂

苯、萘、联苯、甲醇、正己烷等(均为分析纯);纯水、去离子水,再经一次蒸馏。

标准储备液:配制含苯、萘、联苯各 1000 μg/mL 的正己烷溶液,混匀备用。

标准使用液:用上述储备液配制含苯、萘、联苯各 10 μL/mL 的正己烷溶液,混匀备用。

二、实施过程

1. 测定条件

(1) 色谱柱:长 150 mm,内径 3 mm,装填 C-18 烷基键合相、粒度为 10 μm 的固定相。
(2) 流动相:甲醇-水(83∶17)混合溶液,流量 0.5 mL/min 和 1 mL/min。
(3) 紫外检测器:测试波长 254 nm。
(4) 进样量:3 μL。

2. 仪器操作

(1) 将配制好的流动相置于超声波发生器上,脱气 15 min。

(2) 根据实验条件(流动相流量取 0.5 mL/min),将仪器按照其操作步骤调节至进样状态,待仪器液路和电路系统达到平衡,记录仪基线平直时,即可进样。

(3) 吸取 3 μL 标准使用液,进样,记录色谱图,重复进样 2 次。

(4) 把流动相流量改为 1 mL/min,稳定后,吸取 3 μL 标准使用液,进样,记录色谱图,并重复进样 2 次。

3. 处理数据

(1) 记录实验条件。

① 色谱柱与固定相。

② 流动相及其流量。

③ 检测器及其灵敏度。

④ 进样量。

(2) 测量各色谱图中苯、萘、联苯等的保留时间 t_R 及相应色谱峰的半峰宽 $W_{1/2}$,计算各物质对应的理论塔板数 n。已知组分的出峰顺序为苯、萘、联苯。

思考题

(1) 高效液相色谱采用 5~10 μm 粒度的固定相有何优点?

(2) 紫外检测器是否适用于检测所有的有机化合物? 为什么?

注意事项

(1) 更换进样溶液时,注射器应用待进样的溶液润洗 3 次。

(2) 将样品注入进样器时,一定要将手柄移至"进样"位置。

知识链接

气相色谱中评价色谱柱柱效能的方法及计算理论塔板数的公式,同样适用于高效液相色谱:

$$n = 5.54 \left(\frac{t_R}{W_{1/2}}\right)^2 = 16 \left(\frac{t_R}{W}\right)^2$$

速率理论及范第姆特方程式对于研究影响高效液相色谱柱效能的各种因素,同样具有指导意义:

$$H = A + \frac{B}{u} + Cu$$

然而由于组分在液体中的扩散系数很小,纵向扩散项(B/u)对色谱峰扩展的影响实际上可以忽略,而传质阻力项(Cu)则成为影响柱效能的主要因素,可见要提高液相色谱的柱效能,提高柱内填料装填的均匀性和减小粒度,以加快传质速率是非常重要的。目前所使用的固定相,通常为 5~10 μm 的微粒,而装填技术的优劣亦将直接影响色谱柱的分离效能。

除上述影响柱效能的一些因素外,对于液相色谱还应考虑到一些柱外展宽的因素,其中包括进样器的死体积和进样技术等所导致的柱前展宽,以及由柱后连接管、检测器流通池体积所导致的柱后展宽。

(陈志超　张　飞)

任务三十六　高效液相色谱法测定氯霉素含量

任务目的

(1) 了解高效液相色谱仪的构造与工作原理。
(2) 掌握高效液相色谱仪的使用方法。
(3) 学习高效液相色谱法测定氯霉素含量的方法。

实施步骤

一、实验准备

◆ 器材

高效液相色谱仪(任一型号)、紫外检测器、恒流泵或恒压泵、色谱柱(内径 4.6 nm,长 250 nm,填装 C-18 烷基键合相,粒度为 10 μm 的固定相)、溶剂过滤系统、高压六通进样阀、微量进样器(100 μL)、超声波发生器等。

◆ 试剂

甲醇(AR)、去离子水、标准储备液(1000 μg/mL 氯霉素甲醇溶液)、标准工作液(100 μg/mL 氯霉素甲醇溶液,将储备液稀释 10 倍)等。

二、实施过程

1. 测定条件

(1) 色谱柱:内径 4.6 mm,长 250 mm,填装 C-18 烷基键合相,粒度为 10 μm 的固定相。

(2) 流动相:甲醇-水(83∶17)混合溶液,流量 1.0 mL/min。

(3) 紫外检测器:测定波长 254 nm。

(4) 进样量:20 μL。

2. 仪器操作

(1) 将配制好的流动相置于超声波发生器中脱气 15 min。

(2) 按照仪器的操作规程,将仪器调节到进样状态,待仪器的电路与液路系统达到平衡,基线稳定后,分别将标准工作液与样品溶液进样,进样量为 20 μL,记录色谱图,重复进样 2 次。

3. 处理数据

（1）测量各色谱图中氯霉素的保留值 t_R 及相应的色谱半峰宽 $W_{1/2}$，计算各物质对应的理论塔板数 n。

（2）按外标法以峰面积计算样品中氯霉素的含量。

思考题

（1）实验中使用的色谱仪的主要部件有哪些性能？

（2）外标法有哪些特点？

注意事项

（1）进样前，色谱柱应用流动相充分冲洗平衡。

（2）色谱流路系统，从泵、进样器、色谱柱到检测器流通池，在分析结束后，均应充分冲洗，特别是用过含盐流动相的，更应注意先用水冲洗，再用甲醇-水混合溶液充分冲洗。

知识链接

高效液相色谱法的定量分析可采用测量色谱峰面积的归一化法、内标法或外标法。采用外标一点法定量，在完全相同的色谱条件下，分别进相同体积的标准工作液和样品溶液，进行色谱分析，测定峰面积，按下式计算溶液中氯霉素的浓度：

$$c_{样} = c_{标} \frac{A_{样}}{A_{标}}$$

计算理论塔板数的公式：

$$n = 5.54 \left(\frac{t_R}{W_{1/2}} \right)^2$$

（陈志超　张　飞）

任务三十七　综合设计型实验（选题参考）

一、菠菜色素的提取和分离

二、黄连中黄连素的提取及其含量分析

三、十二烷基硫酸钠的制备与纯度测定

附录 A 常见弱酸标准解离常数(298 K)

弱 酸	K_a	弱 酸	K_a	弱 酸	K_a
铝酸	6.3×10^{-12}	氢氰酸	6.2×10^{-10}	碘酸	1.7×10^{-1}
砷酸	$K_{a_1}=6.3\times10^{-3}$	铬酸	$K_{a_1}=1.8\times10^{-1}$	亚硝酸	5.1×10^{-4}
	$K_{a_2}=1.0\times10^{-7}$		$K_{a_2}=3.2\times10^{-7}$	磷酸	$K_{a_1}=7.6\times10^{-3}$
	$K_{a_3}=3.2\times10^{-12}$	次氯酸	2.8×10^{-8}		$K_{a_2}=6.3\times10^{-8}$
亚砷酸	6.0×10^{-10}	硫氰酸	1.4×10^{-1}		$K_{a_3}=4.4\times10^{-13}$
硼酸	5.8×10^{-10}	过氧化氢	2.2×10^{-12}	亚磷酸	$K_{a_1}=5.0\times10^{-2}$
碳酸	$K_{a_1}=4.2\times10^{-7}$	氢氟酸	6.6×10^{-4}		$K_{a_2}=2.5\times10^{-7}$
	$K_{a_2}=5.6\times10^{-11}$	次碘酸	2.3×10^{-11}	甲酸	1.77×10^{-4}
氢硫酸	$K_{a_1}=1.3\times10^{-7}$	亚硫酸	$K_{a_1}=1.3\times10^{-2}$	偏硅酸	$K_{a_1}=1.7\times10^{-10}$
	$K_{a_2}=7.1\times10^{-15}$		$K_{a_2}=6.3\times10^{-8}$		$K_{a_2}=1.6\times10^{-12}$
乙酸(醋酸)	1.75×10^{-5}	草酸	$K_{a_1}=5.9\times10^{-2}$	邻苯二甲酸	$K_{a_1}=1.1\times10^{-3}$
苯甲酸	6.2×10^{-5}		$K_{a_2}=6.4\times10^{-5}$		$K_{a_2}=3.9\times10^{-6}$
苯酚	1.1×10^{-10}				

附录 B　常见弱碱标准解离常数(298 K)

弱碱	K_b	弱碱	K_b	弱碱	K_b
氨	1.8×10^{-5}	二乙胺	1.3×10^{-3}	羟胺	9.1×10^{-9}
联氨	$K_{b_1} = 3.0 \times 10^{-6}$	乙二胺	$K_{b_1} = 8.3 \times 10^{-5}$	甲胺	4.2×10^{-4}
	$K_{b_2} = 7.6 \times 10^{-15}$		$K_{b_2} = 7.1 \times 10^{-8}$	乙胺	5.6×10^{-4}
二甲胺	1.2×10^{-4}	苯胺	4.3×10^{-10}	吡啶	1.7×10^{-9}
乙醇胺	3.2×10^{-5}	三乙醇胺	5.8×10^{-7}		

附录 C 难溶电解质的标准溶度积(298 K)

化合物	K_{sp}	化合物	K_{sp}	化合物	K_{sp}
AgAc	1.9×10^{-3}	$Ca(OH)_2$	4.7×10^{-6}	$HgBr_2$	6.2×10^{-12}
AgBr	5.4×10^{-13}	CaC_2O_4	2.3×10^{-9}	HgI_2	2.8×10^{-29}
AgCl	1.8×10^{-10}	$Ca(IO_3)_2$	6.5×10^{-6}	HgS	6.4×10^{-53}
Ag_2CO_3	8.5×10^{-12}	$Ca_3(PO_4)_2$	2.1×10^{-33}	$Hg(OH)_2$	3.2×10^{-26}
Ag_2CrO_4	1.1×10^{-12}	CdF_2	6.4×10^{-3}	Hg_2Br_2	6.4×10^{-23}
$Ag_2Cr_2O_7$	2.0×10^{-7}	$Cd(IO_3)_2$	2.5×10^{-8}	Hg_2CO_3	3.7×10^{-17}
AgCN	1.2×10^{-16}	$Cd(OH)_2$	2.5×10^{-14}	$Hg_2C_2O_4$	1.8×10^{-13}
$Ag_2C_2O_4$	5.4×10^{-12}	CdS	1.4×10^{-29}	Hg_2Cl_2	1.5×10^{-18}
$AgIO_3$	3.2×10^{-8}	$Cd_3(PO_4)_2$	2.5×10^{-33}	Hg_2F_2	3.1×10^{-6}
AgI	8.5×10^{-17}	$Co(IO_3)_2$	1.2×10^{-2}	Hg_2I_2	5.3×10^{-29}
AgOH	2.0×10^{-8}	$Co(OH)_2$	1.1×10^{-15}	Hg_2S	1.0×10^{-47}
Ag_3PO_4	8.9×10^{-17}	$Co_3(PO_4)_2$	2.1×10^{-35}	Hg_2SO_4	8.0×10^{-7}
Ag_2S	6.3×10^{-50}	$Cr(OH)_3$	6.3×10^{-31}	$Hg_2(SCN)_2$	3.12×10^{-20}
AgSCN	1.0×10^{-12}	CuBr	6.3×10^{-9}	$K_2[SiF_6]$	8.7×10^{-7}
Ag_2SO_4	1.2×10^{-5}	CuCl	1.7×10^{-7}	$K_2[PtCl_6]$	7.5×10^{-6}
Ag_2SO_3	1.5×10^{-14}	CuI	1.3×10^{-12}	$MnCO_3$	2.2×10^{-11}
$Al(OH)_3$	1.1×10^{-33}	$Cu(OH)_2$	2.2×10^{-20}	$Mn(IO_3)_2$	4.4×10^{-7}
As_2S_3	2.1×10^{-22}	CuSCN	4.8×10^{-15}	$Mn(OH)_2$	2.1×10^{-13}
$BaCO_3$	2.6×10^{-9}	$Cu(IO_3)_2$	6.9×10^{-8}	MnS	4.7×10^{-14}
$BaCrO_4$	1.2×10^{-10}	CuS	1.3×10^{-36}	$MgCO_3$	6.8×10^{-6}
BaF_2	1.8×10^{-7}	Cu_2S	2.3×10^{-48}	MgF_2	7.4×10^{-11}
$Ba_3(PO_4)_2$	3.9×10^{-23}	$Cu_3(PO_4)_2$	1.4×10^{-37}	$Mg(OH)_2$	5.6×10^{-12}
$BaSO_4$	1.1×10^{-10}	$FeCO_3$	3.1×10^{-11}	$Mg_3(PO_4)_2$	9.9×10^{-25}
BaC_2O_4	1.6×10^{-7}	FeF_2	2.4×10^{-6}	$NiCO_3$	1.4×10^{-7}
$CaCO_3$	5.0×10^{-9}	$Fe(OH)_2$	4.9×10^{-17}	$Ni(IO_3)_2$	4.7×10^{-5}
CaF_2	2.7×10^{-11}	$Fe(OH)_3$	2.6×10^{-39}	$Ni(OH)_2$	5.5×10^{-16}
$CaSO_4$	7.1×10^{-5}	FeS	1.6×10^{-19}	NiS	1.1×10^{-21}

附录 D 酸性溶液中的标准电极电势(298 K)

	电 极 反 应	标准电极电势/V
Ag	$AgBr + e^- \rightleftharpoons Ag + Br^-$	+0.07133
	$AgCl + e^- \rightleftharpoons Ag + Cl^-$	+0.2223
	$Ag_2CrO_4 + 2e^- \rightleftharpoons 2Ag + CrO_4^{2-}$	+0.4470
	$Ag^+ + e^- \rightleftharpoons Ag$	+0.7996
Al	$Al^{3+} + 3e^- \rightleftharpoons Al$	−1.662
As	$HAsO_2 + 3H^+ + 3e^- \rightleftharpoons As + 2H_2O$	+0.248
	$H_3AsO_4 + 2H^+ + 2e^- \rightleftharpoons HAsO_2 + 2H_2O$	+0.560
Bi	$BiOCl + 2H^+ + 3e^- \rightleftharpoons Bi + H_2O + Cl^-$	+0.1583
	$BiO^+ + 2H^+ + 3e^- \rightleftharpoons Bi + H_2O$	+0.320
Br	$Br_2 + 2e^- \rightleftharpoons 2Br^-$	+1.066
	$BrO_3^- + 6H^+ + 5e^- \rightleftharpoons 1/2Br_2 + 3H_2O$	+1.482
Ca	$Ca^{2+} + 2e^- \rightleftharpoons Ca$	−2.868
Cl	$ClO_4^- + 2H^+ + 2e^- \rightleftharpoons ClO_3^- + H_2O$	+1.189
	$ClO_3^- + 6H^+ + 6e^- \rightleftharpoons Cl^- + 3H_2O$	+1.451
	$ClO_3^- + 6H^+ + 5e^- \rightleftharpoons 1/2Cl_2 + 3H_2O$	+1.47
	$HClO + H^+ + e^- \rightleftharpoons 1/2Cl_2 + H_2O$	+1.611
	$ClO_3^- + 3H^+ + 2e^- \rightleftharpoons HClO_2 + H_2O$	+1.214
	$ClO_2 + H^+ + e^- \rightleftharpoons HClO_2$	+1.277
	$HClO_2 + 2H^+ + 2e^- \rightleftharpoons HClO + H_2O$	+1.645
Co	$Co^{3+} + e^- \rightleftharpoons Co^{2+}$	+1.83
Cr	$Cr_2O_7^{2-} + 14H^+ + 6e^- \rightleftharpoons 2Cr^{3+} + 7H_2O$	+1.232
Cu	$Cu^{2+} + e^- \rightleftharpoons Cu^+$	+0.153
	$Cu^{2+} + 2e^- \rightleftharpoons Cu$	+0.3419
	$Cu^+ + e^- \rightleftharpoons Cu$	+0.522
Fe	$Fe^{2+} + 2e^- \rightleftharpoons Fe$	−0.447
	$[Fe(CN)_6]^{3-} + e^- \rightleftharpoons [Fe(CN)_6]^{4-}$	+0.358
	$Fe^{3+} + e^- \rightleftharpoons Fe^{2+}$	+0.771
H	$2H^+ + 2e^- \rightleftharpoons H_2$	0.0000

续表

	电 极 反 应	标准电极电势/V
Hg	$Hg_2Cl_2 + 2e^- \rightleftharpoons 2Hg + 2Cl^-$	+0.281
	$Hg_2^{2+} + 2e^- \rightleftharpoons 2Hg$	+0.7973
	$Hg^{2+} + 2e^- \rightleftharpoons Hg$	+0.851
	$2Hg^{2+} + 2e^- \rightleftharpoons Hg_2^{2+}$	+0.920

附录 E 碱性溶液中的标准电极电势(298 K)

	电极反应	标准电极电势/V
Ag	$Ag_2S + 2e^- \rightleftharpoons 2Ag + S^{2-}$	-0.691
	$Ag_2O + H_2O + 2e^- \rightleftharpoons 2Ag + 2OH^-$	$+0.342$
Al	$H_2AlO_3^- + H_2O + 3e^- \rightleftharpoons Al + 4OH^-$	-2.33
As	$AsO_2^- + 2H_2O + 3e^- \rightleftharpoons As + 4OH^-$	-0.68
	$AsO_4^{3-} + 2H_2O + 2e^- \rightleftharpoons AsO_2^- + 4OH^-$	-0.71
Br	$BrO_3^- + 3H_2O + 6e^- \rightleftharpoons Br^- + 6OH^-$	$+0.61$
	$BrO^- + H_2O + 2e^- \rightleftharpoons Br^- + 2OH^-$	$+0.761$
Cl	$ClO_3^- + H_2O + 2e^- \rightleftharpoons ClO_2^- + 2OH^-$	$+0.33$
	$ClO_4^- + H_2O + 2e^- \rightleftharpoons ClO_3^- + 2OH^-$	$+0.17$
	$ClO_2^- + H_2O + 2e^- \rightleftharpoons ClO^- + 2OH^-$	$+0.66$
	$ClO^- + H_2O + 2e^- \rightleftharpoons Cl^- + 2OH^-$	$+0.81$
Co	$Co(OH)_2 + 2e^- \rightleftharpoons Co + 2OH^-$	-0.73
	$[Co(NH_3)_6]^{3+} + e^- \rightleftharpoons [Co(NH_3)_6]^{2+}$	$+0.108$
	$Co(OH)_3 + e^- \rightleftharpoons Co(OH)_2 + OH^-$	$+0.17$
Cr	$Cr(OH)_3 + 3e^- \rightleftharpoons Cr + 3OH^-$	-1.48
	$CrO_2^- + 2H_2O + 3e^- \rightleftharpoons Cr + 4OH^-$	-1.2
	$CrO_4^{2-} + 4H_2O + 3e^- \rightleftharpoons Cr(OH)_3 + 5OH^-$	-0.13
Cu	$Cu_2O + H_2O + 2e^- \rightleftharpoons 2Cu + 2OH^-$	-0.360
Fe	$Fe(OH)_3 + e^- \rightleftharpoons Fe(OH)_2 + OH^-$	-0.56
H	$2H_2O + 2e^- \rightleftharpoons H_2 + 2OH^-$	-0.8277
Hg	$HgO + H_2O + 2e^- \rightleftharpoons Hg + 2OH^-$	$+0.0977$
I	$IO_3^- + 3H_2O + 6e^- \rightleftharpoons I^- + 6OH^-$	$+0.26$
	$IO^- + H_2O + 2e^- \rightleftharpoons I^- + 2OH^-$	$+0.485$
Mg	$Mg(OH)_2 + 2e^- \rightleftharpoons Mg + 2OH^-$	-2.690
Mn	$Mn(OH)_2 + 2e^- \rightleftharpoons Mn + 2OH^-$	-1.56
	$MnO_4^- + 2H_2O + 3e^- \rightleftharpoons MnO_2 + 4OH^-$	$+0.595$
	$MnO_4^{2-} + 2H_2O + 2e^- \rightleftharpoons MnO_2 + 4OH^-$	$+0.60$
N	$NO_3^- + H_2O + 2e^- \rightleftharpoons NO_2^- + 2OH^-$	$+0.01$

续表

	电 极 反 应	标准电极电势/V
O	$O_2 + 2H_2O + 4e^- \rightleftharpoons 4OH^-$	+0.401
S	$S + 2e^- \rightleftharpoons S^{2-}$	−0.47627
	$SO_4^{2-} + H_2O + 2e^- \rightleftharpoons SO_3^{2-} + 2OH^-$	−0.93
	$2SO_3^{2-} + 3H_2O + 4e^- \rightleftharpoons S_2O_3^{2-} + 6OH^-$	−0.571
	$S_4O_6^{2-} + 2e^- \rightleftharpoons 2S_2O_3^{2-}$	+0.08
Sb	$SbO_2^- + 2H_2O + 3e^- \rightleftharpoons Sb + 4OH^-$	−0.66
Sn	$[Sn(OH)_6]^{2-} + 2e^- \rightleftharpoons HSnO_2^- + H_2O + 3OH^-$	−0.93
	$HSnO_2^- + H_2O + 2e^- \rightleftharpoons Sn + 3OH^-$	−0.909

附录F 常见配离子的标准稳定常数(298 K)

配离子	$K_{稳}$	配离子	$K_{稳}$	配离子	$K_{稳}$
$[Ag(CN)_2]^-$	1.0×10^{21}	$[Cd(SCN)_4]^{2-}$	4.0×10^3	$[Fe(C_2O_4)_3]^{3-}$	1.6×10^{20}
$[Ag(NH_3)_2]^+$	1.6×10^7	$[Cu(CN)_2]^-$	1.0×10^{24}	$[Fe(SCN)_2]^+$	2.3×10^3
$[Ag(SCN)_2]^-$	3.7×10^7	$[Cu(NH_3)_2]^+$	7.4×10^{10}	$[HgCl_4]^{2-}$	1.2×10^{15}
$[Al(C_2O_4)_3]^{3-}$	2.0×10^{16}	$[Cu(CN)_2]^{2-}$	2.0×10^{30}	$[HgI_4]^{2-}$	6.8×10^{29}
$[AlF_6]^{3-}$	6.9×10^{19}	$[Cu(NH_3)_4]^{2+}$	2.1×10^{13}	$[Hg(CN)_4]^{2-}$	1.0×10^{41}
$[Au(CN)_2]^-$	2.0×10^{38}	$[Co(NH_3)_6]^{2+}$	1.3×10^5	$[Ni(NH_3)_6]^{2+}$	5.5×10^8
$[CdCl_4]^{2-}$	6.3×10^2	$[Co(SCN)_4]^{2-}$	1.0×10^3	$[Zn(CN)_4]^{2-}$	1.0×10^{16}
$[CdI_4]^{2-}$	2.57×10^5	$[Co(NH_3)_6]^{3+}$	1.4×10^{35}	$[Zn(NH_3)_4]^{2+}$	2.9×10^9
$[Cd(NH_3)_4]^{2+}$	1.0×10^7	$[Fe(CN)_6]^{4-}$	1.0×10^{35}	$[Zn(en)_3]^{2+}$	1.29×10^{14}
$[Cd(NH_3)_6]^{2+}$	1.4×10^5	$[Fe(CN)_6]^{3-}$	1.0×10^{42}	$[ZnEDTA]^{2-}$	2.5×10^{16}

附录 G 常用缓冲溶液的配制

缓冲组成	配制方法	pH 值
氨基乙酸-盐酸	在 500 mL 水中溶解氨基乙酸 150 g,加 480 mL 浓盐酸,再加水稀释至 1 L	2.3
一氯乙酸-氢氧化钠	在 200 mL 水中溶解 2 g 一氯乙酸后,加 40 g NaOH,溶解完全后再加水稀释至 1 L	2.8
邻苯二甲酸氢钾-盐酸	将 25.0 mL 0.2 mol/L 的邻苯二甲酸氢钾溶液与 6.0 mL 0.1 mol/L HCl 溶液混合均匀,加水稀释至 100 mL	3.6
邻苯二甲酸氢钾-氢氧化钠	将 25.0 mL 0.2 mol/L 的邻苯二甲酸氢钾溶液与 17.5 mL 0.1 mol/L NaOH 溶液混合均匀,加水稀释至 100 mL	4.8
六亚甲基四胺-盐酸	在 200 mL 水中溶解六亚甲基四胺 40 g,加浓 HCl 10 mL,再加水稀释至 1 L	5.4
磷酸二氢钾-氢氧化钠	将 25.0 mL 0.2 mol/L 的磷酸二氢钾溶液与 23.6 mL 0.1 mol/L NaOH 溶液混合均匀,加水稀释至 100 mL	6.8
磷酸二氢钾-磷酸氢二钠	用磷酸二氢钾(GR)3.387 g、磷酸氢二钠(GR)3.533 g,溶解于 1000 mL 的高纯去离子水中	6.86
硼酸-氯化钾-氢氧化钠	将 25.0 mL 0.2 mol/L 的硼酸-氯化钾溶液与 4.0 mL 0.1 mol/L NaOH 溶液混合均匀,加水稀释至 100 mL	8.0
氯化铵-氨水	将 0.1 mol/L 氯化铵溶液与 0.1 mol/L 氨水以 2∶1 比例混合均匀	9.1
硼酸-氯化钾-氢氧化钠	将 25.0 mL 0.2 mol/L 的硼酸-氯化钾溶液与 43.9 mL 0.1 mol/L NaOH 溶液混合均匀,加水稀释至 100 mL	10.0
氨基乙酸-氯化钠-氢氧化钠	将 49.0 mL 0.1 mol/L 氨基乙酸-氯化钠溶液与 51.0 mL 0.1 mol/L NaOH 溶液混合均匀	11.6
磷酸氢二钠-氢氧化钠	将 50.0 mL 0.05 mol/L Na_2HPO_4 溶液与 26.9 mL 0.1 mol/L NaOH 溶液混合均匀,加水稀释至 100 mL	12.0

附录 H 一些试剂的配制

1. 酸溶液

名　　称	相对密度 (20 ℃)	浓度 /(mol/L)	质量 分数	配　制　方　法
浓盐酸 HCl	1.19	12	0.3723	
稀盐酸 HCl	1.10	6	0.200	浓盐酸 500 mL,加水稀释至 1000 mL
稀盐酸 HCl	—	3	—	浓盐酸 250 mL,加水稀释至 1000 mL
稀盐酸 HCl	1.036	2	0.0715	浓盐酸 167 mL,加水稀释至 1000 mL
浓硝酸 HNO_3	1.42	16	0.6980	
稀硝酸 HNO_3	1.20	6	0.3236	浓硝酸 375 mL,加水稀释至 1000 mL
稀硝酸 HNO_3	1.07	2	0.1200	浓硝酸 127 mL,加水稀释至 1000 mL
浓硫酸 H_2SO_4	1.84	18	0.956	
稀硫酸 H_2SO_4	1.18	3	0.248	浓硫酸 167 mL 慢慢倒入 800 mL 蒸馏水中,并不断搅拌,最后加水稀释至 1000 mL
稀硫酸 H_2SO_4	1.08	1	0.0927	浓硫酸 56 mL 慢慢倒入 800 mL 蒸馏水中,并不断搅拌,最后加水稀释至 1000 mL
浓乙酸 CH_3COOH	1.05	17	0.995	
稀乙酸 CH_3COOH	—	6	0.350	浓乙酸 353 mL,加水稀释至 1000 mL
稀乙酸 CH_3COOH	1.016	2	0.1210	浓乙酸 118 mL,加水稀释至 1000 mL

2. 碱溶液

名　　称	相对密度 (20 ℃)	浓度 /(mol/L)	质量 分数	配　制　方　法
浓氨水 $NH_3·H_2O$	0.90	15	0.25~0.27	
稀氨水 $NH_3·H_2O$	—	6	0.10	浓氨水 400 mL,加水稀释至 1000 mL
稀氨水 $NH_3·H_2O$	—	2	—	浓氨水 133 mL,加水稀释至 1000 mL
稀氨水 $NH_3·H_2O$	—	1	—	浓氨水 67 mL,加水稀释至 1000 mL
氢氧化钠 NaOH	1.22	6	0.197	氢氧化钠 240 g 溶于水,稀释至 1000 mL
氢氧化钠 NaOH	—	2	—	氢氧化钠 80 g 溶于水,稀释至 1000 mL
氢氧化钠 NaOH	—	1	—	氢氧化钠 40 g 溶于水,稀释至 1000 mL
氢氧化钾 KOH	—	2	—	氢氧化钾 112 g 溶于水,稀释至 1000 mL

3. 指示剂

名　　称	配　制　方　法
甲基橙指示剂	称取甲基橙 0.1 g，加蒸馏水 100 mL 溶解后，过滤
酚酞指示剂	称取酚酞 1 g，加 100 mL 95％乙醇溶液溶解
铬酸钾指示剂	称取铬酸钾 5 g，加蒸馏水溶解，稀释至 100 mL
硫酸铁铵指示剂	称取硫酸铁铵 8 g，加蒸馏水溶解，稀释至 100 mL
铬黑 T 指示剂	称取铬黑 T 0.1 g，加氯化钠 10 g，研磨均匀
钙指示剂	称取钙指示剂 0.1 g，加氯化钠 10 g，研磨均匀
淀粉指示剂	称取淀粉 0.5 g，加冷蒸馏水 5 mL，搅拌均匀后，缓慢加入 100 mL 沸蒸馏水中，随加随搅拌，煮沸，至半透明溶液，放置，取上层清液应用。本试剂应该临用前新制备
淀粉碘化钾指示剂	称取碘化钾 0.5 g，加新制备的淀粉指示剂 100 mL，溶解。本试剂配制 24 h 后，不适合使用

4. 洗涤液的配制

称取 10 g 工业用重铬酸钾，溶解于 30 mL 热水中，冷却后，边搅拌边缓慢加入 170 mL 浓硫酸（注意安全），溶液呈暗红色，储存于玻璃瓶中备用。

参 考 文 献

[1] 余瑜,尚京川.医用化学实验[M].北京:科学出版社,2008.
[2] 刘斌,刘志红.无机化学[M].2版.北京:中国医药科技出版社,2010.
[3] 丁杰,黄生田.无机化学实验[M].北京:化学工业出版社,2010.
[4] 高欢,刘军坛.医用化学实验[M].2版.北京:化学工业出版社,2011.
[5] 刘君,李振泉,孔凡栋.无机化学实验[M].北京:化学工业出版社,2013.
[6] 刘斌,陈任宏.有机化学[M].北京:人民卫生出版社,2009.
[7] 陈任宏,伍焜贤.药用有机化学[M].北京:化学工业出版社,2005.
[8] 薛莉珠.生物化学实验[M].北京:中国医药科技出版社,1998.
[9] 王易振,李清秀.生物化学[M].北京:人民卫生出版社,2010.
[10] 谢庆娟,杨其绛.分析化学[M].北京:人民卫生出版社,2011.
[11] 李发美,张丹.分析化学实验指导[M].2版.北京:人民卫生出版社,2004.
[12] 苏薇薇.药物分析实验[M].北京:中国医药科技出版社,2004.